KB135703

R을 이용한 공공데이터 분석

오대영 지음

R을 이용한 공공데이터 분석

2021년 2월 22일 1판 1쇄 박음
2021년 3월 1일 1판 1쇄 펴냄

지은이 | 오대영
펴낸이 | 한기철

펴낸곳 | 한나래출판사
등록 | 1991. 2. 25. 제22–80호
주소 | 서울시 마포구 토정로 222, 한국출판콘텐츠센터 309호
전화 | 02) 738–5637 · 팩스 | 02) 363–5637 · e–mail | hannarae91@naver.com
www.hannarae.net

ISBN 978–89–5566–248–1 93310

* 이 저서는 2020년도 가천대학교 교내연구비 지원에 의한 결과임. (GCU–202001050001)
This work was supported by the Gachon University research fund of 2020. (GCU–202001050001)

머리말

이 책을 쓰면서 중점을 둔 세 목표입니다.

- **첫째, 공공데이터 분석에 전문화하고, 사례를 풍부하게 제시한다.**

R의 학습 방법에 관해서는 좋은 책들이 많이 있습니다. 그럼에도 늦깎이 왕초보가 무모하게 책을 쓴 것은 공공데이터를 이용한 데이터 저널리즘에 전문화된 책이 필요하다고 생각했기 때문입니다. 정부와 공공기관들이 무료로 공개하고 있는 공공데이터는 정보의 보고입니다. 데이터를 활용해서 뉴스나 스토리를 만드는 공공데이터 분석 역량은 여러 분야에서 매우 중요한 힘입니다. 이미 탐사보도를 비롯한 언론 뉴스에서 데이터 분석은 매우 중요한 취재 방법이 되었습니다. 그러나 일반 기자들은 데이터 분석 방법을 학습할 기회가 드물기 때문에 언론매체에서 데이터 분석은 전문가들이 주로 담당하고 있습니다. 필자는 일반 기자들이 기본적인 공공데이터 분석 역량을 갖고 있으면 데이터를 분석한 기사가 더욱 많아지고, 데이터 저널리즘이 한층 발전할 것이라고 생각합니다. 이것은 언론의 사회 감시 기능을 더욱 강화시켜서 우리 사회의 발전에도 기여할 것입니다. 공공데이터 분석은 언론뿐만 아니라 사회 분석과 관련된 분야에서도 널리 이용될 수 있습니다. 대학에서 데이터 저널리즘 학습이 한층 중요해지고 있는 것도 이 때문입니다. 이러한 취지에서 이 책은 누구라도 공공데이터 분석 역량을 갖추고 현업에서 활용할 수 있도록 공공데이터 분석 분야에 전문화하였으며, 실제 공공데이터 분석 사례를 많이 수록했습니다.

- **둘째, 그래프 그리기와 통계 분석 방법을 충실하게 기술한다.**

데이터 저널리즘의 주요 장점은 시각화에 있습니다. 과거에는 시각화 자료는 뉴스 보조자료였지만 데이터 저널리즘에서는 시각화 자료가 뉴스 자체입니다. 대표적인 시각화 자료인 그래프는 핵심 내용을 간단하게 전달할 수 있습니다. 그래서 이 책에서도 (시각화 전문 서적만큼은 아니지만) 뉴스에서 필요한 기초적인 그래프를 그리는 데 부족함이 없도록 충실하게 소개하려 했습니다. 그리고 데이터 분석에서 중요한 것이 통계와 분석 방법에 대한 이해입니다. 데이터 분석을 정확하게 하기 위해서는 통계를 이해하고, 통계적 분석을 할 수 있어야 합니다. 그래야 차이가 없는데도 있다고 하는 것과 같은 중대한 잘못을 하지 않습니다. 이러한 생각에서

이 책에서는 데이터 분석에 필요한 통계에 관해서는 기초 이론과 분석 방법을 알기 쉽게 적었습니다. 기본적인 학술적인 연구에서도 활용할 수 있을 것입니다.

- **셋째, 데이터 분석에 완전 문외한도 쉽게 배울 수 있도록 쓴다.**

필자는 평생을 컴퓨터나 소프트웨어, 데이터 분석과는 전혀 관계가 없는 저널리즘 분야에서 일과 연구를 해왔습니다. R과 인연을 맺은 지는 불과 5년밖에 되지 않습니다. 당시 뒤늦게 4차 산업혁명과 빅데이터 분석에 관심을 가지면서 R을 배우기 시작했습니다. 빅데이터를 분석해서 뉴스를 만들어보고 싶다는 생각, 그리고 4차 산업 시대를 살아가야 하는 우리 학생들에게도 이런 방법을 교육해야겠다는 생각에서였습니다. 다행히 앞선 분들이 쓴 좋은 책들이 많았고, 인터넷 검색창에는 훌륭한 선생님들이 있었습니다. 그럼에도 쉬운 일은 아니었습니다. R은 다른 컴퓨터 언어에 비해 쉽다고는 하지만, 역시 완전한 별천지였습니다. 특히 컴퓨터 언어를 접해본 적이 없는 필자에게는 새로운 언어와 코딩 문법의 세계를 이해하는 것이 매우 힘들었습니다. 컴퓨터에 관한 기초 지식이 조금이라도 있는 공학도라면 쉽게 알 수 있는 기본 내용을 몰라서 수많은 시행착오를 겪어야 했습니다. 워낙 기초 지식이 없기 때문이었습니다. 그래서 필자의 경험을 살려서 누구든지 쉽게 이해할 수 있는 책을 쓰고자 했습니다.

백문불여일견(百聞不如一見)이라는 말이 있습니다. "백 번 듣는 것이 한 번 보는 것보다 못하다"는 뜻입니다. 듣기만 하지 말고 실제로 경험하는 것이 중요하다는 것을 강조한 말입니다. 코딩 학습에서는 백견불여일타(百見不如一打)라는 말이 있습니다. "백 번 보는 것이 한 번 쳐보는 것보다 못하다"는 뜻입니다. 책을 눈으로 읽기만 해서는 절대로 데이터 분석 능력이 늘지 않습니다. 한 번이라도 직접 코딩을 해봐야 합니다. 제 경험으로는 좋은 책들을 서너 차례 반복 학습을 하고 나니 감이 좀 생긴 것 같습니다. 허술한 점이 매우 많은 책입니다만, 공공데이터 분석을 해보려는 여러분에게 미력이나마 도움이 되는 좋은 책이 되기를 기대합니다.

마지막으로 부족함이 많은 원고를 받아주고, 좋은 책으로 잘 만들어주신 한나래출판사의 한기철 대표님, 조광재 상무님, 편집부 여러분께 깊이 감사드립니다.

2021년 2월

오대영

차례

5장 데이터 연산과 기본 함수

6장 데이터 가공

7장 결측치, 이상치 처리

8장 통계 분석

9장 그래프 그리기

10장 공공데이터 사례 분석

1장

공공데이터 분석의 의미

데이터 분석의 의미와 가치, 공공데이터 분석에
필요한 기본 능력에 대해 살펴봅니다.

1 데이터의 힘

역사적으로 과학적인 데이터 분석은 중요한 시기에 세상을 변화시키고, 발전시키는 원동력이었습니다. 현대 간호학의 창시자인 나이팅게일(Florence Nightingale)은 데이터 분석의 선구자였습니다. 나이팅게일은 1854년 크림전쟁(Crimean War)에 참전하고 있는 영국군을 돕기 위해 터키에 있는 영국군 야전병원에 자원했습니다. 거기서 그녀는 전쟁에서 입은 부상보다는 야전병원의 부실한 위생시설 때문에 질병에 감염되어 죽는 군인이 더 많다는 사실을 발견했습니다. 이에 그녀는 세계에서 처음으로 의무기록표를 만들고, 월별로 사망자수와 사망원인을 정리했습니다. 그런 다음 이러한 사실을 파이 형태의 그래프로 알기 쉽게 나타내 사람들에게 알렸습니다. 이후 영국 정부는 병원위생 개혁에 나섰고 나이팅게일은 의료발전에 크게 기여하게 되었습니다.

1952년, 드와이트 아이젠하워(Dwight D. Eisenhower) 공화당 후보와 애들레이 스티븐슨(Adlai E. Stevenson) 민주당 후보가 맞붙은 미국 대통령 선거에서 많은 여론조사는 스티븐슨 후보가 이길 것으로 예상했습니다. 그런데 방송사인 CBS는 개표 방송에서 초창기 대형 컴퓨터를 활용하여 아이젠하워의 승리를 예견했고, 실제로 그가 당선되면서 컴퓨터를 활용한 선거 예측 시대가 시작되었습니다. 2016년 미국 대선에서는 대부분의 언론과 여론조사 기관들이 힐러리 클린턴(Hillary Clinton) 민주당 후보가 도널드 트럼프(Donald Trump) 공화당 후보를 이길 것으로 예상했습니다. 그러나 당시 빅데이터를 분석한 결과를 토대로 트럼프의 승리를 예견한 학자들도 있었고, 결과는 빅데이터 분석의 승리였습니다.

1967년 미국 디트로이트시에서 대규모 폭동 시위가 발생했습니다. 경찰은 고교중퇴자와 남부지역 출신 흑인이주자들이 사회에 대한 불만으로 폭동을 일으켰다고 발표했습니다. 그런데 이 지역의 일간신문 기자였던 필립 메이어(Philip Meyer)가 새로운 시도를 합니다. 그는 시위에 참가한 사람들을 설문조사한 후 냉장고 크기의 IBM 대형 컴퓨터를 이용해서 교차분석을 비롯한 통계 분석을 합니다. 지금은 이런 통계조사가 아주 기본적인 작업이 되었지만, 당시는 매우 획기적인 방법이었습니다. 그는 분석 결과를 토대로 경찰의 발표는 근거가 없다고 보도했습니다. 폭동 참가자 중에는 대졸자와 고교중퇴자의 비율이 같았습니다. 폭동의 이유도 단순히 사회에 대한 불만 때문이 아니라, 열악한 주거환경과

일자리 부족, 경찰의 권한 남용과 같은 사회문제 때문이라고 보도했습니다. 이 기사는 사회적으로 큰 파장을 불러일으켜 그해 미국에서 가장 큰 언론상인 퓰리처상을 수상하게 됩니다.

필립 메이어의 보도는 저널리즘 현장에서 컴퓨터 활용보도(computer assisted reporting, CAR) 시대의 막을 본격적으로 열었습니다. 그는 이런 보도기법을 정밀 저널리즘(the precision journalism)이라고 규정합니다. 뉴스 취재와 제작에 사회과학의 정량 분석 기법을 접맥시켜서 객관성과 정확성을 높인 보도 방식입니다. 그는 숨겨진 진실을 찾아가는 저널리즘의 목표를 이루기 위해서는 "데이터를 수집해서 과학적으로 분석하는 것이 중요하다"고 강조했습니다.

새로운 뉴스 제작 방식은 데이터 저널리즘을 탄생시켰습니다. 데이터 저널리즘은 컴퓨터로 데이터를 분석해서 이전에는 찾기 힘들던 새로운 사실을 밝혀냈습니다. 1980년대에 미국에서 은행들의 대출 데이터를 분석한 기사인 〈돈의 색깔〉은 주요 금융기관들이 인종차별적인 대출정책을 갖고 있다는 사실을 폭로했습니다. 흑인 등 유색인종의 대출조건이 백인에 비해 불리하다는 사실을 밝혀낸 것입니다. 컴퓨터와 분석 기술이 발전하면서 데이터 저널리즘의 위력은 날로 커지고 있습니다. 미국의 비영리 독립 언론사인 프로퍼블리카(ProPublica)는 2013년 미국 의료보험이 적용된 처방전 약 11억 건을 1년 동안 분석해서 의사들의 잘못된 처방실태를 보도했고, 이로 인해 처방전 심사정책 등이 개선되게 됩니다. 오늘날 사회 지도층과 정부를 감시하고, 숨겨진 비리를 폭로하는 탐사보도에서는 데이터 저널리즘이 매우 중요한 역할을 하고 있습니다.

데이터 분석의 가장 큰 힘은 사람들이 그동안 알지 못하던 새로운 사실을 찾아내고, 그래프와 같은 시각 자료로 알기 쉽게 사람들에게 알려주는 데 있습니다. 나이팅게일이 의료위생시설 개혁을 할 수 있었던 것은 부상 군인의 사망원인에 대한 새로운 사실을 발견하고, 그래프로 그려서 알기 쉽게 설명할 수 있었기 때문입니다. 데이터는 분석만 정확하게 이루어진다면 거짓말을 하지 않는, 신뢰성 있는 증거이기 때문에 사람들은 쉽게 믿게 됩니다.

현대 사회에서 데이터는 매우 귀중한 자산입니다. 이미 구글이 데이터 검색을 기반으로 세계적인 거인 기업으로 성장했지만, 4차 산업혁명으로 더 넓은 새로운 세상이 열렸습니다. 컴퓨터와 분석 기술의 발전으로 방대한 양의 데이터를 분석하고 가치를 창출해내는 빅데이터 세상이 열렸습니다. 새로운 세상에서 빅데이터 분석은 정치적, 경제적, 사회적 힘이 되었습니다.

빅데이터 분석의 큰 장점 중 하나는 버려진 정보를 활용하는 힘입니다. 롱테일(long tail theory) 법칙이 있습니다. 조직에서 보잘것없는 80%가 뛰어난 소수 20%보다 더 뛰어난 가치를 창출한다는 이론입니다. 20%는 공룡의 몸통이고, 80%는 꼬리 부분입니다. 과거에는 몸통인 20%가 조직의 생산물 중 80%를 생산한다는 파레토법칙(Pareto principle)이 일반적으로 받아들여졌습니다. 그러나 인터넷의 발전으로 버려져 있던 80%의 힘이 모아지고, 80%가 더 중요한 역할을 하는 세상이 되었습니다. 데이터 분석의 힘도 마찬가지입니다. 데이터 분석이 없으면 사회의 몸통만 보고 판단하게 됩니다. 그러나 데이터 분석을 하면 사회 전체를 살펴보고 꼬리의 움직임도 알게 되고, 보다 정확한 정보를 알 수 있게 됩니다. 그로 인해 새로운 경제적 가치나 정치적 힘, 사회적 힘을 창출할 기회도 얻게 됩니다.

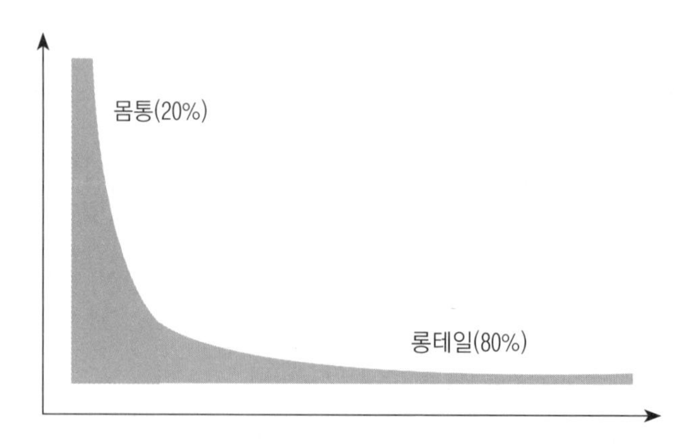

[그림 1-1] 롱테일 법칙

2 데이터의 의미

데이터는 하나의 객관적인 사실입니다. 형태는 언어, 문자, 수치, 기호, 도형 등 다양합니다. 데이터는 새로운 사건이 발생할 때마다 생성되지만, 데이터 자체로는 의미가 없습니다. 데이터가 중요한 것은 데이터가 정보를 캐낼 수 있는 재료들을 갖고 있기 때문입니다. 데이터 분석은 데이터 속에서 정보를 캐내는 행위입니다. 데이터 분석 과정은 'DIKW 피라미드'라는 말로 설명할 수 있습니다. DIKW는 Data-Information-Knowledge-Wisdom을 의미합니다.

- Data는 의미가 없는 객관적인 '사실'입니다. 예를 들어, 학생들의 집중력과 성적을 조사했을 때 조사 자료는 객관적인 사실일 뿐 의미는 없습니다.
- Information은 데이터들의 관계에서 도출된 '정보'입니다. 집중력과 성적의 관계를 분석한 결과 집중력이 높을수록 성적이 좋다는 사실을 알게 되었다면, 이것은 새로운 정보입니다.
- Knowledge는 정보를 분석하고 경험을 결합해서 찾아낸 '지식'입니다. 앞의 결과를 토대로 학생들의 집중력을 강화하면 성적이 좋아질 것이라고 생각하게 되었다면, 이것은 정보에서 지식을 얻은 것입니다.
- Wisdom은 지식과 아이디어를 융합하여 사실을 근거로 추론하고 추정해낸 '지혜'입니다. 학생들의 집중력을 저해하는 요인들을 제거하는 것도 성적 향상에 도움이 될 것이라고 추론했다면, 집중력을 강화하는 방법을 종합적으로 생각하는 지혜 단계에 이른 것입니다.

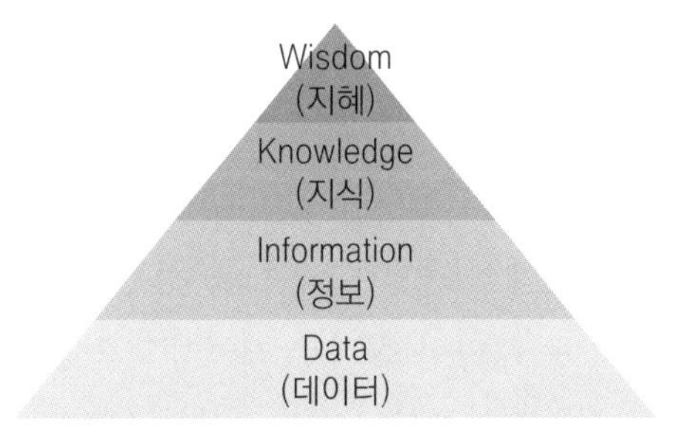

[그림 1-2] DIKW 피라미드

데이터 분석 능력을 지니면 새로운 세상을 접하고 새로운 기회를 잡을 가능성이 커집니다. 과거에는 기업들이 중요한 결정을 할 때 소수의 결정권자들이 직관이나 경험, 수집된 정보를 토대로 결정하는 경우가 많았습니다. 그러나 이제는 데이터 분석에 기반해서 결정하는 경향이 확대되고 있습니다. 데이터 분석을 통해서 알지 못하던 새로운 사실을 알고, 더욱 정확한 결정을 할 수 있게 되었기 때문입니다.

3 공공데이터 개방

공공데이터는 정부와 공공기관 등 공공부문에서 관리하고 있는 데이터입니다. 과거에는 대부분의 정부들이 공공데이터를 공개하는 데 매우 인색했습니다. 그러다 미국 등 G8 정상들은 2013년 정부의 공공데이터 개방 전략 실행을 돕기 위한 국제협약을 체결하고, 아래와 같은 5개 원칙으로 구성된 〈오픈데이터 헌장(Open Data Charter)〉을 발표합니다. 공공부문의 수많은 데이터를 공개해서 민간부문이 이용하면 정부의 투명성과 신뢰도 향상, 데이터를 활용한 부가가치 창출 등 장점이 많고, 데이터 분석은 개인과 국가에 새로운 자산이 된다는 사실을 깨달았기 때문입니다.

- 공공데이터를 개방한다.
- 데이터의 품질과 양을 중요시한다.
- 모두가 사용할 수 있다.
- 거버넌스 개선을 위해 데이터를 개방한다.
- 혁신을 위해 데이터를 개방한다.

우리나라도 2013년 〈공공데이터 제공 및 이용활성화에 관한 법〉을 제정하고 적극적으로 데이터 공개 정책을 시행하고 있습니다. 2013년에 구축된 공공데이터포털은 국민과 기업이 원하는 공공데이터를 쉽게 이용할 수 있도록 정부와 공공기관들의 공공데이터를 모아서 파일데이터, 오픈API 등 다양한 형태로 제공하고 있습니다. 그 밖에도 정부와 공공기관들은 기관 홈페이지에서 공공데이터를 공개하고 있습니다. 따라서 국민들은 누구나 무료로 공공데이터를 다운받아 분석·가공해서 보고서 작성, 앱 개발 등 다양한 용도로 활용할 수 있습니다.

다음은 유용한 공공데이터를 제공받을 수 있는 곳을 정리한 것입니다.

- 공공데이터포털(https://www.data.go.kr/): 행정안전부가 여러 정부기관의 공공데이터를 모아서 제공하는 사이트입니다.
- 국가통계포털(http://kosis.kr/index/index.do): 통계청 사이트로 임금, 물가, 국민계정, 재정, 금융, 무역, 환경, 에너지, 지역통계 등 다양한 국가통계가 있습니다.
- 지역사회건강조사(https://chs.cdc.go.kr/chs/rdr/rdrInfoProcessMain.do): 코로나19로 널리 알려진 기관인 질병관리청이 자료를 제공합니다.
- 한국노동패널(https://www.kli.re.kr/klips/index.do): 한국노동연구원이 매년 5000가구의 가구원을 대상으로 경제활동과 노동활동을 조사해 데이터를 공개합니다. 매년 이 데이터를 활용한 학술대회가 열리고 있습니다.
- 한국복지패널(https://www.koweps.re.kr): 한국보건사회연구원과 서울대학교 사회복지연구소가 연령, 소득계층, 경제활동상태 등에 따른 다양한 인구집단별 생활실태와 복지욕구 등을 조사해 제공하고 있습니다.
- 한국의료패널(https://www.khp.re.kr:444/): 한국보건사회연구원과 국민건강보험공단이 2008년부터 매년 수행하는 조사입니다. 보건의료비용과 의료비지출수준의 변화를 파악하여 보건의료정책 및 건강보험정책 수립의 기초자료로 활용하고 있습니다. 매년 학술대회가 열립니다.

4 공공데이터 분석의 기초

공공데이터를 분석하기 위해서는 기본적으로 3가지 능력이 필요합니다.

- **분석 프로그램 운용 능력**: 공공데이터 분석을 위해 첫 번째로 필요한 능력은 분석 프로그램을 운용할 수 있는 능력입니다. 이를 위해서는 먼저 분석 프로그램 운용 지식을 습득해야 합니다. 프로그램과 대화할 수 있는 언어를 배우는 것이지요. 처음에는 낯설고 어렵게 느껴지겠지만, 반복하다 보면 금방 익숙해지고 생각보다 쉽다는 것을 알 수 있을 것입니다.
- **통계 해석 능력**: 공공데이터 분석을 위해 두 번째로 필요한 능력은 '기본적인 통계지식'입니다. 데이터를 분석하는 과정에서는 통계 분석을 필수적으로 해야 할 때가 있습니다. 통계 분석을 제대로 하지 않으면 잘못된 해석을 하는 심각한 오류를 범할 수 있습니다. 예를 들어, 두 지역에서의 상품 판매량을 비교하는 데 분석을 잘못 수행하고 그 결과를 토대로 판매정책을 정한다면 큰 피해를 입을 수 있겠지요. 따라서 데이터 분석을 정확하게 하기 위해서는 기본적인 통계지식을 갖추어야 합니다.
- **분석 기획과 해석 능력**: 공공데이터 분석을 위해 세 번째로 필요한 능력은 공공데이터를 이용해서 분석할 내용을 기획하고, 분석 결과를 잘 해석하는 능력입니다. 이러한 능력의 차이에 따라 같은 자료를 갖고도 분석 수준이 천차만별로 달라질 수 있습니다.

2장

R과 RStudio 설치하기

R과 RStudio 설치 방법 및 환경설정 방법 등을 살펴봅니다.

1 R 설치하기

R은 다양한 통계를 구하고 그림을 그릴 수 있는 도구를 제공하는 무료 소프트웨어입니다. 설치 과정은 아래와 같습니다.

① R프로젝트 홈페이지(https://www.r-project.org)에 들어가면 왼쪽 위에 Download CRAN이 보입니다. [CRAN]을 클릭하면 국가별로 R을 다운로드받을 수 있는 사이트가 소개되어 있습니다.

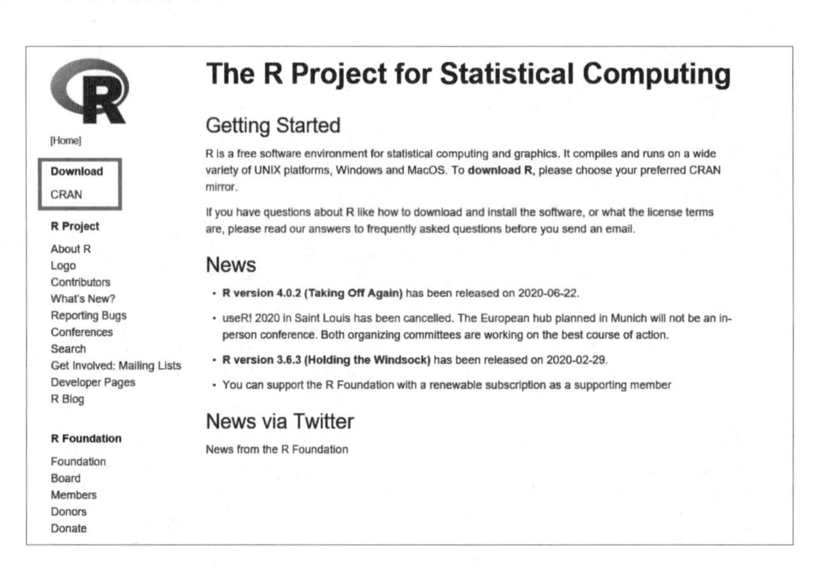

② Korea에 가면 4개의 사이트가 보입니다. 4개 사이트 중 한 곳을 클릭하면 바로 Download and Install R이라는 화면이 뜹니다. 윈도우, 맥(Mac), 리눅스(Linux) 등 컴퓨터 운영체제(OS)에 맞춰서 R프로그램을 다운로드할 수 있습니다. 이 화면은 https://cran.r-project.org(Comprehensive R Archive Network: CRAN)에서도 바로 들어갈 수 있습니다.

Korea	
https://ftp.harukasan.org/CRAN/	Information and Database Systems Laboratory, Pukyong National University
https://cran.yu.ac.kr/	Yeungnam University
http://healthstat.snu.ac.kr/CRAN/	Graduate School of Public Health, Seoul National University, Seoul
https://cran.biodisk.org/	The Genome Institute of UNIST (Ulsan National Institute of Science and Technology)

CRAN
Mirrors
What's new?
Task Views
Search

About R
R Homepage
The R Journal

Software
R Sources
R Binaries
Packages
Other

Documentation
Manuals
FAQs
Contributed

The Comprehensive R Archive Network

Download and Install R

Precompiled binary distributions of the base system and contributed packages, **Windows and Mac** users most likely want one of these versions of R:

- Download R for Linux
- Download R for (Mac) OS X
- Download R for Windows

R is part of many Linux distributions, you should check with your Linux package management system in addition to the link above.

Source Code for all Platforms

Windows and Mac users most likely want to download the precompiled binaries listed in the upper box, not the source code. The sources have to be compiled before you can use them. If you do not know what this means, you probably do not want to do it!

- The latest release (2020-06-22, Taking Off Again) R-4.0.2.tar.gz, read what's new in the latest version.
- Sources of R alpha and beta releases (daily snapshots, created only in time periods before a planned release).
- Daily snapshots of current patched and development versions are available here. Please read about new features and bug fixes before filing corresponding feature requests or bug reports.
- Source code of older versions of R is available here.
- Contributed extension packages

Questions About R

③ 윈도우를 기준으로 설치방법을 설명하겠습니다. 윈도우 계정의 이름은 영문으로 해야 합니다. R은 영문으로 쓰여 있기 때문에 윈도우 계정이 한글이면 R과 충돌을 일으켜 실행되지 않을 수 있습니다. 그래서 R에서는 윈도우 계정은 물론 폴더, 데이터 등 모든 이름을 영문으로 하는 것이 좋습니다.

위의 화면에서 [Download R for Windows]를 클릭하면 아래와 같이 R for Windows 라는 제목의 화면이 뜹니다. 처음 R을 설치하는 경우 [base]를 클릭합니다.

Subdirectories:

base	Binaries for base distribution. This is what you want to **install R for the first time**.
contrib	Binaries of contributed CRAN packages (for R >= 2.13.x; managed by Uwe Ligges). There is also information on third party software available for CRAN Windows services and corresponding environment and make variables.
old contrib	Binaries of contributed CRAN packages for outdated versions of R (for R < 2.13.x; managed by Uwe Ligges).
Rtools	Tools to build R and R packages. This is what you want to build your own packages on Windows, or to build R itself.

Please do not submit binaries to CRAN. Package developers might want to contact Uwe Ligges directly in case of questions / suggestions related to Windows binaries.

You may also want to read the R FAQ and R for Windows FAQ.

Note: CRAN does some checks on these binaries for viruses, but cannot give guarantees. Use the normal precautions with downloaded executables.

④ 이후 R-4.0.3 for Windows (32/64 bit)라는 화면이 나타나는데 'R-4.0.3'은 R의 버전을 의미합니다(2020년 11월 1일 기준 최신 버전). R은 수시로 버전이 높아지기 때문에 그때마다 새 버전으로 업로드하면 좋습니다. [Download R 4.0.3 for Windows]를 클릭해 다운로드 명령이 나타나면 시행합니다.

R-4.0.3 for Windows (32/64 bit)

Download R 4.0.3 for Windows (85 megabytes, 32/64 bit)
Installation and other instructions
New features in this version

⑤ 다음에는 명령대로 따라 하면 됩니다. 먼저, 언어를 선택하라는 창이 뜨면 한국어를 클릭합니다.

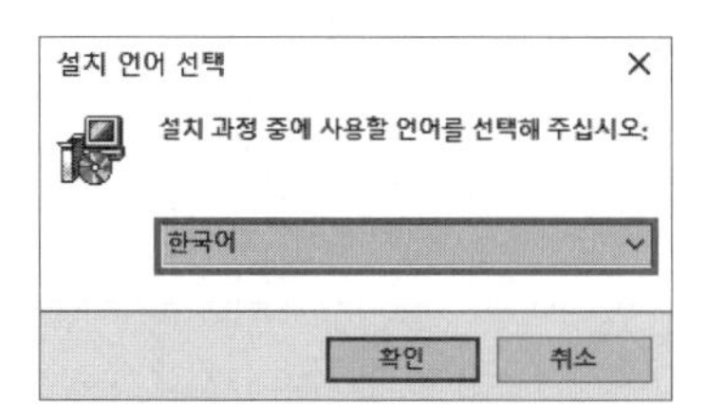

⑥ R의 라이선스에 관한 정보가 나오면 확인하고 [다음]을 누릅니다.

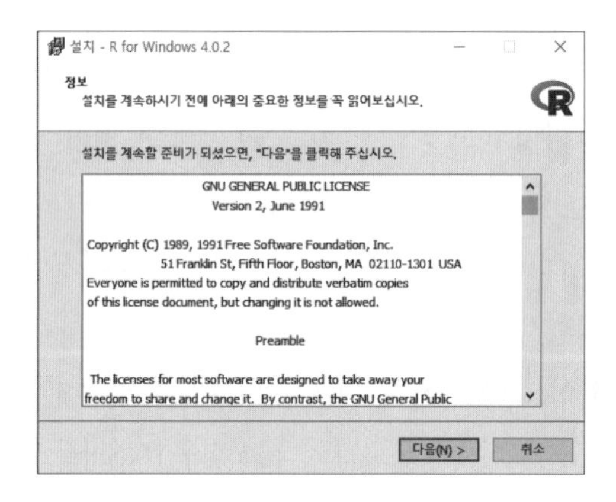

⑦ R을 설치할 폴더를 선택합니다. 설치경로에 한글이 포함되지 않아야 실행에 문제가 없습니다.

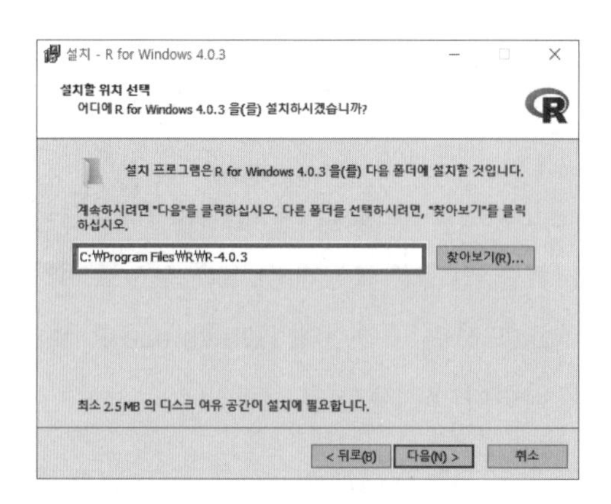

⑧ 구성요소 설치에서는 필요한 항목만 체크합니다. 자신의 운영체제 비트(32비트 또는 64비트)에 맞게 설치합니다. 있는 그대로 설치하면 32비트용과 64비트용 R이 모두 설치됩니다.

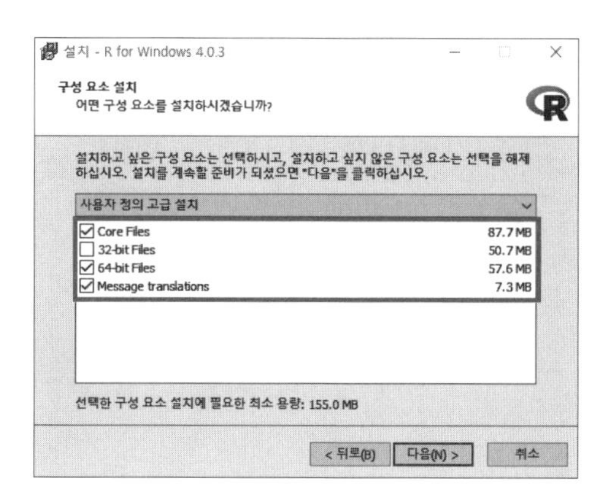

⑨ 스타트업 옵션은 R환경에서 help( ) 함수를 사용할 수 있게 합니다. help( ) 함수는 사용하는 함수나 키워드를 설명해주는 함수입니다. 기본 상태인 No를 그대로 두고 [다음] 버튼을 클릭합니다.

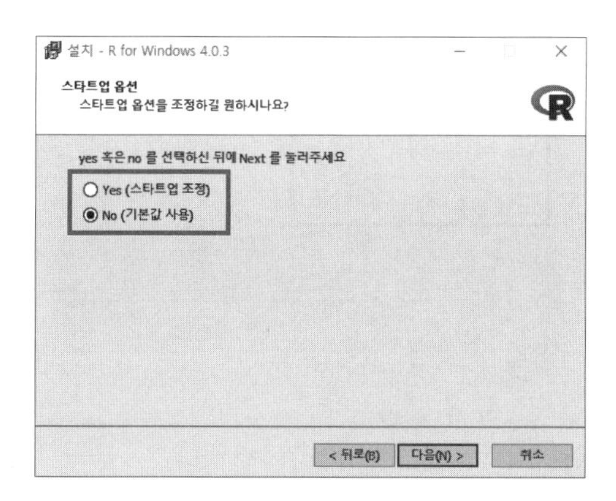

⑩ R의 바로가기를 시작메뉴 폴더에 만들 것인지를 묻는 화면이 나오면 [다음]을 선택합니다.

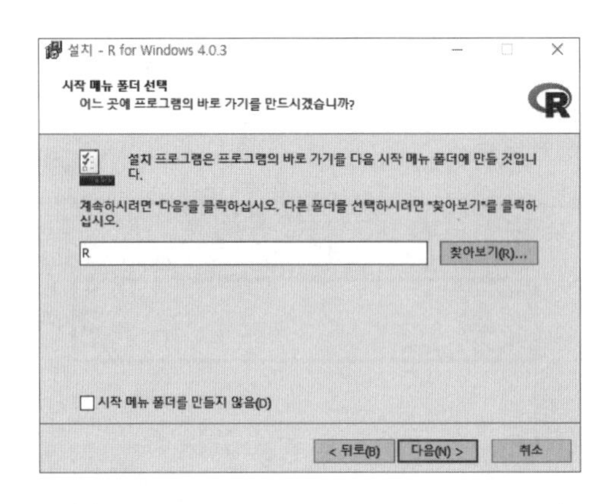

⑪ 추가사항 적용 화면에서 '바탕화면에 아이콘 생성'을 선택하면 이후 편하게 사용할 수 있습니다. 필요한 사항에 체크하고 [다음] 버튼을 클릭합니다.

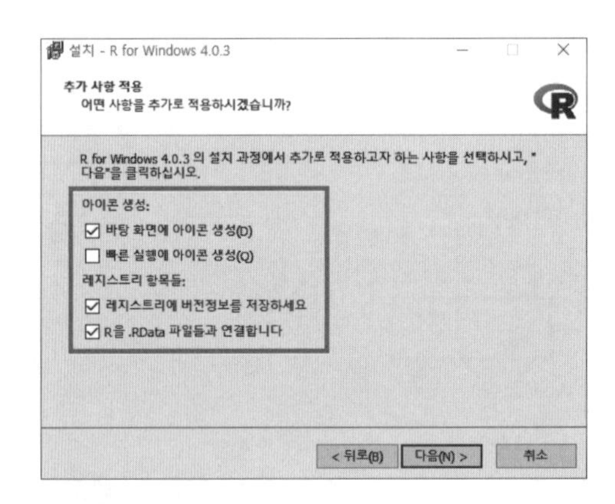

⑫ 설치가 끝나면 아래와 같은 완료 화면이 나타납니다.

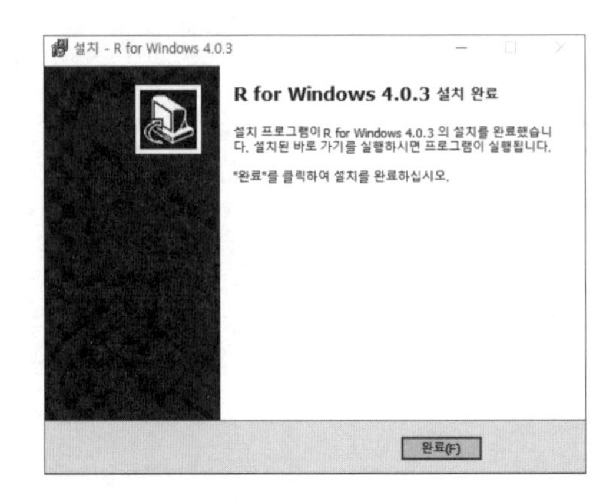

2 RStudio 설치

R을 설치한 후 바탕화면에 있는 R아이콘을 클릭하면 기본 화면인 RGui가 뜹니다. 프롬프트에 명령어를 입력하고 작업하면 됩니다.

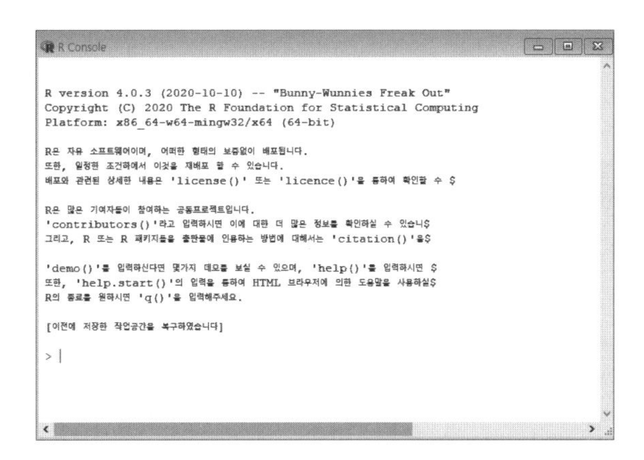

그러나 실제 분석에서는 RGui보다 편리한 기능들을 제공하고 이용하기도 편한 통합개발환경(IDE)인 RStudio를 사용합니다. RStudio는 R을 설치한 후에 설치해야 하는데, 아래와 같은 RStudio 다운로드 페이지(https://rstudio.com/products/rstudio/download/#download)에서 무료로 받을 수 있습니다. 다운로드에는 무료와 유료가 있는데, 무료 파일로도 R 분석을 하는 데 전혀 문제가 없습니다.

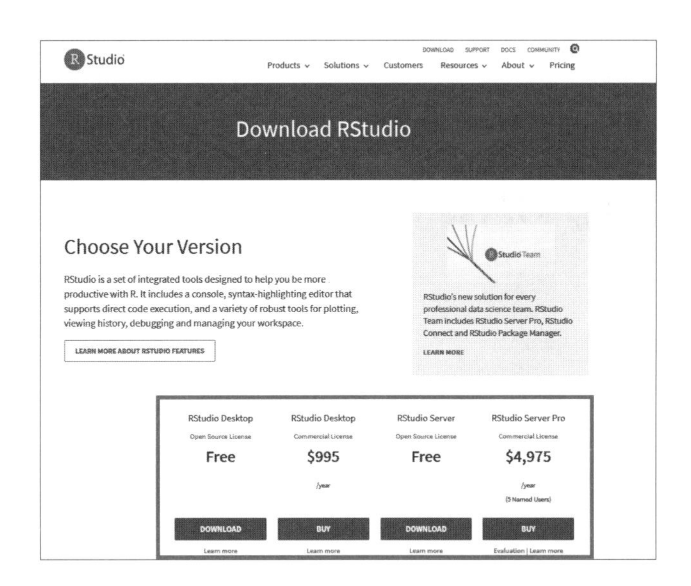

무료 다운로드를 클릭하면 여러 운영체계(OS)별로 다운로드 링크가 표시됩니다. 자신의 컴퓨터 운영체계에 맞는 링크를 찾아서 설치파일을 내려받고 설치하면 됩니다. 설치 방법은 매우 간단합니다. 설치 시작 단계부터 세 번만 [다음] 버튼을 클릭하면 설치가 진행되고, 바탕화면에 바로가기 아이콘도 만들어집니다.

RStudio 인터페이스

RStudio를 처음 실행하면 3개의 창이 보입니다. 왼쪽에 있는 1개의 창이 스크립트(Script)입니다. 오른쪽 위에는 환경(Environment)창이, 아래에는 파일(Files)창이 있습니다. 스크립트의 오른쪽 끝에 있는 상자그림 아이콘 을 클릭하면 창이 반으로 줄어들면서 위쪽에는 소스(Source)창이, 아래쪽에는 콘솔(Console)창이 뜹니다.

통상적으로 분석 작업은 4개의 창을 모두 띄워놓고 합니다. 4개 창의 크기를 조절하고 싶을 때는 각 창의 오른쪽에 있는 상자그림 을 클릭해 상자를 숨기거나 완전히 펼칠 수 있습니다. 콘솔창과 파일창 위쪽의 선이나 소스창과 환경창의 중간 선에 마우스를 대고 선을 움직이면 창의 크기를 조절할 수 있습니다.

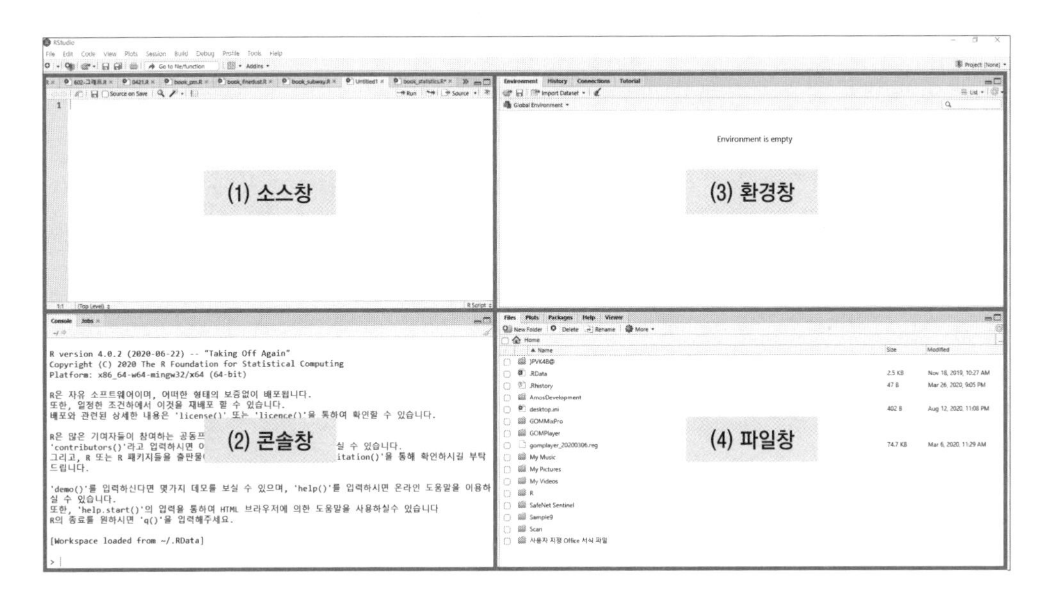

소스창 위에 있는 바둑판 모양의 아이콘 을 클릭하면 화면에 뜨는 창의 숫자나 콘솔창의 위치를 조정하는 등 화면구성을 바꿀 수 있습니다. 기본적으로는 4개의 화면을 보여주고, 콘솔창이 왼쪽에 위치하는 것으로 정해져 있습니다.

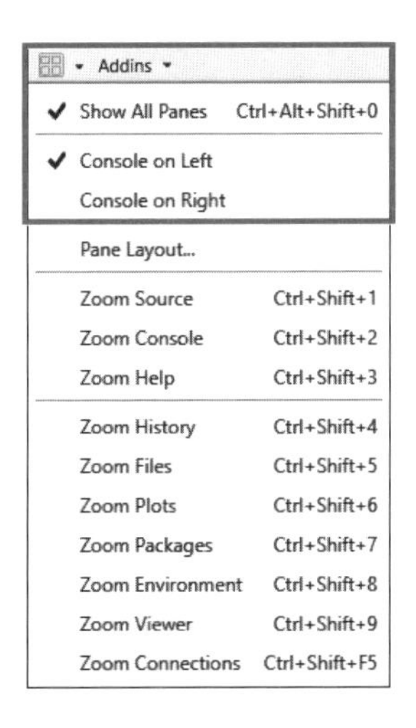

(1) 소스창

소스창(Source)창은 실행할 명령어나 메모를 입력하는 창입니다. 복수의 명령문을 쓰기 위해 줄을 바꿀 때는 [Enter]를 누르면 됩니다. 명령어를 실행할 때는 [Ctrl+Enter]를 동시에 누릅니다. 복수의 명령어를 동시에 실행할 때는 첫 줄에서 [Shift+방향키]를 누른 후 실행할 명령어까지 내려 블록을 지정하거나, 마우스로 드래그를 해서 실행할 명령어들에 대한 블록을 지정한 후에 [Ctrl+Enter]를 누르면 됩니다. 명령의 결과는 콘솔창에 나타납니다.

소스창에서는 문자나 숫자를 쓰면 명령어로 인식을 합니다. 소스창에 메모를 쓰고 싶을 때는 '#' 기호를 쓰고 그 뒤에 적으면 됩니다. 명령문에 대한 설명을 하고 싶을 때 명령문 앞이나 뒤에 '#'를 쓰고 설명을 적는 방식으로 활용합니다.

```
a<-1      #a에 1을 입력하기
```

(2) 콘솔창

콘솔(Console)창에서는 명령의 결과를 볼 수 있습니다. 콘솔창에서도 명령어를 입력하고 실행할 수 있습니다. 콘솔창에서는 명령어를 쓰고 [Enter]만 누르면 실행됩니다. 그러나 명령어는 소스창에 쓰고 실행하는 것이 편리합니다. 데이터를 분석하다 보면 명령어가 수십 줄이 되거나, 명령어를 실행하고 결과를 확인하면서 새 명령어를 추가하는 작업을 반복할 때가 많습니다. 소스창에서는 이런 작업을 쉽게 할 수 있지만, 콘솔창에서는 매우 불편합니다. 또 RStudio를 다시 실행하면 소스창에는 기존에 입력한 명령어들이 남아 있지만, 콘솔창에는 남지 않습니다. 소스창을 이용하면 외부에서 만들어진 스크립트를 가져다 사용할 때도 편리합니다.

(3) 환경창

환경(Environment)창에서는 데이터 분석 과정에서 사용한 데이터세트(data set)와 데이터 내용을 보여줍니다. 환경창에서 히스토리(History)창을 클릭하면 수행했던 명령어, 결과 등 작업과정을 확인할 수 있습니다. 커넥션(Connections)창을 클릭하면 Spark 등의 데이터베이스에 연결할 수 있습니다.

(4) 파일창

파일(Files)창은 윈도우의 파일 탐색기와 같은 기능을 합니다. RStudio에서 작업하는 파일이 저장되어 있는 폴더인 워킹 디렉터리(working directory)의 내용물을 보여줍니다. 플롯(Plots)창을 클릭하면 R로 만든 그래프를 보여주며, 그래프를 저장하고 출력할 수 있습니다. 패키지(Packages)창은 설치된 패키지들을 보여줍니다. 헬프(Help)창은 궁금한 내용들을 알려줍니다.

4 파일 저장하기

1) 프로젝트 만들어 저장하기

RStudio에서 작업할 때는 작업 파일들을 같은 폴더에 저장해놓는 것이 편리합니다. 파일 탐색기에 별도의 폴더를 만들어놓고 관리할 수 있습니다. 우선 RStudio가 제공하는 프로젝트 기능을 활용해서 파일들을 관리하는 방법을 알아보겠습니다. 프로젝트 기능은 분석하는 프로젝트별로 관련된 파일들을 모아서 관리하는 기능입니다.

(1) 프로젝트 만들기

RStudio의 왼쪽 상단 메뉴에 있는 [File]이나 오른쪽 상단 끝에 [R Project]라고 쓰여 있는 육각형 모양의 버튼을 클릭하면 [New Project]라는 버튼이 나옵니다. 이 버튼을 클릭하면 [Create Project]라는 창이 나타나고 [New Directory], [Existing Directory], [Version Control]이라고 쓰인 3개의 버튼이 보입니다.

[New Directory]는 새 프로젝트를 만들 때, [Existing Directory]는 기존 폴더를 프로젝트로 이용할 때, [Version Control]은 깃허브 등 버전관리 시스템을 이용할 때 누르면 됩니다.

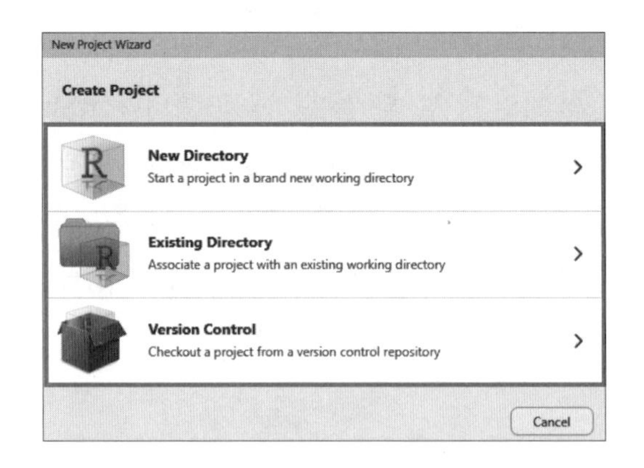

새로운 프로젝트를 만들기 위해 [New Directory]를 누릅니다. [Project Type]창이 뜨면 가장 위에 있는 [New Project]를 클릭합니다. 그러면 [Create New Project]라는 창이 뜹니다. 이 창의 [Directory name] 메뉴에 새로 만들 디렉터리의 이름을 적습니다. 반드시 영문으로 적기 바랍니다. 'Bigdata'라고 하겠습니다. 다음의 [Create project as subdirectory of:] 메뉴에서는 Browse를 클릭해서 새로 만든 디렉터리를 저장할 장소를 지정합니다. C:/ 아래에 두겠습니다.

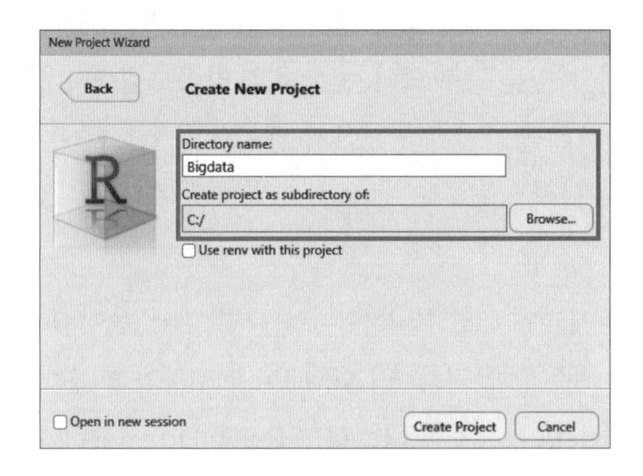

화면 아래에 있는 [Create Project]를 클릭하면 RStudio가 새로 시작되면서 새 프로젝트가 만들어지고 3개의 창이 뜹니다. 오른쪽 아래에 있는 파일창을 보면 워킹 디렉터리가 프로젝트 폴더(C:/Bigdata)로 변경되었고, Bigdata.Rproj라는 프로젝트 파일이 만들어진 것을 볼 수 있습니다. Bigdata라는 이름의 폴더와 프로젝트 파일이 동시에 생긴 것입니다.

C드라이브의 Bigdata 폴더에서 Bigdata.Rproj 파일을 실행하면 이 프로젝트가 열리

고 스크립트가 나타납니다. 소스창에 getwd( )를 쓰고 [Ctrl+Enter]를 하면 콘솔창에 워킹 디렉터리가 “C:/Bigdata”라고 출력됩니다.

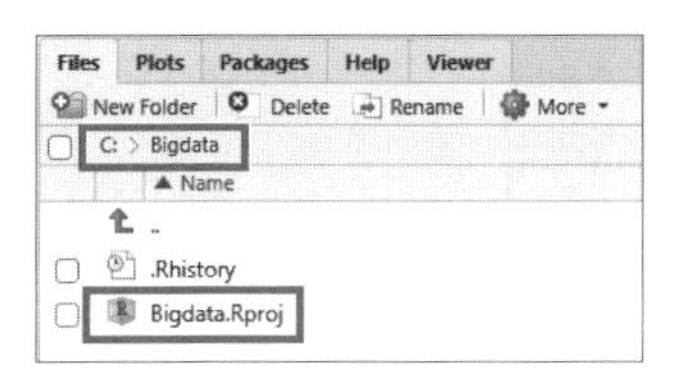

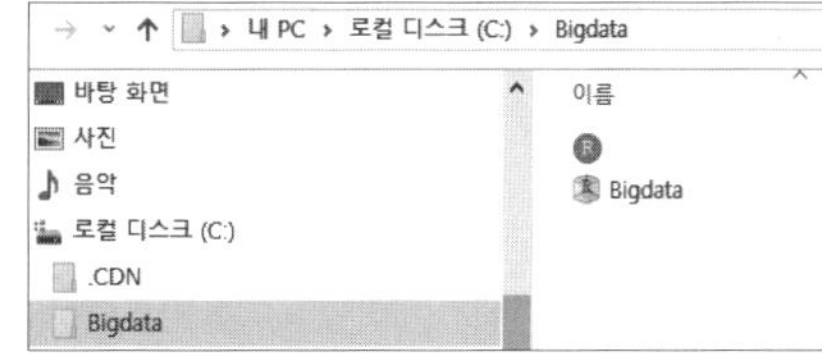

(2) 스크립트 저장하기

스크립트를 저장하지 않았을 때는 untitled1이라는 이름으로 되어 있습니다. 스크립트의 이름은 소스창 위에서 확인할 수 있습니다. 이를 a1으로 저장하겠습니다. [Ctrl+S]를 누르거나, 소스창 위에 있는 디스켓 모양 버튼 을 클릭하거나, 왼쪽 상단 메뉴에서 [File] → [Save]를 클릭하면 Bigdata 폴더가 바로 열립니다. Bigdata 폴더가 워킹 디렉터리로 되어 있기 때문입니다. 파일이름에 a1을 쓰고 저장하면 소스창 위에 있는 스크립트 이름이 untitled1에서 a1으로 변경됩니다. 파일창에는 a1.R이라는 파일이 새로 생겼습니다. 확장자가 .R인 파일입니다.

한 프로젝트에서는 여러 개의 스크립트를 이용해서 동시에 작업하는 경우가 있습니다. 새로운 스크립트를 만들고 a2라는 이름으로 저장하겠습니다.

새로운 스크립트를 만들 때는 상단 메뉴의 [File] → [New File] → [R script] 버튼을 순차적으로 클릭하면 됩니다. 그러면 a1.R 옆에 새로운 untitled1이 생깁니다. 그리고 a2라는 이름으로 저장하면 a1.R 옆에 a2.R이 생깁니다. 파일에도 a1.R, a2.R이 생성되었습니다. 더 많은 스크립트도 같은 방식으로 생성할 수 있습니다. 여러 스크립트 가운데 원하는 스크립트 이름을 클릭해서 작업하면 됩니다.

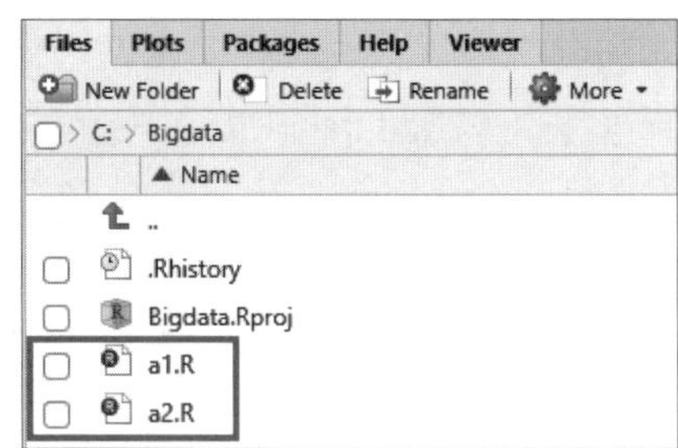

작업한 스크립트를 다른 이름으로 저장해야 할 때가 있습니다. 이런 경우에는 상단 메뉴에서 [File] → [Save As]를 클릭하면 파일 탐색기가 나타납니다. 새로운 파일 이름을 쓰고 저장하면 Bigdata 폴더에 새 이름의 파일이 생성됩니다. a2.R 파일을 a3.R로 저장하겠습니다. 소스창과 파일에 a3.R 파일이 만들어졌습니다.

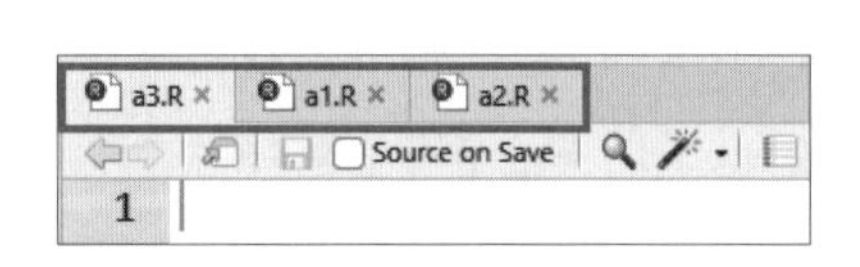

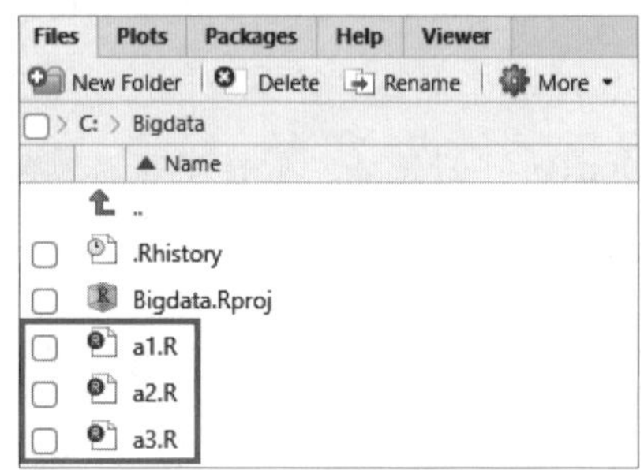

2) 다른 폴더에 저장하기

프로젝트 폴더가 아니라 다른 작업 폴더에 저장해야 할 때도 있습니다. 저장되지 않은 새 스크립트이면 앞서 저장한 방식대로 [Ctrl+S]를 누르거나, 소스창 위에 있는 디스켓 모양 버튼 을 클릭하거나, 왼쪽 상단의 [File] → [Save]를 클릭한 후에 파일탐색기가 나타나면 저장하고자 하는 폴더를 찾아서 [열기]를 누르면 됩니다.

이미 저장되어 있는 스크립트이면 [File] → [Save As] 버튼을 클릭해서 파일탐색기를 연 후에 저장하려는 폴더를 지정하고 저장하면 됩니다.

5 환경설정

RStudio에서 작업할 때 유용한 환경을 만드는 방법을 살펴보겠습니다. 상단의 작업 메뉴에서 [Tools] 버튼을 클릭하면 맨 아래에 [Global Options]이라는 메뉴가 있습니다. 이 메뉴는 RStudio 전반에 영향을 미치는 환경을 설정하는 기능을 합니다. 클릭하면 왼쪽에 [Global Options]에 있는 옵션 종류들이 보입니다.

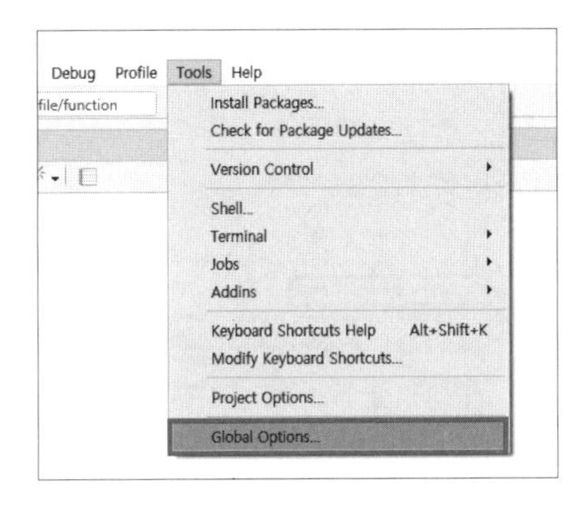

(1) General 옵션

[Global Options] 가장 위에 있는 [General] 옵션에서는 작업하는 워킹 디렉터리를 지정할 수 있습니다. 'Default working directory'에서 [Browse] 버튼을 클릭하면 파일탐색기가 나타나고, 특정 폴더를 워킹 디렉터리로 지정하면 RStudio를 시작할 때마다 이 폴더에서 작업을 시작하게 됩니다. 새 스크립트를 저장하면 자동적으로 이 폴더에 저장됩니다.

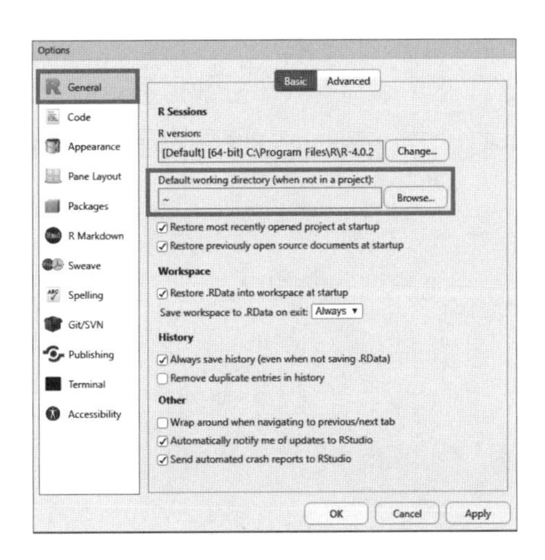

(2) Code 옵션

[Code] 옵션에서는 중요한 2가지 기능을 지정할 수 있습니다.

첫 번째는 [Editing] 메뉴에 있는 'Soft-wrap R source files(자동으로 줄 바꿈)' 기능입니다. 이 메뉴를 체크하면 소스창에서 작업할 때 줄이 길어질 경우 자동으로 화면 안에서 다음 줄로 넘어갑니다. 이렇게 하지 않으면 줄이 화면 밖으로 나가서 보기가 매우 불편해집니다.

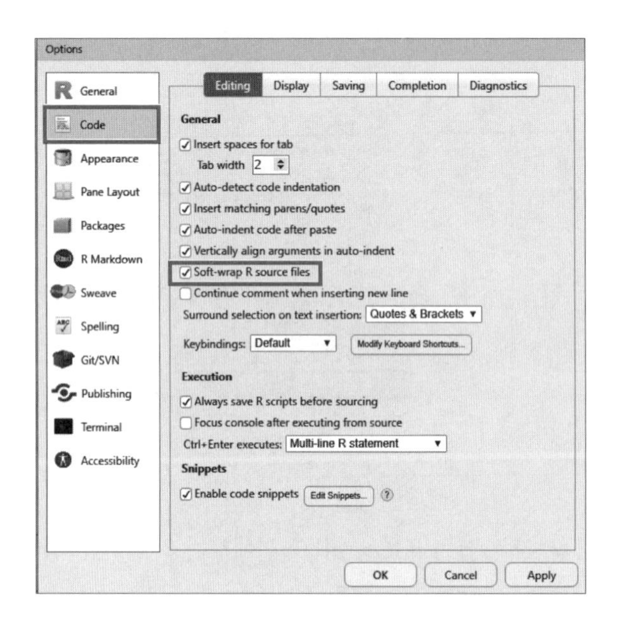

두 번째는 [Saving] 메뉴에 있는 'Default text encoding(글자의 인코딩 방식 지정)' 기능입니다. 스크립트에서 한글이 깨지는 경우가 있습니다. 인코딩 설정 방식이 다르기 때문입니다. RStudio에서는 UTF-8으로 설정되어 있어야 한글이 정상적으로 출력됩니다. 글자가 깨질 때에는 이 옵션에서 인코딩 방식을 UTF-8으로 변경하면 됩니다.

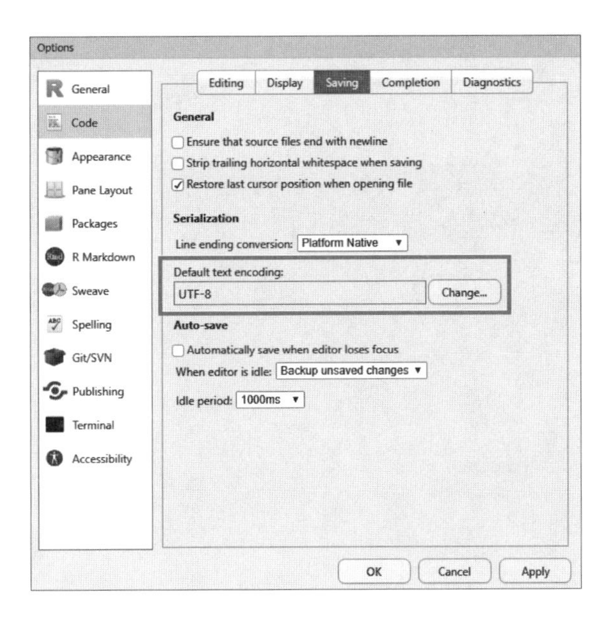

그래도 글자가 깨지면 상단의 작업 메뉴에서 [File] 버튼을 클릭한 후 네 번째 메뉴인 Reopen with Encoding을 다시 클릭해서 UTF-8을 지정하세요.

(3) Appearance 옵션

[Appearance] 옵션에서는 사용할 글씨체와 크기, 테마, 배경화면 등 디자인을 조정할 수 있습니다.

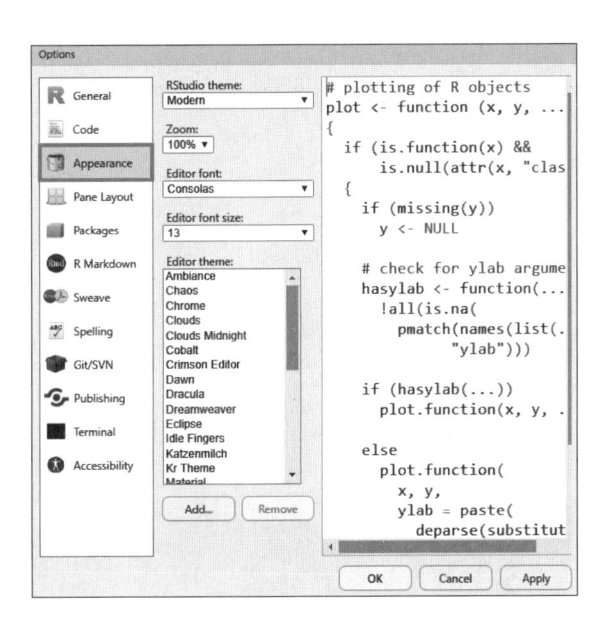

3장

데이터 구조

데이터 구조(벡터, 데이터프레임, 리스트)에 대해 살펴봅니다.

1 용어의 이해

1) 변수

(1) 변수의 개념

수는 상수와 변수로 구분됩니다. 상수는 정해진 수입니다. 변수(variable)는 '변하는 수'입니다. 변수의 내용물은 넣는 수에 따라 달라지기 때문에 '자료들을 넣어두는 창고'와 같습니다. 변수 x에 1을 넣으면 x는 1이며, 2를 넣으면 2입니다. x에는 복수의 내용을 넣을 수도 있습니다. x에 5개의 숫자 1, 2, 3, 4, 5를 넣으면 x는 1,2,3,4,5입니다.

변수에 있는 수가 많아지면 다양한 분석을 할 수 있습니다. 변수 x(1,2,3,4,5)에 있는 5개 수의 총합은 15, 평균은 3, 최솟값은 1, 최댓값은 5입니다. 변수 y에 1, 2, 3을 넣었다면 y의 총합은 6, 평균은 2, 최솟값은 1, 최댓값은 3입니다. 변수 x와 y를 비교할 수도 있습니다. x의 평균은 y의 평균보다 높습니다. 이같이 변수들을 분석하는 것이 데이터 분석입니다. 변수에는 수치만 들어가는 것은 아닙니다. 문자, 그림, 파일 등 다양한 데이터를 넣을 수 있습니다.

(2) 변수에 데이터 넣기

R에서 분석 작업을 하기 위해서는 데이터들을 변수에 넣어야 합니다. 변수는 '데이터 창고'입니다. 변수에 데이터를 넣을 때는 '<-'이라는 할당 연산자(assignment operators)를 사용합니다. 'a <- 1'은 "a에 1을 넣어줘"라는 의미입니다. R에서는 데이터를 넣는 변수를 객체(object)라고 부릅니다. 객체는 일반적인 대상을 의미합니다. 상자에다 물건을 넣고 상자 이름을 지정한다고 생각하면 됩니다.

```
객체(변수) 이름 <- 데이터
```

➡ 여기서 잠깐!

'<-' 연산자 대신에 '='를 사용하기도 합니다. 그러나 '='는 명령의 최상위 수준에서만 사용할 수 있으며 하위 수준에서는 오류가 발생합니다. '<-'는 어디에서나 쓸 수 있습니다.
아래 ①a <- b <- 1는 "b에 1을 넣고, b를 a에 넣어줘"라는 명령입니다. ②에서는 '='이 최상위가 아니라, 하위수준에서 사용되었기 때문에 오류가 발생했습니다.

```
①a <- b <- 1
a
[1] 1

②a <- b = 1
a # 에러 발생
Error in a <- b <- 1 : 함수 "<-<-"를 찾을 수 없습니다.
```

① 변수에 숫자 넣기

변수 a에 1을 입력한 후 a의 내용을 확인하니 1이 출력되었습니다. 변수 a에 2를 입력한 후 a의 내용을 확인하니 2로 바뀌었습니다. 이같이 변수는 넣은 데이터에 따라 내용이 수시로 변하는 마법상자와 같습니다.

```
a <- 1
a
[1] 1

a <- 2
a
[1] 2
```

② 문자와 연산

문자는 연산이 되지 않습니다. 문자 c에 c+1을 넣으려고 하면 아래와 같이 "숫자가 아니어서 연산이 되지 않는다"는 에러 메시지가 뜹니다.

```
c <- c+1
Error in a + 1 : non-numeric argument to cinary operator
```

그러나 c에 1을 넣은 후에 c에 c+1을 입력하면 c는 2를 출력합니다. c에 1을 넣으면, c는 외견상 문자이지만 실제 속성은 숫자 1로 바뀌기 때문입니다.

```
c <- 1
c <- c+1
c
[1] 2
```

③ 변수에 문자 넣기

변수에 숫자를 넣을 때는 그대로 쓰면 되지만, 문자를 넣을 때는 큰따옴표(" ") 안에 문자를 적고 입력해야 합니다. 그렇게 하지 않으면 에러가 발생합니다. a라는 객체에 Hello라는 문자를 넣겠습니다.

```
a <- Hello
Error: object 'Hello' not found # 에러 발생

a <- "Hello"
a
[1] "Hello"
```

(3) 변수이름의 원칙

문자와 숫자를 사용할 수 있습니다. 그러나 첫글자는 문자이어야 합니다. 첫글자에 점(.)을 쓸 수는 있지만, 이런 경우는 거의 없습니다. 이름을 한글로 하면 타이핑하기도 힘들고 오류가 발생할 수 있으므로 영문으로 하는 것이 좋습니다. R은 영어의 대소문자를 구분합니다. 이름 중간에 '.'(마침표)나 '_'(언더바)는 쓸 수 있지만, '-'(하이픈)은 쓰지 못합니다.

```
exam_1, exam.1
```

2) 함수

(1) 함수의 개념

함수(function)는 데이터를 입력하면 정해진 공식에 따라 특정 과정을 수행하는 기능을 합니다. f(x)라는 함수를 'f(x)=x+1'로 규정하면, f(x) 함수는 x+1을 수행합니다. x에 1을 넣으면 f(x)는 2를 출력합니다. R에서 함수는 계산, 값 검색, 그래프 그리기와 같은 다양한 일을 수행합니다. R에서 데이터 분석 능력은 함수 활용 능력에 좌우됩니다.

(2) 함수 이용 방법

R에서 함수는 '함수이름( )'으로 규정됩니다. ( ) 안에는 분석 데이터나 분석 명령을 넣습니다. 함수이름은 수행기능을 의미하는 영어 단어를 그대로 쓰거나 줄여서 쓰기 때문에 알기 쉽습니다. 평균을 구하는 함수는 평균을 뜻하는 영어 단어인 mean을 사용해서 mean( )입니다. 변수에 복수의 데이터를 입력하는 함수는 c( )입니다. c는 '합치다'란 의미의 combine을 줄인 것입니다.

a라는 변수에 3개의 숫자 1, 2, 3을 넣고 평균을 구해보겠습니다.

```
a <- c(1,2,3) # a에 1, 2, 3을 넣기
a
[1] 1 2 3

mean(a) # a의 평균 구하기
[1] 2
```

R에는 기본적으로 내장되어 있는 함수들이 있습니다. 대표적으로 mean( ) 함수와 같은 통계 함수들입니다. 앞에서 만든 a의 최댓값, 최솟값을 구해보겠습니다.

```
max(a) # a에서 최댓값 구하기
[1] 3

min(a) # a에서 최솟값 구하기
[1] 1
```

변수를 삭제할 때는 rm( ) 함수를 이용합니다. rm은 삭제한다는 remove의 약어입니다. 앞에서 만든 변수 a를 삭제하겠습니다.

```
rm(a)
a
Error: object 'a' not found # 객체 a가 없다는 표시가 출력
```

이같이 간단한 함수도 있지만, ( ) 안에 복잡한 명령문을 써야 할 때도 있습니다. 명령문을 쓰는 방법을 문법이라고 합니다. 글을 쓰는 문법이 있듯이, R에서도 문법에 맞게 명령문을 써야 함수가 기능합니다.

특정 함수의 정의, 문법, 사용방법에 대해 자세히 알고 싶으면 help( ) 함수를 이용하면 됩니다. 소스창에서 help( ) 안에 알고 싶은 함수의 이름을 넣고 [Ctrl+Enter]를 누르면 RStudio의 오른쪽 하단에 있는 Help창에 함수를 설명하는 화면이 나타납니다.

mean( ) 함수에 관한 설명을 찾아보기 위해 소스창에 help(mean)을 입력하고 [Ctrl+Enter]를 눌러보겠습니다. 그러면 mean( ) 함수의 정의, 용례, 파라미터, 결과, 참

고자료, 관련 자료, 사례 등이 다음과 같이 나타납니다. 파라미터는 함수의 조건을 정의하는 명령입니다.

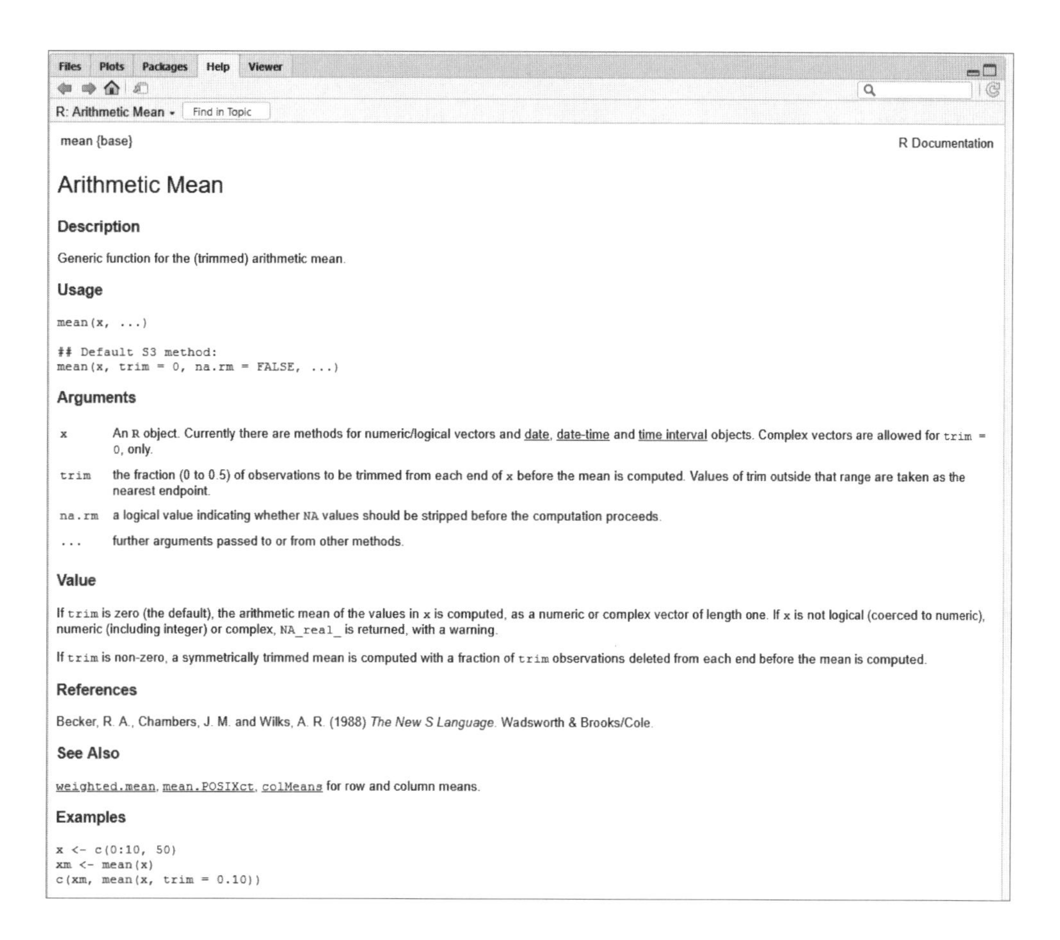

Files Plots Packages Help Viewer

R: Arithmetic Mean ▾ Find in Topic

mean {base} R Documentation

Arithmetic Mean

Description

Generic function for the (trimmed) arithmetic mean.

Usage

```
mean(x, ...)

## Default S3 method:
mean(x, trim = 0, na.rm = FALSE, ...)
```

Arguments

x	An R object. Currently there are methods for numeric/logical vectors and date, date-time and time interval objects. Complex vectors are allowed for trim = 0, only.
trim	the fraction (0 to 0.5) of observations to be trimmed from each end of x before the mean is computed. Values of trim outside that range are taken as the nearest endpoint.
na.rm	a logical value indicating whether NA values should be stripped before the computation proceeds.
...	further arguments passed to or from other methods.

Value

If trim is zero (the default), the arithmetic mean of the values in x is computed, as a numeric or complex vector of length one. If x is not logical (coerced to numeric), numeric (including integer) or complex, NA_real_ is returned, with a warning.

If trim is non-zero, a symmetrically trimmed mean is computed with a fraction of trim observations deleted from each end before the mean is computed.

References

Becker, R. A., Chambers, J. M. and Wilks, A. R. (1988) *The New S Language*. Wadsworth & Brooks/Cole.

See Also

weighted.mean, mean.POSIXct, colMeans for row and column means.

Examples

```
x <- c(0:10, 50)
xm <- mean(x)
c(xm, mean(x, trim = 0.10))
```

3) 패키지

(1) 패키지의 개념

패키지(package)는 '포장'이라는 뜻입니다. R에서 패키지는 특정한 기능을 하는 여러 함수가 들어 있는 포장상자를 의미합니다. 패키지는 R이 기본적으로 제공하지 않는 함수, 또는 R 함수보다 더 편하고 빠르게 같은 기능을 수행하는 함수를 제공하기 때문에 매우 유용하게 이용할 수 있습니다.

(2) 패키지 이용 방법

패키지를 이용하기 위해서는 먼저 RStudio에 설치하고, 구동하는 2단계를 거쳐야 합니다. 패키지를 설치할 때는 install.packages( ) 함수를 이용하고, 구동할 때는 library( ) 함수를 이용합니다. library( ) 함수를 구동하는 것은 '패키지를 로드(load)한다' 또는 '구동한다'고 합니다. 패키지는 한 번 설치하면 되지만, library( )는 RStudio를 시작할 때마다 해야 합니다. 그래서 자주 쓰는 패키지들의 경우 RStudio를 시작할 때 먼저 구동하는 습관을 갖는 것이 좋습니다.

install.packages( )에서는 패키지 이름을 따옴표("") 안에 넣어 입력합니다. 그러나 library( )에서는 따옴표를 하지 않아도 됩니다.

- 패키지 설치: `install.packages("패키지 이름")` # 따옴표 안에 입력
- 패키지 구동: `library(패키지 이름)` # 따옴표 불필요

2 데이터 구조

1) 벡터

(1) 벡터의 종류

벡터(Vector)는 같은 유형으로 구성되는 1차원 데이터 구조입니다. 벡터는 데이터 유형에 따라 크게 숫자형(numeric), 정수형(interger), 문자형(character), 범주형(factor), 논리형(logic)으로 구분됩니다.

① 숫자형 벡터

데이터가 실수들로 구성되어 있으며 4칙연산이 모두 가능합니다. 소수점, 정수, 무리수 등 모든 수를 포함합니다. 데이터가 끊이지 않는 연속형 데이터입니다.

② 정수형 벡터

숫자형 벡터 가운데 -1, 0, 1과 같이 정수만으로 구성된 데이터입니다. 연산이 가능합니다. 1과 2로 구성된 벡터는 정수형 벡터이지만, 1과 2.1로 구성되면 숫자형 벡터가 됩니다. 벡터는 같은 유형으로 구성되기 때문입니다. 정수형 벡터는 데이터가 정수로 끊어져 있기 때문에 이산형 데이터라고 합니다.

③ 문자형 벡터

문자로 이루어진 데이터입니다. 이름, 상호와 같이 데이터마다 문자로 표시됩니다. 연산이 불가능합니다. 외견상 숫자 형태로 되어 있는데, 데이터 속성은 문자일 때가 있습니다. 숫자이면 연산이 가능하지만, 문자이면 연산이 불가합니다.

④ 범주형 벡터

데이터가 일정 범위나 기준에 따라 유형으로 분류되는 벡터입니다. 예를 들면 사람들이 성별, 연령대, 소득층으로 구분되는 경우입니다. 주로 집단별 특성을 요약하거나 집단 간 차이를 비교할 때 이용됩니다. 범주는 숫자로 쓰기도 합니다. 가령 성별 구분에서 남자를 1, 여자를 2로 규정합니다. 범주를 구성하는 유형을 레벨(level)이라고 합니다. 청년층, 중년층, 고령층으로 구분된 연령대 범주는 3개의 레벨로 구성되어 있습니다. 범주형 벡터는 연산을 할 수 없습니다.

⑤ 논리형 벡터

참(TRUE)과 거짓(FALSE)이라는 논리값으로 구성된 데이터입니다. 데이터가 맞는지, 틀렸는지를 구분할 때 사용합니다. 논리값은 따옴표 없이 대문자로 씁니다.

(2) 벡터 만들기

① 숫자형 벡터

a에 숫자 1을 넣고, 벡터의 유형을 알아보겠습니다. 벡터의 유형은 class( ) 함수로 알 수 있습니다. class는 등급을 의미합니다. 1은 정수인데, 속성은 숫자형 벡터로 출력되었습니다. 숫자형은 정수형을 포함하는 큰 개념이어서 문제는 없습니다. 데이터의 양이 적으면 숫자형으로 사용해도 괜찮습니다. 그러나 정수형의 연산이 숫자형보다 빠

르므로 데이터의 양이 매우 많은 경우에는 숫자형으로 변환해서 사용하는 것이 좋습니다. 변환 방법은 뒤에서 학습하겠습니다.

```
a <- 1
a
[1] 1 # [1]은 데이터의 위치가 벡터 중 첫 번째라는 것을 의미
class(a) # a의 유형 확인
 [1] "numeric" # 숫자형
```

복수의 숫자를 가진 벡터를 만들어보겠습니다. 복수의 데이터를 입력할 때는 c( ) 함수를 이용합니다. 숫자 1, 2, 3이 들어 있는 벡터를 만들려면 c(1,2,3)을 입력하면 됩니다.

```
a <- c(1,2,3)
a
[1] 1 2 3
class(a) # a의 유형 확인
[1] "numeric" # 숫자형
```

② 문자형 벡터

a에 문자 Hello를 넣고 벡터의 유형을 알아보겠습니다. 문자를 넣을 때는 큰따옴표(“”) 안에 넣고 입력합니다.

```
a <- "Hello"
a
[1] "Hello"
class(a) # a의 유형 확인
"character" # 문자형
```

숫자 1을 큰따옴표(“”) 안에 넣고 a에 입력합니다. 1이 숫자가 아니라 문자라는 뜻입니다. 앞에서 a에 1을 입력했을 때는 [1] 1로 출력되었으나, 이번에는 [1] “1”로 출력되었습니다. 이것은 1이 문자라는 것을 의미합니다. class(a)를 입력하면 문자형 벡터로 출력됩니다.

```
a <- "1"
a
[1] "1"
class(a) # a의 유형 확인
[1] "character" # 문자형
```

복수의 문자로 구성된 벡터를 만들어봅니다. a에 "Hi"와 "Hello"를 입력하고 유형을 확인합니다.

```
a <- c("Hi", "Hello")
a
[1] "Hi"   "Hello"
class(a) # a의 유형 확인
[1] "character" # 문자형
```

a에 숫자 1, 2와 문자 "Hello"를 입력하고 유형을 확인합니다. a의 내용을 출력하면, 숫자 1, 2가 따옴표("") 안에 있습니다. 숫자를 입력했지만, 문자로 인식되었습니다. 벡터는 같은 유형으로 구성되기 때문에, 숫자와 문자 데이터를 함께 넣으면 데이터 속성이 모두 문자로 바뀝니다. 유형을 확인하니 문자형입니다.

```
a <- c(1,2,"Hello")
a
[1] "1"   "2"   "Hello"
class(a) # a의 유형 확인
[1] "character" # 문자형
```

a에 숫자 1과 문자 "1"을 넣은 벡터를 만들겠습니다. a는 [1] "1" "1"을 출력합니다. 모두 문자형이 되었습니다.

```
a <- c(1,"1")
a
[1] "1" "1"
class(a) # a의 유형 확인
[1] "character" # 문자형
```

③ 범주형 벡터

a에 숫자 4개(1,2,1,2)를 입력합니다. a <- c(1,2,1,2)입니다.

b에는 숫자 4개(1,2,1,2)를 범주형으로 입력합니다. b <- factor(c(1,2,1,2))입니다. factor( )는 범주형 벡터를 만드는 함수입니다.

a에서는 숫자 4개(1,2,1,2)가 출력되었고, 벡터 유형은 숫자형입니다. b에도 숫자 4개(1,2,1,2)가 있지만 유형은 범주형입니다. b의 내용을 출력하면, 4개의 숫자 아래에 'Levels: 1 2'가 표시되어 있습니다. 이는 "1과 2라는 범주가 있다"는 뜻입니다. 범주를 알아보는 levels( ) 함수로 범주의 종류를 확인하니 "1" "2"가 있습니다.

```
a <- c(1,2,1,2)
a
[1] 1 2 1 2
class(a) # a의 유형 확인
[1] "numeric" # 숫자형

b <- factor(c(1,2,1,2)) # b에 숫자 1, 2, 1, 2를 범주형으로 입력
b
[1] 1 2 1 2
Levels: 1 2 # 범주 유형이 1과 2
class(b) # b의 유형 확인
[1] "factor" # 범주형
levels(b) # b의 범주 확인
[1] "1" "2" # 문자형으로 1과 2가 있음
```

a벡터와 b벡터의 연산을 해서 차이를 알아보겠습니다. a벡터와 b벡터에 2를 곱합니다. a*2를 하면 '2 4 2 4'라는 값이 반환됩니다. a벡터는 숫자형이어서 연산이 가능합니다. 그러나 b*2를 하면 "요인(factors)에 대해서는 곱셈(*) 연산이 안 된다"는 오류 메시지와 함께 결과값이 NA(결측치)로 출력됩니다. b에서는 1, 2가 범주이어서 연산이 안 되기 때문입니다.

```
a*2 # a벡터값에 2를 곱하기
[1] 2 4 2 4

b*2 # b벡터값에 2를 곱하기. 결과가 결측치로 출력됨
[1] NA NA NA NA
Warning message:
In Ops.factor(b, 2) : 요인(factors)에 대하여 의미 있는 '*'가 아닙니다.
```

2) 데이터프레임

(1) 데이터프레임의 구조

데이터프레임(dataframe)은 데이터(data)가 틀(frame)을 갖고 있다는 뜻입니다. 데이터프레임은 데이터 분석에서 가장 많이 사용되는 형태로, 외부에서 제공되는 데이터도 대부분 데이터프레임 형태입니다.

데이터프레임은 숫자형, 정수형, 문자형, 범주형 등 다양한 유형의 벡터들을 묶을 수 있는 다중형 구조이며, 행(row)과 열(column)로 구성되는 2차원 구조입니다. 열은 세로 데이터, 행은 가로 데이터입니다. 열은 벡터들로 구성되며, 데이터의 속성을 의미합니다. 벡터 내용은 입력값에 따라 달라지기 때문에 변수입니다. 데이터 분석은 기본적으로 열을 구성하는 변수들의 특성이나 변수 간 관계 등을 알아보는 것입니다. 행은 데이터프레임에 들어 있는 개별 데이터입니다. R에서는 행을 관측치(observation)라고도 표현합니다. '실제로 조사된 값', 즉 '실제 데이터'라는 뜻입니다. 줄여서 'obs.'으로 적습니다.

예제파일에 수록되어 있는 exam 파일의 데이터 구조를 볼까요.

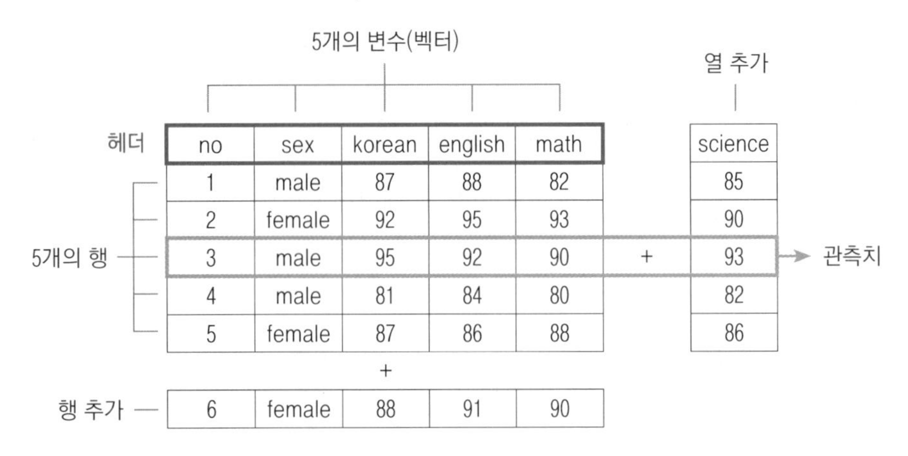

[그림 3-1] 데이터프레임의 구조

열은 no(번호), sex(성), korean(국어), english(영어), math(수학)라는 5개의 변수로 구성되어 있습니다. 행은 5개입니다. 변수의 이름을 적은 첫 줄인 헤더(header)를 제외한 다음 줄부터 행 번호가 1번부터 순차적으로 매겨집니다. 행은 데이터 정보를 열의 변수에 맞춰 제공합니다. 1번 행의 값을 보면 sex는 남자, korean 성적은 87점, english 성적은 88점, math 성적은 82점입니다.

데이터프레임에서 열과 행은 늘리거나 뺄 수 있습니다. exam에 science 변수를 추가해서 5명 학생들의 과학 성적을 입력할 수도 있습니다. 변수가 많아지면 더욱 풍부한 분석을 할 수 있습니다. 다른 학생들의 국어, 영어, 수학 성적을 추가로 입력할 수도 있습니다. 그러나 분석하는 행이 너무 많으면 컴퓨터의 실행 속도가 느려지는 문제가 발생하기도 합니다.

(2) 데이터프레임 만들기

R은 외부 데이터를 가져와서 분석하는 프로그램이기 때문에 R에서 데이터프레임을 직접 만드는 경우는 별로 없습니다. 그러나 데이터를 잘 분석하기 위해서는 데이터프레임을 만드는 기본 원리를 이해하고 있어야 합니다.

① 벡터를 만든 후에 합치기

먼저 벡터들을 별도로 만든 후에 data.frame( ) 함수로 묶습니다.

```
객체(변수) <- data.frame(벡터1, 벡터2, …)
```

데이터프레임을 만들어보겠습니다.

```
# 벡터를 별도로 만들기
sex <- c("male", "female")
korean <- c(87, 92)
english <- c(88, 95)

# 벡터들을 객체 exam_a에 입력
exam_a <- data.frame(sex, korean, english)

exam_a
     sex korean english
1   male     87      88
2 female     92      95
```

② data.frame( )에서 한꺼번에 만들기

data.frame( )의 ( ) 안에 벡터를 만드는 식을 입력해서 데이터프레임을 만들 수 있습니다.

```
객체(변수) <- data.frame(벡터1= 내용, 벡터2= 내용, …)
```

exam_b를 이 방법으로 만들겠습니다.

```
# 객체 안에 벡터를 동시에 입력
exam_b <- data.frame(sex=c("male", "female"),
            korean=c(87, 92),
            english=c(88, 95))
exam_b # 출력
     sex korean english
1   male     87      88
2 female     92      95
```

➡ 여기서 잠깐!

R에서 문법을 적을 때는 한 줄에 한 가지 내용을 적는 것이 보기에도 좋고, 작업에도 효과적입니다. 한 줄에 한 가지 내용을 적은 후에 Enter를 치면 커서가 다음 줄로 이동합니다. 줄을 변경해서 작업할 때는 내용의 출발선이 같아야 합니다.

소스창에서 직접 입력할 때는 R에서 자동으로 줄을 맞춥니다. 그러나 외부에서 명령문을 복사해서 쓸 때는 줄이 맞춰지지 않아 에러가 자주 발생하므로 주의해야 합니다.

③ 열 추가하기

데이터프레임의 열은 계속 추가할 수 있습니다. exam에 science 성적을 추가한 데이터프레임 exam_c를 만들겠습니다.

```
science <- c(84, 95)  # science벡터 만들기
exam_c <- data.frame(sex, korean, english, science) # science변수 추가
exam_c  # 출력
     sex  korean  english  science
1    male     87       88       84
2  female     92       95       95
```

➡ 여기서 잠깐!

exam_c <- data.frame(exam_a, science)를 해도 됩니다.

(3) 데이터프레임에서 특정 데이터 출력하기

데이터프레임은 행과 열로 구성된 2차원 정보이므로 데이터의 위치를 좌표 방식으로 표시합니다.

```
데이터의 위치: 객체(변수) 이름[행 번호, 열 번호]
```

R에서 예제파일 exam.csv를 객체 exam으로 입력해서 설명하겠습니다. 예제파일이 있는 디렉터리를 워킹디렉터리로 지정하고, read.csv( ) 함수를 이용해서 불러옵니다.

```
exam <- read.csv ("exam.csv")

exam
  no    sex korean  english  math
1  1   male     87       88    82
2  2 female     92       95    93
3  3   male     95       92    90
4  4   male     81       84    80
5  5 female     87       86    88
```

① 1개 데이터 출력

exam에서 2번 학생의 korean 성적을 출력합니다. 2번 학생의 행 번호는 2번이고, korean 성적은 3번 열이므로 exam[2,3]으로 표시합니다. [2,3]에서 숫자는 위치를 의미하는 색인으로 인덱스(index)라고도 합니다. R에서 exam[2,3]을 입력하고 [Ctrl+Enter]를 누르면 92가 출력됩니다. 5번 학생의 english 성적은 exam[5,4]라고 하면 됩니다. 86입니다. 이같이 색인 번호를 이용하면 매우 간편하게 데이터 위치를 표시하고, 값을 출력할 수 있습니다.

exam[2,3]은 행과 열의 이름을 써서 표시해도 됩니다. exam[2, "korean"]입니다. 열 이름은 문자이므로 따옴표("") 안에 넣어야 합니다. 그런데 이렇게 해야만 한다면 불편하겠지요? 그래서 색인을 활용하는 것입니다.

```
exam[2,3]
[1] 92

exam[2, "korean"] # 열의 색인 번호 대신에 이름을 쓴 경우
[1] 92
```

② 복수 데이터 출력

3번 학생의 정보에서 korean, english 성적을 알고 싶습니다. 지시할 행이나 열이 복수일 때는 c( ) 함수를 이용해서 색인 번호를 모두 적어주면 됩니다. 행 번호는 3번입니다. korean 성적은 3번 열, english 성적은 4번 열입니다. exam[3, c(3,4)]이라고 하면 됩니다.

```
exam[3, c(3,4)]
  korean english
3      95      92
```

4번 학생과 5번 학생의 english, math 성적을 알고 싶습니다. 행과 열을 모두 복수로 표시하면 됩니다. exam[c(4,5), c(4,5)]입니다.

```
exam[c(4,5), c(4,5)]
  english math
4      84   80
5      86   88
```

③ 전체 데이터 출력

3번 학생의 모든 정보를 알고 싶으면 어떻게 해야 할까요? 행 번호는 3번이고, 열 번호는 1,2,3,4,5이므로 exam[3, c(1,2,3,4,5)]이라고 명령하면 됩니다. 그런데 전체를 표시할 때 간편하게 하는 방법이 있습니다. 바로 열 번호를 적지 않는 것입니다. 그러면 전체로 인식합니다. exam[3, c(1,2,3,4,5)]를 exam[3,]으로 적는 것입니다.

```
exam[3, ] # exam[3, c(1,2,3,4,5)]와 같음
  no  sex korean english math
3  3 male      95      92   90
```

1번에서 5번까지 모든 학생들의 english 성적을 출력하고 싶습니다. exam[c(1,2,3,4,5),4] 또는 exam[,4]라고 하면 됩니다. 전체 데이터를 출력하고 싶으면 exam[,]이라고 하면 되겠지만, 그냥 객체 이름만 적고 [Ctrl+Enter] 하면 됩니다.

```
exam[ ,4] # exam[c(1,2,3,4,5), 4]와 같음
[1] 88 95 92 84 86

exam[ , ] # exam과 같음
  no    sex korean english math
1  1   male     87      88   82
2  2 female     92      95   93
3  3   male     95      92   90
4  4   male     81      84   80
5  5 female     87      86   88
```

④ 연속 데이터 출력

2, 3, 4번 학생의 sex, korean, english 성적 자료를 출력하고 싶다면 exam[c(2,3,4), c(2,3,4)]를 입력하면 됩니다. 그런데 색인 번호가 이어져 있으면 모두 적지 않고, ':' 기호를 이용하면 간편합니다. 숫자가 많은 경우에는 이 방식이 편리합니다. exam[c(2,3,4), c(2,3,4)]는 exam[2:4, 2:4]라고 적으면 됩니다. 2,3,4는 3개의 숫자이므로 c( ) 안에 넣지만, 2:4는 1개의 숫자로 인식되기 때문에 그대로 씁니다.

행에서 1,2,3,5번을 선택하고, 열에서 no, sex, korean, math의 성적을 선택할 때는 exam[c(1,2,3,5), c(1,2,3,5)] 또는 exam[c(1:3,5), c(1:3,5)]로 표시합니다.

```
exam[2:4, 2:4] # exam[c(2,3,4), c(2,3,4)]와 같음
     sex korean english
2 female     92      95
3   male     95      92
4   male     81      84
```

```
exam[c(1:3,5), c(1:3,5)] # exam[c(1,2,3,5), c(1,2,3,5)]와 같음
  no    sex korean math
1  1   male     87   82
2  2 female     92   93
3  3   male     95   90
5  5 female     87   88
```

⑤ 필요 없는 데이터 제거

선택할 데이터가 많을 때는 전체 데이터에서 필요 없는 데이터를 제거하는 방식으로 처리할 수도 있습니다. exam의 행에서 1,2,3,5번을, 열에서 no, sex, korean, math의 성적을 출력하려 한다면 행과 열에서 각각 4개의 색인을 선택해야 합니다. 이것은 행과 열에서 각각 1개의 색인을 제외하고 출력하는 것과 같습니다. 제외할 때는 '–'(마이너스) 명령어를 이용합니다. exam[–4, –4]입니다.

```
exam[-4, -4] # exam[c(1,2,3,5), c(1,2,3,5)], exam[c(1:3,5), c(1:3,5)]와 같음
  no    sex korean math
   1   male     87   82
   2 female     92   93
   3   male     95   90
   5 female     87   88
```

복수의 데이터를 제외할 때는 c( ) 함수를 이용하면서 마이너스를 붙이면 됩니다. 행에서 2, 4번 데이터, 열에서 english, math 성적을 제외한 데이터를 출력하려 합니다. exam[c(–2,–4), c(–4,–5)] 또는 exam[–c(2,4), –c(4,5)]라고 하면 됩니다.

```
exam[c(-2,-4), c(-4,-5)] # exam[-c(2,4), -c(4,5)]도 같음
  no    sex korean
   1   male     87
   3   male     95
   5 female     87
```

(4) 객체의 변수 경로 표시

객체를 구성하는 여러 변수들 가운데 특정 변수의 경로는 '$'(달러) 기호를 이용해서 '객체 $ 변수이름'으로 표시합니다. R에서는 '객체 $'를 하면 객체에 포함된 변수들의 이름이 자동으로 뜨므로 선택하면 됩니다.

exam에 있는 korean 성적의 경로를 표시하고, 내용을 보겠습니다.

```
exam$korean # exam에 있는 korean 성적
[1] 87 92 95 81 87
```

3) 리스트

영어로 리스트(list)는 '목록'이라고 합니다. 목록은 여러 자료를 묶어놓은 것입니다. 리스트는 벡터, 데이터프레임과 같은 여러 형태의 데이터를 묶을 수 있는 데이터 형태입니다.

리스트를 만들어보겠습니다. 객체 a에 데이터프레임인 exam.csv 파일을 입력합니다. 객체 b에 숫자 1과 2를 입력합니다. 객체 c에 문자 Hello를 입력합니다. 그리고 a, b, c를 모두 넣은 객체 d를 리스트 구조로 만듭니다. list( ) 함수를 이용해서 d <- list(a, b, c)라고 씁니다.

```
a <- read.csv("exam.csv") # a에 데이터프레임 입력
b <- c(1, 2)  # b에 숫자 1, 2 입력
c <- "Hello" # c에 문자 Hello 입력
d <- list(a, b, c) # a, b, c로 구성된 리스트 d 만들기

d # 리스트 d의 내용 출력
[[1]]
  no    sex korean english math
1  1   male     87      88   82
2  2 female     92      95   93
3  3   male     95      92   90
4  4   male     81      84   80
5  5 female     87      86   88
[[2]]
[1] 1 2
[[3]]
[1] "Hello"
```

리스트의 구조는 벡터나 데이터프레임과 다릅니다. 모든 데이터 원소들이 연결되어 출력되었습니다. 겹 [], 즉 [[]]는 연결된 3개의 객체들이 같은 리스트에 속해 있다는 것을 의미하고, 그 안의 숫자는 연결된 객체의 순서를 의미합니다. [[1]]에는 a, [[2]]에는 b, [[3]]에는 c의 데이터들이 있습니다.

str( ) 함수로 d의 구조를 알아보겠습니다. str(d)를 하면 'List of 3'(3개의 원소로 구성된 리스트) 아래 $ 표시로 된 3개의 데이터 내용이 출력됩니다. 데이터의 유형을 보면 첫 번째는 데이터프레임(data.frame), 두 번째는 숫자형(num) 벡터, 세 번째는 문자형(chr) 벡터입니다.

```
str(d)
List of 3
 $ :'data.frame':       5 obs. of 5 variables:
  ..$ no      : int [1:5] 1 2 3 4 5
  ..$ sex     : chr [1:5] "male" "female" "male" "male" ...
  ..$ korean  : int [1:5] 87 92 95 81 87
  ..$ english: int [1:5] 88 95 92 84 86
  ..$ math    : int [1:5] 82 93 90 80 88
 $ : num [1:2] 1 2
 $ : chr "Hello"
```

[그림 3-2] 리스트의 데이터 형태

연습문제

1 표에 있는 내용을 data.frame( ) 함수와 c( ) 함수를 이용해서 데이터프레임으로 만들고 출력해보세요. 데이터프레임의 이름은 df로 하세요.

student	height	weight
A	175	70
B	160	55
C	180	77

2 df에서 다음 데이터를 색인으로 출력해보세요.

1) A의 weight
2) C의 height
3) B의 height, weigth
4) A, B, C의 height
5) A와 B의 height, weight

3 df에 새 변수를 추가한 새 객체 df1을 만들어보세요. 새 변수의 이름은 sex입니다. sex 변수의 데이터 내용은 A는 male, B는 female, C는 male입니다.

4 df1에서 변수 student의 내용을 출력하세요.

5 df1에서 student 변수와 height 변수의 유형을 알아보세요. 유형은 class( ) 함수로 알 수 있습니다.

6 문자 Good을 넣은 객체 df2를 만들고, df1과 df2를 리스트 형태로 합친 list1을 만들어 출력하세요.

해답은 뒤에 (p. 334)

4장

데이터 불러오고 저장하기

데이터를 불러오고 저장하는 방법을 세부적으로 살펴봅니다.

1 내장 데이터 활용

1) R 내장 데이터

R은 학습하는 데 유용한 데이터세트(dataset)를 제공하고 있습니다. 데이터세트는 데이터들의 집합체입니다. 누구나 이 데이터세트를 학습에 활용할 수 있습니다. R이 제공하는 데이터세트의 이름과 내용은 data( ) 함수로 알 수 있습니다.

```
data()
```

```
Data sets in package ¡®datasets¡¯:

AirPassengers                Monthly Airline Passenger Numbers 1949-1960
BJsales                      Sales Data with Leading Indicator
BJsales.lead (BJsales)       Sales Data with Leading Indicator
BOD                          Biochemical Oxygen Demand
CO2                          Carbon Dioxide Uptake in Grass Plants
ChickWeight                  Weight versus age of chicks on different diets
DNase                        Elisa assay of DNase
EuStockMarkets               Daily Closing Prices of Major European Stock Indices, 1991-1998
Formaldehyde                 Determination of Formaldehyde
HairEyeColor                 Hair and Eye Color of Statistics Students
Harman23.cor                 Harman Example 2.3
Harman74.cor                 Harman Example 7.4
Indometh                     Pharmacokinetics of Indomethacin
InsectSprays                 Effectiveness of Insect Sprays
JohnsonJohnson               Quarterly Earnings per Johnson & Johnson Share
LakeHuron                    Level of Lake Huron 1875-1972
LifeCycleSavings             Intercountry Life-Cycle Savings Data
Loblolly                     Growth of Loblolly pine trees
Nile                         Flow of the River Nile
Orange                       Growth of Orange Trees
```

학습에 많이 활용되는 데이터세트에는 AirPassenger, airquality, iris, Titanic, cars, economics, mtcars, USArrests 등이 있습니다.

소스창에서 데이터세트의 이름을 입력하고 [Ctrl+Enter]를 누르면 데이터를 불러올 수 있습니다. 소스창에 help(데이터세트 이름)를 입력하고 [Ctrl+Enter]를 하면 오른쪽 하단의 Help창에 데이터세트의 정보가 상세하게 나타납니다.

R에 내장되어 있는 주요 데이터세트	
이름	내용
AirPassengers	1949~1960년의 월 단위 항공기 승객수
airquality	1973년 미국 뉴욕의 대기질 조사 자료
cars	자동차 스피드와 제동거리
mtcars	다양한 자동차들의 거리주행 테스트 결과
iris	붓꽃의 꽃받침 길이와 너비, 꽃잎 길이와 너비, 종별 자료
Titanic	침몰된 타이타닉호에서 생존한 승객수
USArrests	미국의 주별 강력 범죄 현황

mtcars를 불러오겠습니다. 소스창에 mtcars를 입력하고 [Ctrl+Enter]를 하면 자동차 이름과 11개 변수별로 수치가 적혀 있습니다.

```
mtcars # 일부 데이터만 표시
                   mpg cyl  disp  hp drat    wt  qsec vs am gear carb
Mazda RX4         21.0   6 160.0 110 3.90 2.620 16.46  0  1    4    4
Mazda RX4 Wag     21.0   6 160.0 110 3.90 2.875 17.02  0  1    4    4
Datsun 710        22.8   4 108.0  93 3.85 2.320 18.61  1  1    4    1
Hornet 4 Drive    21.4   6 258.0 110 3.08 3.215 19.44  1  0    3    1
Hornet Sportabout 18.7   8 360.0 175 3.15 3.440 17.02  0  0    3    2
Valiant           18.1   6 225.0 105 2.76 3.460 20.22  1  0    3    1
```

소스창에 help(mtcars)를 쓰고 [Ctrl+Enter]를 하면 왼쪽 하단의 Help창에 'Motor Trend Car Road Tests'라는 제목 아래 정의, 형식, 자료 출처, 사례 등 상세 정보가 나타납니다. 1973~1974년 32개 자동차 모델의 연료 소비와 주행거리에 관한 데이터입니다. 11개 변수와 32개 관측치로 구성되어 있습니다.

```
help(mtcars)
```

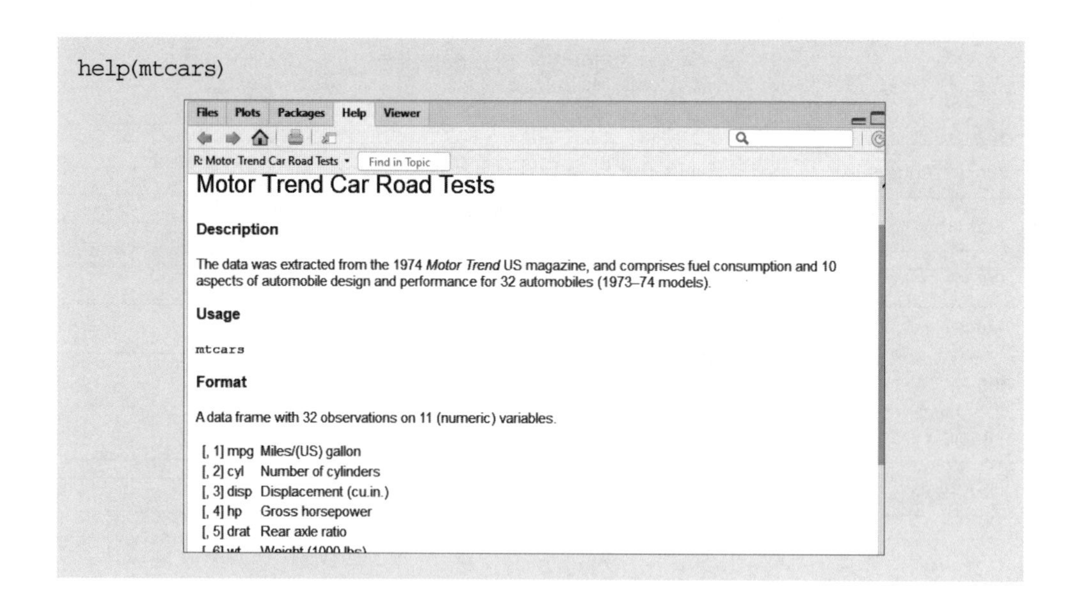

2) ggplot2 패키지 제공 데이터세트

R에서 데이터를 시각화하는 데 매우 유용하게 활용되는 ggplot2 패키지도 다양한 학습용 데이터세트를 제공합니다. diamonds, economics, midwest, mpg 등입니다.

ggplot2 패키지가 제공하는 유용한 데이터세트	
이름	내용
diamonds	다이아몬드의 가격과 특징 데이터
economics	미국 경제에 관한 시계열 데이터
midwest	미국 중서부 지역의 인구 통계
mpg	인기 자동차의 연료 경제성 데이터

이들 데이터세트는 install.packages( ) 함수로 ggplot2 패키지를 먼저 설치한 후, library( ) 함수로 ggplot2 패키지를 구동한 후에 불러올 수 있습니다.

```
install.packages("ggplot2")
library(ggplot2)
```

이들 데이터세트는 불러서 바로 이용할 수도 있지만, 경로를 지정하는 더블콜론(::)을 이용해서 새 객체에 저장하고 이용하는 것이 좋습니다. 불러온 데이터세트를 가공해서 이용한 이후에 원본이 필요한 경우도 있기 때문입니다. 통상 원본 데이터세트와 같은 이름의 객체를 만들어서 저장합니다.

ggplot2에 있는 economics를 불러와서 새 객체 economics에 입력하고 구조를 보겠습니다.

```
library(ggplot2)

economics <- ggplot2::economics # 새 객체 economics에 입력

str(economics)
tibble [574 x 6] (S3: spec_tbl_df/tbl_df/tbl/data.frame)
 $ date    : Date[1:574], format: "1967-07-01" "1967-08-01" ...
 $ pce     : num [1:574] 507 510 516 512 517 ...
 $ pop     : num [1:574] 198712 198911 199113 199311 199498 ...
 $ psavert : num [1:574] 12.6 12.6 11.9 12.9 12.8 11.8 11.7 12.3 11.7 12.3 ...
 $ uempmed : num [1:574] 4.5 4.7 4.6 4.9 4.7 4.8 5.1 4.5 4.1 4.6 ...
 $ unemploy: num [1:574] 2944 2945 2958 3143 3066 ...
```

2 워킹 디렉터리 지정하기

데이터 분석을 위해 컴퓨터에서 파일을 불러올 때는 파일이 저장되어 있는 폴더를 작업장소인 워킹 디렉터리(working directory)로 지정해야 합니다. 그러지 않으면 "파일이나 디렉터리가 없다"는 경고 메시지가 뜨고 파일이 열리지 않습니다.

```
경고 메시지
Error in file(file, "rt") : cannot open the connection
In addition: Warning message:
In file(file, "rt") :
  cannot open file 'read_exam2.txt': No such file or directory
```

먼저 소스창에 getwd( ) 함수를 쓰고 현재의 워킹 디렉터리를 확인합니다.

```
getwd() : 현재 작업 중인 워킹 디렉터리 확인
```

다음에는 C드라이브에 RData 폴더를 만들고, 예제파일들을 RData 폴더에 저장합니다. RData를 워킹 디렉터리로 지정하겠습니다.

방법 1

RStudio 화면 위에 있는 작업 항목에서 [Session → Set Working Directory → Choose Directory → 윈도우의 폴더 탐색기 → 폴더 선택 → 열기] 순서로 RData 폴더를 지정합니다. 이 방법은 RStudio에 저장되는 것이 아니기 때문에 RStudio를 시작할 때마다 해야 합니다.

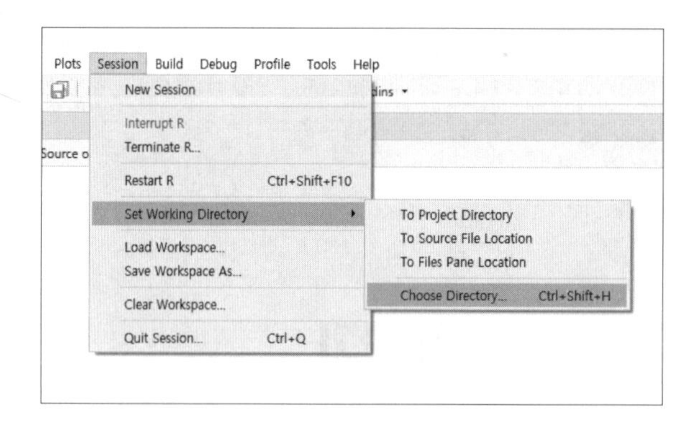

방법 2

setwd( ) 함수를 이용해 RStudio의 소스창에서 파일이 저장되어 있는 폴더 경로를 바로 워킹 디렉터리로 지정합니다. setwd( )에 따옴표를 하고 "폴더 경로"를 적으면 됩니다. 컴퓨터에서 폴더 경로를 지정할 때는 '\'를 쓰지만, RStudio에서는 '/'를 씁니다.

```
setwd("C:/RData")

getwd()
[1] "C:/RData"
```

방법 3

RStudio 상단에 있는 Tools 메뉴의 [Global Options] 메뉴에서 디폴트로 지정하는 방법입니다. [Tools → Global Options → General → Default working directory의 Browse → 파일탐색기에서 폴더 지정 → OK] 순서로 진행합니다. 워킹 디렉터리를 지정하면 RStudio를 시작할 때마다 이 폴더에서 작업을 시작하게 됩니다.

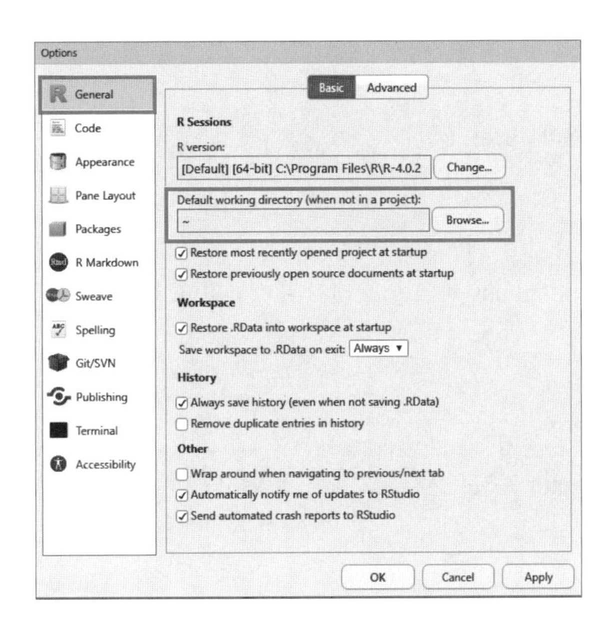

3 외부 데이터 불러오기

외부 데이터는 다양한 형태로 되어 있습니다. 형태에 따라 불러오는 방식과 이용 함수가 다릅니다.

1) 엑셀 파일 불러오기

엑셀의 데이터 구조는 데이터프레임과 같습니다. 그런데 같은 엑셀 형태인데도 csv 파일과 xlsx 파일은 불러오는 방식이 다릅니다.

(1) csv 파일

가장 많이 이용되는 데이터 형태입니다. csv는 '쉼표로 구분된 변수(comma-separated values)'라는 뜻입니다. csv 파일은 엑셀 파일과 같은 형태이면서도 용량이 적기 때문에 많이 이용됩니다. 엑셀 파일을 저장할 때 파일형식에서 csv를 선택하면 됩니다.

R에서 csv 형태의 데이터를 불러올 때는 read.csv( ) 함수를 이용합니다. read.csv( ) 함수는 R에서 제공하는 기본 함수이므로 바로 사용합니다.

```
객체 <- read.csv("데이터세트.csv")
```

예제파일에서 student.csv 파일을 불러서 보겠습니다. 학생 2명의 키와 몸무게 자료입니다.

```
read.csv("student.csv") # 불러와서 바로 출력
  no    sex  height  weight
1  1   male     172      72
2  2 female     165      62
```

➡ 여기서 잠깐!

데이터의 분량이 많은 빅데이터를 불러올 때는 read.csv()보다 fread() 함수를 이용하면 더 빠른 속도로 처리할 수 있습니다. fread()는 data.table 패키지에 있는 함수로, install.packages("data.table")과 library(data.table)을 하고 이용하면 됩니다.
예제파일에서 student.csv를 불러오겠습니다.

```
install.packages("data.table")
library(data.table)

fread("student.csv")
   no    sex  height  weight
1:  1   male     172      72
2:  2 female     165      62
```

(2) 엑셀 파일

엑셀 파일은 read_excel( ) 함수로 불러옵니다. read_excel( ) 함수는 R의 기본 함수가 아니기 때문에 readxl 패키지를 설치하고 구동한 후에 사용할 수 있습니다.

```
install.packages("readxl") # readxl 패키지 설치
library(readxl) # readxl 패키지 구동
```

예제파일에서 student_xl 파일을 불러보겠습니다.

```
install.packages("readxl")
library(readxl)

read_excel("student_xl.xlsx")
  no     sex  height  weight
1 1    male     172      72
2 2  female     165      62
```

(3) 엑셀 시트에서 제목을 제외하고 불러오기

예제파일 student1.csv를 보면 열의 이름을 적은 헤더 위에 'school Korea'라는 학교 이름을 적은 행이 있습니다.

school	Korea		
no	sex	height	weight
1	male	172	72
2	female	165	62

이런 경우에는 이 행을 제외하고 데이터를 불러와야 합니다. R의 'skip=' 파라미터를 이용합니다. skip은 '제외한다'는 뜻입니다. 이 파라미터를 이용하면, 지정한 줄 수만큼 위에서부터 제외하고 데이터를 불러옵니다.

```
read.csv("student1.csv") # 첫 줄을 제외하지 않고 불러온 경우
  school   Korea        X      X.1
1     no     sex   height   weight
2      1    male      172       72
3      2  female      165       62

read.csv("student1.csv", skip=1) # 첫 줄을 제외하고 불러온 경우
  no    sex height weight
1 1    male    172     72
2 2  female    165     62
```

(4) 엑셀 파일에 있는 복수의 시트에서 특정 시트 불러오기

엑셀 파일에 2개 이상의 시트(sheet)가 있을 때 별도의 옵션을 지정하지 않으면, R은 첫 번째 시트에 있는 데이터를 불러옵니다. 두 번째 이후의 시트를 불러올 때는 'sheet=' 파라미터로 불러올 시트를 지정합니다.

예제파일 student1_xl.xlsx에는 2개의 sheet가 있습니다. 첫 번째 시트는 2명 학생의 건강 기록, 두 번째 시트는 2명 학생의 체력테스트 자료입니다. read_excel("student1_xl.xlsx")를 하면 첫 번째 시트, read_excel("student1_xl.xlsx", sheet=2)를 하면 두 번째 시트를 불러옵니다.

```
read_excel("student1_xl.xlsx") # 첫 번째 시트 불러오기
  no    sex height weight
1 1    male    172     72
2 2  female    165     62

read_excel("student1_xl.xlsx", sheet=2) # 두 번째 시트 불러오기
  no    sex '100M'  Lift
1 1    male   13.2    12
2 2  female   17.8     5
```

(5) 조건을 붙여서 불러오기

① 문자를 범주로 만들지 말 것: stringsAsFactors = F 파라미터

R은 데이터를 불러오거나 만들 때 문자(텍스트)가 들어 있는 열은 무조건 범주형

(Factor)으로 반환하도록 설정되어 있습니다. 그런데 모든 문자를 범주형으로 불러오면 데이터를 변환하고 분석할 때 오류가 발생할 수 있습니다. 그래서 데이터를 불러올 때 문자를 범주로 반환하지 말라는 명령인 'stringsAsFactors=F'를 지정하면 문자는 문자형으로 반환됩니다. stringsAsFactors는 '문자(string)를 범주(Factor)로 인식하기(as)'라는 의미입니다.

② 결측치로 만들어서 불러올 것 : na=" ", na="-"
불러올 데이터가 공백이거나 '-'와 같이 특수 문자로 되어 있는 경우에 결측치(NA)로 처리해서 불러오라는 명령입니다. 결측치는 데이터가 없다는 뜻입니다.

2) txt 파일 불러오기

메모장 프로그램에 입력된 txt 형태의 파일을 불러올 때는 R에 내장되어 있는 read.table( ) 함수를 이용합니다. txt 파일에는 탭으로 구분된 형태, 세미콜론(;)으로 구분된 형태, 쉼표(,)로 구분된 형태가 있습니다.

예제파일인 student1.txt는 탭으로 구분된 형태, student2.txt는 세미콜론으로 구분된 형태, student3.txt는 쉼표로 구분된 형태입니다.

```
#탭으로 구분된 형태
no    sex   height   weight
1    male      172       72
2 female       165       62

#세미콜론으로 구분된 형태
no;sex;height;weight
1;male;172;72
2;female;165;62

#쉼표로 구분된 형태
no,sex,height,weight
1,male,172,72
2,female,165,62
```

(1) 탭으로 구분된 txt 파일 불러오기

read.table( ) 함수로 student1.txt 파일을 불러오겠습니다. read.table("student1.txt")입니다. 그런데 불러와 보니 원래 파일에 없는 새로운 행(V1 V2 V3 V4)이 생기고, 열이름을 나타내는 헤더(header)가 데이터로 되어 있습니다. 이에 대해서는 바로 다음에 설명하겠습니다.

```
read.table("student1.txt")
   V1       V2      V3      V4
1  no      sex  height  weight
2   1     male     172      72
3   2   female     165      62
```

(2) 세미콜론, 쉼표로 구분된 데이터 불러오기

이런 파일들을 불러오기 위해서는 read.table( ) 함수에서 구분 파라미터인 'sep='를 쓰고, 구분방법을 지정해야 합니다. 구분방법은 ";" 또는 "," 와 같이 따옴표 안에 넣습니다. sep는 구분한다는 뜻인 separate를 줄인 단어입니다.

두 방법으로 student2.txt 파일과 student3.txt 파일을 불러보겠습니다. 여기서도 새로운 행(V1 V2 V3 V4)이 생기고, 헤더(header)가 데이터로 되어 있습니다.

```
read.table("student2.txt", sep = ";") # ';'로 구분된 txt 파일 불러오기
   V1       V2      V3      V4
1  no      sex  height  weight
2   1     male     172      72
3   2   female     165      62

read.table("student3.txt", sep = ",") # ','로 구분된 txt 파일 불러오기
   V1       V2      V3      V4
1  no      sex  height  weight
2   1     male     172      72
3   2   female     165      62
```

(3) 헤더 관리하기

① 엑셀 파일과 txt 파일의 차이

txt 파일을 불러왔을 때는 csv나 엑셀 파일과 다르게 열이름이 있는 헤더(header)가 첫 번째 행으로 되어 있습니다. 그리고 R이 임의로 열이름을 'V1 V2 V3 V4'라고 붙였습니다. 함수가 헤더의 존재를 인식하느냐, 인식하지 못하느냐에 따라 헤더를 처리하는 방식이 다르기 때문입니다.

엑셀과 txt 파일 함수가 헤더를 인식하는 방법은 반대입니다. read.csv( )와 read_excel( ) 함수는 기본적으로 파일에 헤더가 있는 것으로 인식합니다. 그래서 파일을 불러올 때 가장 위에 있는 행을 헤더로 읽습니다. 그러나 read.table( ) 함수는 기본적으로 헤더가 없는 것으로 인식하기 때문에 헤더를 데이터로 읽고, 새로운 헤더를 생성합니다.

이를 해결하기 위해서는 파라미터를 이용해서 헤더를 지정하면 됩니다. 함수를 이용할 때 헤더가 있다고 지정하고 싶으면 'header=T(또는 TRUE)'를 넣고, 없다고 지정하고 싶으면 'header=F(또는 FALSE)'를 넣습니다. txt 파일을 불러올 때 'header=T(또는 TRUE)'를 넣으면 변수이름들이 헤더로 처리됩니다.

```
read.table("student1.txt", header = T)
  no    sex  height  weight
1  1   male     172      72
2  2 female     165      62
```

② 엑셀 파일에 헤더가 없을 때

예제파일 student2.csv는 변수이름(헤더)이 없이 바로 데이터만 있습니다. 엑셀 파일을 불러오는 함수는 기본적으로 첫 행을 헤더로 인식하기 때문에 이런 데이터를 불러올 때는 'header=F'를 지정해야 합니다. 그러지 않으면 첫 행 데이터가 헤더로 인식됩니다.

```
read.csv("student2.csv") #첫 행을 헤더로 인식
  X1     male  X177  X78
1  2  female   167   63

read.csv("student2.csv", header = F) #헤더가 없다고 지정, 새 변수이름이 생김
  V1      V2   V3  V4
1  1    male  177  78
2  2  female  167  63
```

read.csv("student2.csv", heade=F)를 했더니, R이 임의로 변수이름(V1 V2 V3 V4)을 지정했습니다.
열이름을 지정하는 colname( ) 함수를 이용해서 변수이름을 정해주면 됩니다. colname은 column과 name을 합친 단어입니다.

```
변수이름 변경: colnames(객체이름) <- c("열이름", "열이름", "열이름", …)
```

student2.csv를 객체 student2에 넣은 후에 colnames( ) 함수로 이름을 변경합니다.

```
student2 <- read.csv("student2.csv", header = F)

student2 #내용 출력
  V1      V2   V3  V4
1  1    male  177  78
2  2  female  167  63

colnames(student2) <- c("no", "sex", "height", "weight") #변수이름 넣기

student2 #내용 출력
  no     sex  height  weight
1  1    male     177      78
2  2  female     167      63
```

3) SPSS 파일 불러오기

SPSS 프로그램은 많이 활용되는 통계프로그램입니다. SPSS 파일을 R로 불러오기 위해서는 foreign 패키지에 있는 read.spss( ) 함수를 이용해야 합니다. 먼저 install.packages( ) 함수로 foreign 패키지를 설치하고, library( ) 함수로 구동한 후에 함수를 이용합니다.

예제파일에 있는 student.sav 파일을 불러오겠습니다. SPSS 파일의 확장자는 .sav입니다.

```
install.packages("foreign") # foreign 패키지 설치
library(foreign) # foreign 패키지 구동

read.spss("student.sav")
$no
[1] 1 2
$sex
[1] "male " "female"
$height
[1] 172 165

$weight
[1] 72 62
```

그런데 엑셀이나 텍스트 파일을 불러왔을 때와 구조가 다릅니다. student.sav 파일을 객체 student에 넣어 class( ) 함수로 데이터 유형을 확인하니 list입니다. 리스트 구조를 데이터프레임 형태로 바꾸려면 as.data.frame( ) 함수를 이용합니다.

```
student <- read.spss("student.sav") # 객체 student에 저장

class(student) # student 속성 확인
[1] "list"

student <- as.data.frame(student) # student의 유형을 데이터프레임으로 변경

student # 내용 출력
  no    sex height weight
1  1   male    172     72
2  2 female    165     62
```

데이터프레임을 csv 파일로 저장하기

R에 내장된 write.csv( ) 함수로 데이터프레임을 csv 파일로 변경해서 워킹 디렉터리에 저장할 수 있습니다.

```
write.csv(객체이름, file="저장할 파일이름.csv")
```

간단한 데이터프레임을 만들어 실습해보겠습니다.

```
practice <- data.frame(english=1, math=2) # practice 객체 만들기
write.csv(practice, file ="practice.csv") # practice.csv 파일 만들기
```

write.csv( ) 함수는 R에 내장된 데이터세트를 엑셀 형태로 저장해서 활용할 때 매우 유용합니다. R에 내장되어 있는 mtcars를 csv 파일로 만들어보겠습니다. 워킹 디렉터리에서 확인하기 바랍니다.

```
mtcars # 전체에서 2개 내용만 예시함
               mpg cyl  disp  hp drat    wt  qsec vs am gear carb
Mazda RX4      21.0   6 160.0 110 3.90 2.620 16.46  0  1    4    4
Mazda RX4 Wag  21.0   6 160.0 110 3.90 2.875 17.02  0  1    4    4

write.csv(mtcars, file="mtcars.csv") # mtcars.csv 파일을 워킹 디렉터리에 생성
```

	A	B	C	D	E	F	G	H	I	J	K	L
1		mpg	cyl	disp	hp	drat	wt	qsec	vs	am	gear	carb
2	Mazda RX4	21	6	160	110	3.9	2.62	16.46	0	1	4	4
3	Mazda RX4 Wag	21	6	160	110	3.9	2.875	17.02	0	1	4	4
4	Datsun 710	22.8	4	108	93	3.85	2.32	18.61	1	1	4	1
5	Hornet 4 Drive	21.4	6	258	110	3.08	3.215	19.44	1	0	3	1
6	Hornet Sportabout	18.7	8	360	175	3.15	3.44	17.02	0	0	3	2
7	Valiant	18.1	6	225	105	2.76	3.46	20.22	1	0	3	1
8	Duster 360	14.3	8	360	245	3.21	3.57	15.84	0	0	3	4
9	Merc 240D	24.4	4	146.7	62	3.69	3.19	20	1	0	4	2
10	Merc 230	22.8	4	140.8	95	3.92	3.15	22.9	1	0	4	2
11	Merc 280	19.2	6	167.6	123	3.92	3.44	18.3	1	0	4	4
12	Merc 280C	17.8	6	167.6	123	3.92	3.44	18.9	1	0	4	4
13	Merc 450SE	16.4	8	275.8	180	3.07	4.07	17.4	0	0	3	3
14	Merc 450SL	17.3	8	275.8	180	3.07	3.73	17.6	0	0	3	3
15	Merc 450SLC	15.2	8	275.8	180	3.07	3.78	18	0	0	3	3
16	Cadillac Fleetwood	10.4	8	472	205	2.93	5.25	17.98	0	0	3	4
17	Lincoln Continental	10.4	8	460	215	3	5.424	17.82	0	0	3	4
18	Chrysler Imperial	14.7	8	440	230	3.23	5.345	17.42	0	0	3	4
19	Fiat 128	32.4	4	78.7	66	4.08	2.2	19.47	1	1	4	1
20	Honda Civic	30.4	4	75.7	52	4.93	1.615	18.52	1	1	4	2
21	Toyota Corolla	33.9	4	71.1	65	4.22	1.835	19.9	1	1	4	1
22	Toyota Corona	21.5	4	120.1	97	3.7	2.465	20.01	1	0	3	1
23	Dodge Challenger	15.5	8	318	150	2.76	3.52	16.87	0	0	3	2
24	AMC Javelin	15.2	8	304	150	3.15	3.435	17.3	0	0	3	2
25	Camaro Z28	13.3	8	350	245	3.73	3.84	15.41	0	0	3	4
26	Pontiac Firebird	19.2	8	400	175	3.08	3.845	17.05	0	0	3	2
27	Fiat X1-9	27.3	4	79	66	4.08	1.935	18.9	1	1	4	1
28	Porsche 914-2	26	4	120.3	91	4.43	2.14	16.7	0	1	5	2
29	Lotus Europa	30.4	4	95.1	113	3.77	1.513	16.9	1	1	5	2
30	Ford Pantera L	15.8	8	351	264	4.22	3.17	14.5	0	1	5	4
31	Ferrari Dino	19.7	6	145	175	3.62	2.77	15.5	0	1	5	6
32	Maserati Bora	15	8	301	335	3.54	3.57	14.6	0	1	5	8
33	Volvo 142E	21.4	4	121	109	4.11	2.78	18.6	1	1	4	2

5장

데이터 연산과 기본 함수

데이터 연산과 R 기본 함수에 대해 살펴봅니다.

1 데이터 연산

연산(operation)은 여러 대상들을 이용해서 새로운 것을 만드는 것입니다. 어릴 때부터 배운 사칙연산은 숫자들을 이용해서 새로운 숫자를 만드는 산술연산입니다. R은 통계 분석 프로그램이어서 산술연산이 매우 중요합니다. 그 밖에 비교연산, 논리연산이 쓰입니다.

1) 산술연산

산술연산(arithmetic operation)은 수치 데이터를 계산할 때 이용합니다. R은 계산기와 같아서 소스창에 숫자와 연산자를 입력한 후에 [Ctrl+Enter]를 하면 연산이 됩니다. 산술연산에서는 4칙연산이 기본입니다. 그리고 나눗셈에서 몫과 나머지를 구하는 연산과 제곱을 구하는 연산이 있습니다.

산술연산은 숫자로 하지만 숫자를 넣은 문자도 숫자로 인식되기 때문에 이런 문자로도 산술연산이 됩니다. a에 5를 넣고, b에 3을 넣으면 a와 b는 문자가 아니라 5와 3을 의미합니다. 그래서 a+b를 하면 8을 반환합니다.

산술연산자 종류			
연산자	의미	실습 사례	
+	덧셈	5+2 [1] 7	a <- 5 b <- 3 a+b [1] 8
-	뺄셈	5-2 [1] 3	a-b [1] 2
*	곱셈	5*2 [1] 10	a*b [1] 15
/	나누기	5/2 [1] 2.5	a/b [1] 1.666667
%/%	나누기의 몫	5%/%2 [1] 2	a%/%b [1] 1

%%	나누기의 나머지	5%%2 [1] 1	a%%b [1] 2
^(**)	제곱	5^2 (5**2) [1] 25	a^b (a**b) [1] 125

산술연산은 숫자형 벡터나 정수형 벡터에서도 가능합니다. 벡터에 산술연산을 하면 벡터를 구성하는 모든 숫자에 대해서 산술연산이 수행됩니다. 객체 a에 숫자 1, 3, 5를 입력한 벡터를 만들고 산술연산을 해보겠습니다.

```
a <- c(1, 3, 5)

a
[1] 1 3 5

a+3
[1] 4 6 8

a-3
[1] -2  0  2

a*3
[1]  3  9 15

a/3
[1] 0.3333333 1.0000000 1.6666667

a%/%3  # a의 데이터들을 3으로 나눈 결과의 몫
[1] 0 1 1

a%%3 # a의 데이터들을 3으로 나눈 결과의 나머지
[1] 1 0 2

a^3 # a의 데이터들을 3제곱
[1]   1  27 125
```

2) 비교연산

비교연산(comparison operation)은 여러 데이터를 비교하는 기능을 합니다. 두 개의 수가 같거나 크고 작음을 비교하는 것입니다. R에서 비교연산을 하면 '맞다(TRUE)' 또는 '그르다(FALSE)'라는 논리값으로 반환합니다. 비교연산에서 '같다'는 표시는 '='이 아니라 '=='입니다. '다르다'는 '!='로 표시합니다.

비교연산자			
연산자	의미	사례	해석
==	같다	5==3 [1] FALSE	5와 3이 같은가 -> '그르다'
!=	다르다	5!=3 [1] TRUE	5와 3이 다른가 -> '맞다'
>	크다	5 > 3 [1] TRUE	5가 3보다 큰가 -> '맞다'
>=	크거나 같다	5 >= 5 [1] TRUE	5가 5보다 크거나 같은가 -> '맞다'
<	작다	5 < 3 [1] FALSE	5가 3보다 작은가 -> '그르다'
<=	같거나 작다	5 <= 5 [1] TRUE	5가 5보다 같거나 작은가 -> '맞다'

3) 숫자 연산 문법

(1) a : z

a부터 z까지를 의미합니다. 숫자, 색인 번호가 모두 가능합니다.

```
1:5          # 1부터 5까지 출력
[1] 1 2 3 4 5

5:1          # 5부터 1까지 출력
[1] 5 4 3 2 1

x <- c(1,3,5,7,9)
x[1:3]        # x의 데이터에서 1, 2, 3번째 색인을 출력
[1] 1 3 7
```

(2) seq(from, to, by=)

seq(from a to z by=)는 a부터 z까지 증가하거나 감소하는 숫자나 색인을 반환합니다. seq는 연속을 의미하는 영어인 sequence를 줄인 말입니다. 'by='는 반환 간격을 지정합니다. 지정하지 않으면 1씩 증가하거나 감소합니다.

```
seq(1, 9)      # 1부터 9까지 1씩 증가
[1] 1 2 3 4 5 6 7 8 9

seq(9,1)      # 9부터 1까지 1씩 감소
[1] 9 8 7 6 5 4 3 2 1

seq(1, 9, by=2)   # 1부터 9까지 2씩 증가
[1] 1 3 5 7 9

seq(9, 1, by=-2)  # 9부터 1까지 2씩 감소
[1] 9 7 5 3 1
```

(3) rep(x, each= , times=)

x값을 반복해서 출력하는 함수입니다. rep는 반복하다는 영어 repeat를 의미합니다. x값이 여러 개의 값으로 구성되어 있을 경우, each와 times에 따라 반복 방식이 달라집니다. each는 영어로 '각각'이라는 뜻입니다. 그래서 'each='는 x를 구성하는 개별 값들이 각각 반복되는 횟수를 지정합니다. 'times='는 x가 통째 반복되는 횟수를 지정합니다. 'each='와 'times='가 모두 있으면, 'each='가 먼저 적용됩니다.

```
rep(c(1,2), each=2)  # (1,2)를 구성하는 값을 각각 두 번 반복해서 출력
[1] 1 1 2 2

rep(c(1,2), times=2)  # (1,2)를 통째 두 번 반복해서 출력
[1] 1 2 1 2

rep(c(1,2), each=2, times=3) # 1과 2를 각각 두 번 반복하고, 그 결과를 세 번 반복해서 출력
[1] 1 1 2 2 1 1 2 2 1 1 2 2
```

4) 논리 연산자

논리 연산자에는 '|'(또는: 합집합의 개념), '&'(그리고: 교집합의 개념), '!'(아니다)가 있습니다. 데이터 분석에서는 데이터를 추출하는 조건을 설정할 때 사용합니다.

논리 연산자		
연산자	의미	
|	또는(or)	합집합 개념
&	그리고(and)	교집합 개념
!	아니다(not)	제외할 때

2 데이터 구조를 알아보는 함수

데이터 분석에서 가장 먼저 해야 할 일은 데이터세트의 전반적인 구조를 알아보는 것입니다. 그래야 데이터의 특성을 알고, 기본적인 데이터 분석 방법을 파악할 수 있습니다.

데이터세트의 구조를 알아보는 함수	
함수	기능
head( )	데이터세트에서 행의 앞부분부터 6개 행만 출력
tail( )	데이터세트에서 행의 뒷부분부터 6개 행만 출력
str( )	데이터세트의 구조와 유형 출력
View( )	데이터세트를 엑셀 형식으로 출력
dim( )	데이터세트의 행과 열의 개수 출력
length( )	데이터세트의 열의 개수 출력
class( )	데이터세트의 유형을 출력
ls( )	데이터세트의 벡터 이름을 출력

1) head( ) 함수

데이터세트 이름으로 출력하면 너무 많은 행이 출력되어서 보기가 불편할 때가 많습니다. head( ) 함수를 이용하면 앞에서부터 6개 행만 출력합니다. 그래서 함수이름이 head입니다. 출력하려는 행의 수를 지정할 수 있습니다.

```
head(데이터세트)  # 앞에서부터 6개 행을 출력
head(데이터세트, 행의 수) # 출력하는 행의 수 지정
```

R에 내장되어 있는 iris 데이터세트를 불러오겠습니다. iris에는 붓꽃 150개의 종류(Species), 꽃받침(Sepal), 꽃잎(Petal)의 길이와 넓이에 관한 데이터가 있습니다. head( ) 함수로 출력된 행의 번호를 확인하세요.

```
head(iris) # 앞에서부터 6개 행을 출력
  Sepal.Length Sepal.Width Petal.Length Petal.Width Species
1          5.1         3.5          1.4         0.2  setosa
2          4.9         3.0          1.4         0.2  setosa
3          4.7         3.2          1.3         0.2  setosa
4          4.6         3.1          1.5         0.2  setosa
5          5.0         3.6          1.4         0.2  setosa
6          5.4         3.9          1.7         0.4  setosa

head(iris, 2) # 앞에서부터 2개 행을 출력
  Sepal.Length Sepal.Width Petal.Length Petal.Width Species
1          5.1         3.5          1.4         0.2  setosa
2          4.9         3.0          1.4         0.2  setosa
```

2) tail( ) 함수

tail은 영어로 '꼬리'를 뜻합니다. tail( ) 함수는 데이터세트의 뒤에서부터 행들을 출력합니다. 수를 지정하지 않으면 6개를 출력합니다. 출력하는 행의 수를 지정할 수 있습니다.

```
tail(데이터세트)  # 뒤에서부터 6개 행 출력
tail(데이터세트, 행의 수) # 출력하는 행의 수 지정
```

iris 데이터세트에서 데이터를 불러보겠습니다. 행의 번호를 확인하세요.

```
tail(iris) # 뒤에서부터 6개 행 출력
    Sepal.Length Sepal.Width Petal.Length Petal.Width   Species
145          6.7         3.3          5.7         2.5 virginica
146          6.7         3.0          5.2         2.3 virginica
147          6.3         2.5          5.0         1.9 virginica
148          6.5         3.0          5.2         2.0 virginica
149          6.2         3.4          5.4         2.3 virginica
150          5.9         3.0          5.1         1.8 virginica

tail(iris,2) # 뒤에서부터 2개 행 출력
    Sepal.Length Sepal.Width Petal.Length Petal.Width   Species
149          6.2         3.4          5.4         2.3 virginica
150          5.9         3.0          5.1         1.8 virginica
```

3) str( ) 함수

데이터세트의 변수 숫자, 관측치 개수, 변수이름, 변수 유형과 같은 구조를 한눈에 보여주는 함수입니다. str은 구조를 의미하는 structure를 줄인 말입니다. 데이터세트 이름을 str( ) 함수 안에 넣으면 됩니다. 따옴표는 필요하지 않습니다.

```
데이터세트의 구조를 출력: str(데이터세트)
```

iris의 구조를 알아보겠습니다.

```
str(iris)
'data.frame':    150 obs. of 5 variables:
 $ Sepal.Length: num 5.1 4.9 4.7 4.6 5 5.4 4.6 5 4.4 4.9 ...
 $ Sepal.Width : num 3.5 3 3.2 3.1 3.6 3.9 3.4 3.4 2.9 3.1 ...
 $ Petal.Length: num 1.4 1.4 1.3 1.5 1.4 1.7 1.4 1.5 1.4 1.5 ...
 $ Petal.Width : num 0.2 0.2 0.2 0.2 0.2 0.4 0.3 0.2 0.2 0.1 ...
 $ Species     : Factor w/ 3 levels "setosa","versicolor",..: 1 1 1 1 1 1 1 1 ...
```

데이터세트 구조는 데이터프레임(data.frame)입니다. 5개 변수에 150개의 관측치(150 obs. of 5 variables)로 구성되어 있습니다. 5개 변수의 이름은 Sepal.Length, Sepal.Width, Petal.Length, Petal.Width, Species입니다. num은 벡터 유형이 정수형이라는 것을 의미합니다. num 다음의 수치는 순서대로 행의 값을 보여주고 있습니다. Species는 범주형(Factor) 벡터이고, 3개 범주(levels)로 구성되어 있습니다. setosa, versicolor는 범주이름입니다. 1은 범주가 setosa라는 것을 의미합니다.

4) View( ) 함수

데이터의 전체 내용을 보여주는 함수입니다. View( ) 함수를 이용하면 데이터가 소스창에 엑셀 형태로 출력됩니다. 데이터를 정리된 형태로 볼 수 있으며, 변수별로 오름차순이나 내림차순으로 정렬하고, 필터 기능으로 원하는 데이터를 쉽게 찾을 수 있습니다. 데이터를 조작하고 가공해서 만든 후에 데이터 형태를 파악할 때 사용합니다.

iris를 View( ) 함수로 보겠습니다.

```
View(iris)
```

Filter

	Sepal.Length	Sepal.Width	Petal.Length	Petal.Width	Species
1	5.1	3.5	1.4	0.2	setosa
2	4.9	3.0	1.4	0.2	setosa
3	4.7	3.2	1.3	0.2	setosa
4	4.6	3.1	1.5	0.2	setosa
5	5.0	3.6	1.4	0.2	setosa
6	5.4	3.9	1.7	0.4	setosa
7	4.6	3.4	1.4	0.3	setosa

5) dim( ) 함수

dim( ) 함수는 데이터세트를 구성하는 행과 열의 숫자를 알려줍니다. dim(iris)을 하면 150개 행과 5개 열로 구성되어 있습니다.

```
dim(iris)
[1] 150  5
```

6) length( ) 함수

데이터의 길이를 알려줍니다. length(iris)를 하면 5개가 출력됩니다. 변수가 5개 있다는 뜻입니다. length(iris$Sepal.Length)를 하면 150을 출력합니다. Sepal.Length 변수에 150개의 데이터가 있다는 뜻입니다.

```
length(iris)
[1] 5

length(iris$Sepal.Length)
[1] 150
```

7) class( ) 함수

데이터세트나 구성 변수의 데이터 유형을 알려줍니다.

```
class(iris)
[1] "data.frame" # iris의 데이터 유형은 데이터프레임

class(iris$Sepal.Length)
[1] "numeric"   # iris의 Sepal.Length 변수는 숫자형 벡터

class(iris$Species)
[1] "factor"   # iris의 Species 변수는 범주형 벡터
```

8) ls( ) 함수

데이터세트에 있는 변수의 이름을 알려줍니다. ls(iris)를 해보겠습니다.

```
ls(iris)
[1] "Petal.Length" "Petal.Width" "Sepal.Length" "Sepal.Width" "Species"
```

3 기본 통계 함수

1) 통계 함수

데이터의 특성을 알기 위해서는 기본적인 통계 분석을 해야 합니다. R에는 통계를 쉽게 구할 수 있는 내장함수가 많이 있습니다. 데이터 분석에서는 평균 mean( ), 분산 var( ), 표준편차 sd( ), 합 sum( ), 범위 range( ), 최댓값 max( ), 최솟값 min( ), 사분위수 quantile( ), 1~3사분위수 범위 IQR( ) 함수가 많이 쓰입니다.

- **분산:** 데이터들이 평균을 기준으로 떨어져 있는 정도입니다. 분산이 클수록 데이터들이 넓게 분포되어 있는 것을 의미합니다.
- **표준편차:** 분산을 제곱근으로 줄인 값입니다.
- **사분위수:** 전체 수를 4등분한 수(25%, 50%, 75%, 100%)입니다.
- **IQR:** 1사분위수와 3사분위수 사이의 거리입니다.

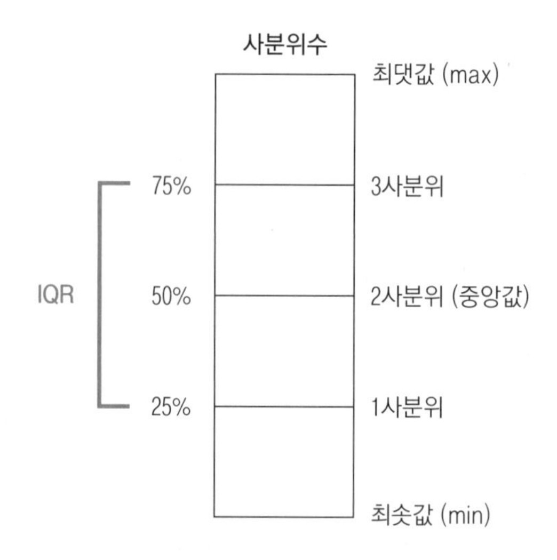

[그림 5-1] 사분위수 범위

R에 내장되어 있는 mtcars 자료로 실습하겠습니다. mtcars는 11개 변수와 32개 자동차 자료로 구성되어 있습니다. mtcars에 관한 자세한 정보는 help(mtcars)와 str(mtcars)로 알 수 있습니다. 11개 변수 중 mpg는 '1갤런당 주행 마일'(mile per gallon), 즉 연비입니다. 통계 분석을 하면 32개 자동차의 mpg 평균은 20.09입니다. 최솟값(10.4)과 최댓값(33.9)의 차이가 매우 커서 자동차에 따라 연비의 차이가 매우 큰 것을 알 수 있습니다.

통계 함수와 사례

함수	기능	사례
mean( )	평균	mean(mtcars$mpg) [1] 20.09062
var( )	분산	var(mtcars$mpg) [1] 36.3241
sd( )	표준편차	sd(mtcars$mpg) [1] 6.026948
sum( )	합	sum(mtcars$mpg) [1] 642.9
range( )	범위	range(mtcars$mpg) [1] 10.4 33.9
max( )	최댓값	max(mtcars$mpg) [1] 33.9
min( )	최솟값	min(mtcars$mpg) [1] 10.4
quantile( )	사분위수	quantile(mtcars$mpg) 0% 25% 50% 75% 100% 10.400 15.425 19.200 22.800 33.900
IQR( )	1~3분위 범위	IQR(mtcars$mpg) [1] 7.375

2) 통계 요약 구하기: summary( ) 함수

summary( ) 함수는 데이터세트에 있는 실수형, 정수형 변수의 최솟값(Min), 최댓값(Max), 평균(Mean)과 1사분위수(1st Qu., 25%값), 2사분위수(Median, 50%값, 중앙값), 3사분위수(3rd Qu., 75%값)를 보여줍니다. Qu.는 '4분의 1'을 뜻하는 영어 단어 quarter의 약자입니다. 범주로 된 변수에 대해서는 범주별 개수를 보여줍니다.

summary(데이터세트)를 입력하면 데이터세트를 구성하는 모든 변수들에 대한 통계를 보여주고, summary(데이터세트$변수)를 입력하면 변수에 관한 통계를 출력합니다.

iris와 Sepal.Length 변수의 요약 통계량을 보겠습니다. summary(iris)를 하면 Sepal.Length, Sepal.Width, Petal.Length, Petal.Width는 숫자형 변수이어서 최솟값, 최댓값, 평균, 사분위수 값들을 출력합니다. Species는 범주변수여서 범주별 개수를 출력합니다.

summary(iris$Sepal.Length)는 Sepal.Length의 통계값을 보여줍니다.

```
summary(iris) # 5개 범주별 통계량
Sepal.Length   Sepal.Width   Petal.Length  Petal.Width        Species
Min.   :4.300  Min.   :2.000  Min.   :1.000  Min.   :0.100  setosa    :50
1st Qu.:5.100  1st Qu.:2.800  1st Qu.:1.600  1st Qu.:0.300  versicolor:50
Median :5.800  Median :3.000  Median :4.350  Median :1.300  virginica :50
Mean   :5.843  Mean   :3.057  Mean   :3.758  Mean   :1.199
3rd Qu.:6.400  3rd Qu.:3.300  3rd Qu.:5.100  3rd Qu.:1.800
Max.   :7.900  Max.   :4.400  Max.   :6.900  Max.   :2.500

summary(iris$Sepal.Length) # Sepal.Length의 통계량
  Min. 1st Qu.  Median   Mean 3rd Qu.   Max.
 4.300   5.100   5.800  5.843   6.400  7.900
```

빈도분석

1) 빈도 구하기

빈도분석은 범주형 변수에서 범주별 빈도를 계산하는 것입니다. 빈도분석은 R에서 제공하는 table( ) 함수로 합니다.

```
빈도분석: table(데이터세트$범주형 변수)
```

예제파일인 mpg1.csv 파일을 mpg1로 불러와 학습하면서 개념을 설명하겠습니다. mpg1은 ggplot2 패키지가 제공하는 mpg 데이터세트를 실습 목적으로 간소하게 수정한 것입니다. mpg는 38개 자동차 모델의 1999~2008년 연비에 관한 데이터입니다. 소스창에 help(mpg)를 입력하면 상세하게 알 수 있습니다. mpg1에는 5개 변수에 234개 관측치가 있습니다. 5개 변수는 manufacturer(제조회사), trans(기어변속 방식), drv(구동방식), cty(도시에서의 1갤런당 주행거리), hwy(고속도로에서의 1갤런당 주행거리)입니다.

trans 변수는 범주형이며, auto와 manual로 구성되어 있습니다. 두 범주별 빈도를 알아보겠습니다. table(mpg1$trans)을 하면 됩니다. auto가 157개, manual이 77개입니다.

```
mpg1 <- read.csv("mpg1.csv", stringsAsFactors = F)
str(mpg1)
'data.frame':    234 obs. of 5 variables:
 $ manufacturer: chr "audi" "audi" "audi" "audi" ...
 $ trans       : chr "auto" "manual" "manual" "auto" ...
 $ drv         : chr "f" "f" "f" "f" ...
 $ cty         : int 18 21 20 21 16 18 18 18 16 20 ...
 $ hwy         : int 29 29 31 30 26 26 27 26 25 28 ...

table(mpg1$trans) # trans의 범주별 빈도 분석
 auto manual
  157     77
```

이번에는 auto 범주와 manual 범주를 기준으로 각각 drv 변수의 범주 빈도를 알아봅니다. 이같이 2개 범주형 변수들의 범주를 분할해서 빈도를 분석하는 것을 교차분석이라고 합니다. 교차분석도 table( ) 함수로 합니다.

```
교차분석: table(데이터세트$변수1, 데이터세트$변수2)
```

mpg1의 trans 변수와 drv 변수의 교차분석을 하겠습니다.

```
table(mpg1$trans, mpg1$drv) # trans와 drv의 교차분석
         4  f  r
 auto    75 65 17
 manual 28 41  8
```

앞에서 table(mpg1$trans)을 했을 때 auto의 빈도는 157개, manual의 빈도는 77개였습니다. auto와 manual을 다시 drv로 교차분석을 하니, auto의 drv는 4(4륜구동) 75개, f(전륜구동) 65개, r(후륜구동) 17개로 분류됩니다. manual의 drv는 4 28개, f 41개, r 8개로 분류됩니다. 이렇게 분할된 표를 교차분할표라고 합니다.

2) 빈도의 비율 구하기

데이터 분석에서는 빈도의 비율을 제시하는 것이 중요합니다. 데이터가 많고 적음보다는 비율이 더 의미 있는 경우가 많습니다. 비율 분석은 R에 내장된 prop.table( ) 함수로 합니다. prop는 비율을 의미하는 proportion의 약자입니다. 방법은 table( ) 함수와 같습니다. 다만 prop.table( ) 함수는 table( ) 함수 결과를 적용해서 비율을 구한다는 점을 명심해야 합니다. 그러지 않으면 에러가 발생합니다.

```
1단계: a <- table()
2단계: prop.table(a) # prop.table(table())도 같음
```

비율을 백분율로 표시하려면 prop.table( ) * 100을 하면 됩니다.

앞의 사례로 빈도 비율을 알아보겠습니다.

```
prop.table(mpg1$trans) # 에러입니다.
Error in sum(x) : invalid 'type' (character) of argument

#빈도분석
a <- table(mpg1$trans) # table()의 결과를 a에 넣기
prop.table(a) #빈도 비율 구하기
     auto    manual
0.6709402 0.3290598

#교차분석
b <- table(mpg1$trans, mpg1$drv) # table()의 결과를 b에 넣기
prop.table(b) #빈도 비율 구하기
              4          f          r
 auto    0.32051282 0.27777778 0.07264957
 manual 0.11965812 0.17521368 0.03418803
```

3) 행과 열의 비율 형식 맞추기

prop.table( ) 함수는 교차분석으로 분할된 전체 집단의 비율 합이 1이 되도록 집단별 비율을 출력합니다. prop.table(a)을 보면 2개 집단의 비율 합이 1입니다. prop.table(b)에서는 분할된 6개 집단의 빈도 비율의 합이 1입니다.

그런데 데이터 분석에서 비율을 비교할 때는 전체 집단의 비율 합을 1로 하는 경우 이외에도 열이나 행별로 총합을 1로 해서 비율 분석을 해야 할 때가 많습니다. trans가 auto인 자동차만을 대상으로 drv 비율을 비교하거나, 4륜구동 자동차만을 대상으로 auto와 manual의 비율을 비교하는 경우입니다. prop.table( ) 함수에서 파라미터를 이용하면 쉽게 구할 수 있습니다. 파라미터로 1을 지정하면 행별로 비율 합이 1이 되도록 데이터별 비율을 표시합니다. 파라미터로 2를 지정하면 열별로 합이 1이 되도록 데이터별 비율을 표시합니다.

```
prop.table(table(), 1): 행의 합이 1이 되도록 비율을 표시
prop.table(table(), 2): 열의 합이 1이 되도록 비율을 표시
```

앞의 사례로 학습해보겠습니다.

```
prop.table(b, 1) # 행별로 합이 1
              4         f         r
 auto     0.4777070 0.4140127 0.1082803
 manual 0.3636364 0.5324675 0.1038961

prop.table(b, 2) # 열별로 합이 1
              4         f         r
 auto     0.7281553 0.6132075 0.6800000
 manual 0.2718447 0.3867925 0.3200000
```

4) 소수점 아래 자리수 지정: round( ) 함수

빈도분석 결과로 보고서나 기사를 쓸 때는 빈도와 비율을 합쳐서 씁니다. 소수점 아래 숫자는 반올림을 해서 한자리 또는 두자리까지 쓰는 것이 일반적입니다. 표준편차에서는 세자리까지 쓰기도 합니다. 반올림을 해주는 함수가 round( )입니다. 소수점 아래 자리들을 둥글게 만들라는 의미입니다. round( ) 안에 숫자 또는 계산함수를 적은 후에 소수점 자릿수를 적으면 됩니다.

```
round(숫자 또는 계산함수, 소수점 자릿수)
```

prop.table(table(mpg1$trans))을 round(prop.table(table(mpg1$trans)), 2)로 하면 소수점 두자리까지 출력됩니다.

```
round(0.32051282, 2)
[1] 0.32

round(prop.table(table(mpg1$trans)), 2)
 auto manual
 0.67    0.33
```

➡ 여기서 잠깐!

round(prop.table(table(mpg1$trans)), 2)는 순차적으로 해도 됩니다.

```
1단계: x <- table(mpg1$trans)  # x에 trans의 빈도분석 결과 넣기
2단계: y <- prop.table(x)  # x를 토대로 비율을 구해서 y에 넣기
3단계: round(y, 2)  # 비율을 소수점 두자리까지 출력
 auto manual
 0.67    0.33
```

최종 목표는 분석 결과를 깔끔하게 정리된 교차표로 제시하고 분석하는 것입니다. trans가 auto인 자동차에서는 4륜구동(4)이 75대(47.8%)로 가장 많고, manual인 자동차에서는 전륜구동(f)이 41대(53.2%)로 가장 많습니다.

			drv			합계
			4	f	r	
trans	auto	개수(대)	75	65	17	157
		비율(%)	47.8	41.4	10.8	100
	manual	개수(대)	28	41	8	77
		비율(%)	36.4	53.2	10.4	100

연습문제

1 iris 데이터세트에 있는 변수 Petal.Width의 평균, 최댓값, 최솟값을 구해보세요.

2 ggplot2 패키지에 있는 mpg 데이터세트에서 자동차 class의 자동차 빈도수와 비율을 구하세요. 비율은 백분율이며, 소수점 한자리까지 구합니다.

3 mpg에서 자동차 class에 따른 drv의 빈도와 백분율을 구합니다. 조건은 class별로 drv의 백분율을 계산합니다. 소수점 한자리까지 구합니다.

해답은 뒤에 (p. 336)

6장

데이터 가공

데이터를 가공하는 방법과 관련 함수를 살펴봅니다.

1 데이터 전처리

데이터를 분석해서 정보를 만들기 위해서는 원본 데이터(raw data)를 가공하는 능력이 매우 중요합니다. 데이터세트에서 필요한 데이터만을 추출하는 작업, 데이터를 합치거나 분리해서 새로운 데이터를 만드는 작업, 데이터들로 그룹을 만들어 분석하는 작업 등 데이터 가공 방법은 매우 다양합니다. 데이터 가공 과정에서 분석 목적과는 다른 새로운 내용을 발견할 수도 있습니다. 이같이 데이터 가공은 데이터 분석의 기본적인 처리 과정이어서 '데이터 전처리(data preprocessing)'라고 합니다.

데이터 가공을 위해서는 많은 함수가 활용됩니다. R은 데이터 가공에 필요한 함수를 제공합니다. 그러나 데이터 분석은 되도록 편하고 쉽게 하는 것이 중요합니다. 이런 점에서 R에 내장된 함수보다는 dplyr 패키지가 제공하는 함수들이 데이터 가공에 훨씬 더 유용합니다. dplyr 패키지는 한층 개선된 방식을 제공하기 때문입니다. dplyr 패키지를 이용하기 위해서는 먼저 install.packages( ) 함수로 dplyr 패키지를 설치하고, library( ) 함수로 dplyr 패키지를 구동합니다.

```
install.packages("dplyr") # dplyr 패키지 설치
library(dplyr) # dplyr 패키지 구동
```

예제파일 mpg1.csv를 객체 mpg1로 불러와서 학습하겠습니다. mpg1은 ggplot2 패키지가 제공하는 mpg 데이터세트를 실습 목적으로 간략하게 만든 것입니다. ggplot2 패키지를 구동한 후에 소스창에 help(mpg)를 하면 mpg의 내용을 상세하게 알 수 있습니다.

```
mpg1<-read.csv("mpg1.csv", stringsAsFactors = F) # 'stringsAsFactors = F'가 없으면 문자형 벡터가 범주형 벡터로 불러와져서 분석할 때 문제가 발생할 수 있음

str(mpg1)
'data.frame':    234 obs. of 5 variables:
 $ manufacturer: chr "audi" "audi" "audi" "audi" ...
 $ trans       : chr "auto" "manual" "manual" "auto" ...
 $ drv         : chr "f" "f" "f" "f" ...
 $ cty         : int 18 21 20 21 16 18 18 18 16 20 ...
 $ hwy         : int 29 29 31 30 26 26 27 26 25 28 ...
```

2 변수이름 바꾸기: rename( )

rename( ) 함수는 데이터세트에 있는 변수이름을 바꿔줍니다. 한글 이름을 영어로 바꾸는 경우, 어려운 이름을 쉽게 바꾸는 경우에 활용합니다. % > % 연산자를 이용해서 계층적으로 문법을 쓰는 방법(1)과 함수 안에 문법을 모두 쓰는 방법(2)으로 해보겠습니다. 여러 개의 변수이름을 동시에 변경할 수 있습니다.

방법 1

```
데이터세트<- 데이터세트 %>% rename(새 변수이름1=기존 이름1,
                                   새 변수이름2=기존 이름2, …)
```

방법 2

```
데이터세트 <- rename(데이터세트, 새 변수이름1=기존 이름1, 새 변수이름2=기존 이름2, …)
```

% > %는 '파이프 연산자(pipe operator)'라고 합니다. 물의 흐름을 연결하는 파이프처럼 함수들을 연결하는 기능을 하기 때문입니다. [Ctrl+Shift+M]을 동시에 누르면 표시할 수 있습니다. 복수의 함수들을 쉽게 연결할 수 있어 복잡한 데이터 분석을 하는 데 매우 유용합니다. dplyr 패키지가 제공하므로 dplyr을 구동해야만 작동합니다. % > %로 연결하면, % > % 앞의 문법을 수행한 결과를 다음 함수에 적용합니다. 처음에 '데이터세트 % > %'라고 쓰면 "이 객체에서 작업한다"는 것을 의미합니다.

mpg1에 있는 5개 변수 가운데 trans, drv, cty, hwy의 이름을 transmission, drive_method, city, highway로 수정해서 mpg1_newname1(방법1)과 mpg1_newname2(방법2)에 입력하겠습니다. 그리고 str( ) 함수로 확인하겠습니다.

방법 1

```
mpg1_newname1 <- mpg1 %>%
      rename(transmission=trans,
             drive_method=drv,
             city=cty,
             highway=hwy)
```

방법 2

```
mpg1_newname2<- rename(mpg1,transmission=trans,
                         drivemethod=drv,
                         city=cty,
                         highway=hwy)
str(mpg1_newname1) # str(mpg1_newname2)의 결과도 같음
'data.frame':    234 obs. of 5 variables:
 $ manufacturer: chr "audi" "audi" "audi" "audi" ...
 $ transmission: chr "auto" "manual" "manual" "auto" ...
 $ drive_method: chr "f" "f" "f" "f" ...
 $ city        : int 18 21 20 21 16 18 18 18 16 20 ...
 $ highway     : int 29 29 31 30 26 26 27 26 25 28 ...
```

빈도분석: count( )

count( ) 함수는 데이터세트의 범주형 변수에서 범주들의 빈도를 세는 table( ) 함수와 같은 기능을 합니다. 그러나 count( ) 함수의 명령어를 쓰는 방식은 table( ) 함수와 다릅니다.

```
count(데이터세트, 변수)
table(데이터세트 $ 변수)
```

mpg1에서 두 방식으로 trans의 범주별 빈도수를 출력하면 auto 157개, manual 77개로 같습니다. 그런데 두 함수가 출력한 결과의 형태와 유형은 다릅니다. class( ) 함수로 알아보면, count( ) 함수의 결과는 데이터프레임이고 table( ) 함수의 결과는 테이블입니다.

```
count(mpg1, trans)
  trans    n
1 auto   157
2 manual  77
```

```
class(count(mpg1, trans))      # class() 함수 안에 count() 함수를 바로 넣음
[1] "tbl_df"   "tbl"      "data.frame" # 데이터 유형은 데이터프레임

table(mpg1$trans)
 auto manual
  157      77

class(table(mpg1$trans)) # class() 함수 안에 table() 함수를 바로 넣음
[1] "table" # 데이터 유형은 테이블
```

4 데이터세트에서 일부 열을 추출하기: select( )

select( ) 함수는 데이터세트의 열에서 일부를 추출하거나 불필요한 열을 삭제해서 새로운 객체를 만들 때 사용합니다. 데이터세트의 용량이 너무 많으면 분석이 늦어지거나 아예 컴퓨터가 다운되기 때문에 필요한 열만 추출해서 분석할 때가 많습니다.

1) 필요한 열을 추출하기

그림에서 sex와 math 열만 추출해서 새로운 데이터세트를 만드는 경우입니다.

No	sex	korean	english	math
1	M	87	88	82
2	F	92	95	93
3	M	95	92	90
4	M	81	84	80
5	F	87	86	88

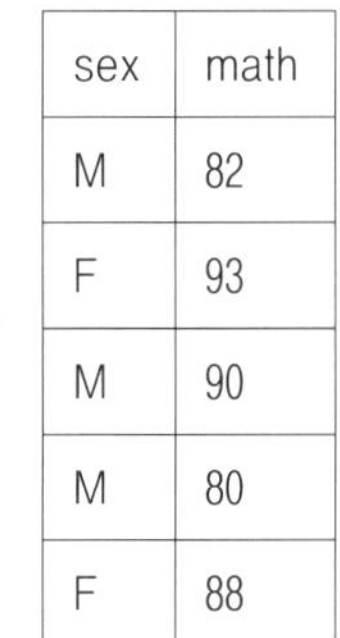

sex	math
M	82
F	93
M	90
M	80
F	88

열을 추출하는 방법은 % > % 연산자를 이용하는 방법(1)과 이용하지 않는 방법(2)이 있습니다.

방법 1

```
새 데이터세트 <- 데이터세트 %>% select(열1, 열2, …)
```

방법 2

```
새 데이터세트 <- select(데이터세트, 열1, 열2, …)
```

mpg1에서 manufacturer, trans, cty 변수만 추출해서 새 객체 mpg1_1(방법 1)과 mpg1_2(방법 2)를 만들겠습니다. 모두 3개 변수에 234개 관측치가 있습니다.

방법 1

```
mpg1_1 <- mpg1 %>% select(manufacturer, trans, cty)
```

방법 2

```
mpg1_2 <- select(mpg1, manufacturer, trans, cty)

str(mpg1_1) # str(mpg1_2)의 결과도 같음
'data.frame':    234 obs. of 3 variables:
 $ manufacturer: chr "audi" "audi" "audi" "audi" ...
 $ trans       : chr "auto" "manual" "manual" "auto" ...
 $ cty         : int 18 21 20 21 16 18 18 18 16 20 ...
```

2) 불필요한 열을 빼고 필요한 열만 남기기

데이터세트에서 추출할 변수가 많을 경우에는 제외할 변수들을 빼는 방식으로 새로운 데이터세트를 만드는 방법이 편리합니다. 그림에서 math열을 뺀 나머지 열로 새로운 객체를 만드는 경우입니다.

No	sex	korean	english	math
1	M	87	88	82
2	F	92	95	93
3	M	95	92	90
4	M	81	84	80
5	F	87	86	88

No	sex	korean	english
1	M	87	88
2	F	92	95
3	M	95	92
4	M	81	84
5	F	87	86

'-'(삭제한다는 의미)를 빼려는 변수의 앞에 입력하면 됩니다. 제외할 변수가 복수이면, 빼려는 모든 변수 앞에 '-'를 붙이는 방법과 삭제할 변수를 c( ) 함수로 묶고 나서 c( ) 함수 앞에 '-'를 붙이는 방법이 있습니다. 연결연산자(% > %)를 이용하는 방법과 이용하지 않는 방법이 있으니 총 4가지 방법으로 가능합니다.

```
방법 1  객체 <- 데이터세트 %>% select(-열1, -열2, …)
방법 2  객체 <- select(데이터세트, -열1, -열2, …)
방법 3  객체 <- 데이터세트 %>% select(-c(열1,열2, …))
방법 4  객체 <- select(데이터세트, -c(열1, 열2, …))
```

mpg1에서 cty, hwy를 제외한 데이터들을 새 객체에 저장합니다. 4가지 방법으로 해서 각각 mpg1_type1, mpg1_type2, mpg1_type3, mpg1_type4에 입력하고 결과를 확인합니다.

```
방법 1  mpg1_type1 <- mpg1 %>% select(-cty, -hwy)
방법 2  mpg1_type2 <- mpg1 %>% select(-c(cty, hwy))
방법 3  mpg1_type3 <- select(mpg1, -cty, -hwy)
방법 4  mpg1_type4 <- select(mpg1, -c(cty, hwy))

str(mpg1_type1) # 4개 방법의 결과는 같음
'data.frame':    234 obs. of 3 variables:
$ manufacturer: chr "audi" "audi" "audi" "audi" ...
$ trans        : chr "auto" "manual" "manual" "auto" ...
$ drv          : chr "f" "f" "f" "f" ...
```

연습문제 6-1

hflights 패키지에 있는 hflights 데이터세트로 분석합니다. 이 데이터는 2011년 미국 휴스톤에서 이착륙한 비행기들에 관한 자료입니다. 21개 열과 22만 7496개 행이 있습니다. 우선 hflights 패키지를 설치하고 구동한 후에 hflights 데이터세트를 불러와서 새 객체 hflights에 입력합니다. 불러올 때는 더블콜론(::)을 이용해서 'hflights::hflights'로 합니다.

1 21개 변수 가운데 Month, FlightNum, Dest, Distance 변수만 추출해서 hflights1에 저장하고, 앞의 행 3개를 출력하세요. Month는 월, FlightNum는 항공기 번호, Dest는 목적지, Distance는 비행거리(마일)입니다.

2 hflights1의 변수이름을 순서대로 month, flight_no, dest, distance로 변경하고, 앞의 2개 행을 출력하세요.

3 hflights1의 변수 순서를 dest, month, flight_no, distance로 변경하고, 앞의 2개 행을 출력하세요.

해답은 뒤에 (p. 338)

데이터세트에서 행 추출하기: slice( ), filter( )

1) 행의 일부를 추출하기: slice( ) 함수

slice는 '얇게 썬다'는 뜻입니다. slice( ) 함수는 데이터세트에서 일부 행들을 잘라서 추출하는 함수입니다. 그림에서 1, 2번 행만 추출하는 경우입니다.

No	sex	korean	english	math
1	M	87	88	82
2	F	92	95	93
3	M	95	92	90
4	M	81	84	80
5	F	87	86	88

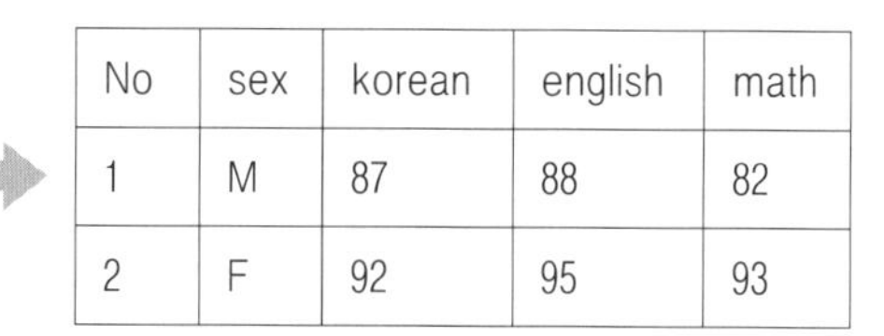

No	sex	korean	english	math
1	M	87	88	82
2	F	92	95	93

% < %를 이용하는 방법(1)과 이용하지 않는 방법(2)이 있습니다.

```
방법 1  데이터세트 %<% slice(행1, 행2 …) # 일렬로 추출할 때는 'a:b'로도 가능
방법 2  slice(데이터세트, 행1, 행2 …)
```

mpg1에서 1,4,5번째 행을 추출하겠습니다. 별도의 객체에 저장하지는 않습니다.

```
방법 1  mpg1 %>% slice(1,4,5)
방법 2  slice(mpg1,1,4,5)
  manufacturer trans drv cty hwy
1         audi  auto   f  18  29
2         audi  auto   f  21  30
3         audi  auto   f  16  26
```

2) 조건에 맞는 행을 추출하기: filter( ) 함수

여러 조건을 정해서 데이터를 분석해야 다양하게 분석할 수 있기 때문에 조건 분석은 데이터 분석의 꽃입니다. filter는 '걸러낸다'는 뜻입니다. filter( ) 함수는 열마다 조건을 정한 후에 이에 맞는 행을 추출하는 것입니다.

그림에서 sex가 M인 학생만 추출하는 경우입니다.

No	sex	korean	english	math
1	M	87	88	82
2	F	92	95	93
3	M	95	92	90
4	M	81	84	80
5	F	87	86	88

No	sex	korean	english	math
1	M	87	88	82
3	M	95	92	90
4	M	81	84	80

% > % 연산자를 이용하는 방법과 이용하지 않는 방법이 있습니다.

방법 1 데이터세트 `%>% filter(조건1, 조건2, 조건3, …)`
방법 2 `filter(데이터세트, 조건1, 조건2, 조건3, …)`

filter( ) 함수에서 데이터 추출 조건은 조건연산자와 논리연산자로 지정합니다. 조건은 복수로 지정할 수 있습니다.

<table>
<tr><th colspan="2">조건연산자</th><th colspan="2">논리연산자</th></tr>
<tr><th>연산자</th><th>의미</th><th>연산자</th><th>의미</th></tr>
<tr><td>==</td><td>같다</td><td>|</td><td>또는 (or)</td></tr>
<tr><td>!=</td><td>다르다</td><td>&</td><td>그리고 (and)</td></tr>
<tr><td>〉</td><td>크다</td><td>!</td><td>아니다(not)</td></tr>
<tr><td>〉=</td><td>크거나 같다</td><td></td><td></td></tr>
<tr><td>〈</td><td>작다</td><td></td><td></td></tr>
<tr><td>〈=</td><td>같거나 작다</td><td></td><td></td></tr>
</table>

(1) 비교값이 같은 데이터 추출

비교값이 같은 데이터들을 추출할 때 쓰는 기호는 등호 '='이 아니라 '='를 두 번 쓰는 '=='입니다. '=='는 비교해서 같다는 개념이며, '='는 지정하거나 입력한다는 의미입니다.

mpg1에서 manufacturer가 'hyundai'인 데이터를 %>% 연산자를 이용한 방법(1)으로 추출해서 객체 mpg1_hd1에 입력합니다. 또 %>% 연산자를 이용하지 않은 방법(2)으로 추출해서 객체 mpg1_hd2에 입력합니다.

filter( ) 함수 안에는 추출 조건으로 manufacturer=="hyundai"를 입력합니다. hyundai는 문자이므로 따옴표("") 안에 넣습니다. 14개 관측치가 있습니다.

```
방법 1  mpg1_hd1 <- mpg1 %>% filter(manufacturer=="hyundai")
방법 2  mpg1_hd2 <- filter(mpg1, manufacturer=="hyundai")

str(mpg1_hd1) # str(mpg1_hd2)의 결과도 같음
'data.frame':    14 obs. of 5 variables:
 $ manufacturer: chr "hyundai" "hyundai" "hyundai" "hyundai" ...
 $ trans        : chr "auto" "manual" "auto" "manual" ...
 $ drv          : chr "f" "f" "f" "f" ...
 $ cty          : int 18 18 21 21 18 18 19 19 19 20 ...
 $ hwy          : int 26 27 30 31 26 26 28 26 29 28 ...
```

통계값을 기준으로 행을 추출하는 경우가 많습니다. 통계 함수로 통계값을 구한 후에 filter( ) 함수에 조건을 부여하면 됩니다.

mpg1에서 cty가 최댓값인 행을 %>% 연산자를 이용한 방법(1)과 이용하지 않은 방법(2)으로 구해보겠습니다. 먼저 max(mpg1$cty)로 최댓값을 구한 후에 filter( ) 안에 'cty==최댓값'을 넣으면 됩니다. 두 과정을 통합해서 filter( ) 함수 안에 'cty==max(mpg1$cty)'를 넣어도 됩니다(방법3). 결과는 모두 같습니다. volkswagen의 manual, 전륜구동(f) 자동차입니다.

```
max(mpg1$cty) # cty의 최댓값 구하기
[1] 35

방법 1  mpg1 %>% filter(cty==35)
방법 2  filter(mpg1, cty==35)
방법 3  mpg1 %>% filter(cty==max(cty))
 manufacturer  trans drv cty hwy
1   volkswagen manual   f   35  44
```

(2) 비교값이 다른 데이터 추출

비교값이 다른 데이터를 추출하기 위해서는 '같지 않다'를 의미하는 조건연산자인 '!='를 이용합니다. mpg1에서 manufacturer가 'hyundai'가 아닌 데이터를 추출해 새 객체에 입력합니다. % > % 연산자를 이용한 방법(1)으로 mpg1_no_hd1에 입력하고, 이용하지 않은 방법(2)으로는 mpg1_no_hd2에 입력해서 확인합니다. 220개의 관측치가 있습니다.

```
방법 1  mpg1_no_hd1 <- mpg1 %>% filter(manufacturer!="hyundai")
방법 2  mpg1_no_hd2 <- filter(mpg1, manufacturer!="hyundai")

str(mpg1_no_hd1)  # str(mpg1_no_hd2)의 결과도 같음
'data.frame':     220 obs. of 5 variables:
 $ manufacturer: chr "audi" "audi" "audi" "audi" ...
 $ trans       : chr "auto" "manual" "manual" "auto" ...
 $ drv         : chr "f" "f" "f" "f" ...
 $ cty         : int 18 21 20 21 16 18 18 18 16 20 ...
 $ hwy         : int 29 29 31 30 26 26 27 26 25 28 ...
```

(3) 비교값이 크거나 작은 데이터 추출

① 비교값이 작은(<) 데이터 추출

mpg1에서 cty가 평균 미만인 자동차들을 추출해 새 객체에 입력합니다. 먼저 mean( ) 함수로 평균을 구한 후에 filter( ) 함수에 추출조건으로 'cty < 평균값'을 넣습니다. % < % 파이프를 이용하는 방법(1)으로는 mpg1_low1에 입력하고, 이용하지 않은 방법(2)으로는 mpg1_low2에 입력합니다. 두 과정을 합쳐서 filter( ) 함수의 조건을 'cty < mean(cty)'로 해도 됩니다(방법 3). 결과는 모두 같습니다. 116개 데이터가 출력됩니다.

```
mean(mpg1$cty) # cty의 평균 구하기
[1] 16.85897

방법 1  mpg1_low1 <- mpg1 %>% filter(cty < 16.85897)
방법 2  mpg1_low2 <- filter(mpg1, cty < 16.85897)
방법 3  mpg1_low3 <- mpg1 %>% filter(cty < mean(cty))

str(mpg1_low1) # str(mpg1_low2), str(mpg1_low3)의 결과도 같음
 'data.frame':    116 obs. of 5 variables:
 $ manufacturer: chr "audi" "audi" "audi" "audi" ...
 $ trans       : chr "auto" "auto" "auto" "manual" ...
 $ drv         : chr "f" "4" "4" "4" ...
 $ cty         : int 16 16 15 15 15 16 14 11 14 13 ...
 $ hwy         : int 26 25 25 25 24 23 20 15 20 17 ...
```

② 비교값이 작거나 같은(<=) 데이터 추출

mpg1에서 cty가 1사분위수보다 작거나 같은 자동차들을 추출해서 새 객체에 입력합니다. % < % 파이프를 이용한 방법(1)으로는 mpg1_low4에 입력하고, 이용하지 않은 방법(2)으로는 mpg1_low5에 입력합니다. 1사분위수는 quantile( ) 함수로 구합니다. quantile(mpg1$cty)을 하면 1사분위수는 14입니다. filter( ) 함수에 추출 조건으로 'cty <= 14'를 적으면 됩니다. 73개 데이터가 출력됩니다.

```
quantile(mpg1$cty) # 1사분위수 알아보기
 0% 25% 50% 75% 100%
  9  14  17  19   35

방법 1  mpg1_low4 <- mpg1 %>% filter(cty <= 14)
방법 2  mpg1_low5 <- filter(mpg1, cty <= 14)

str(mpg1_low4) # str(mpg1_low5)의 결과도 같음
'data.frame':   73 obs. of 5 variables:
 $ manufacturer: chr "chevrolet" "chevrolet" "chevrolet" "chevrolet" ...
 $ trans       : chr "auto" "auto" "auto" "auto" ...
 $ drv         : chr "r" "r" "r" "r" ...
 $ cty         : int 14 11 14 13 12 14 11 11 14 11 ...
 $ hwy         : int 20 15 20 17 17 19 14 15 17 17 ...
```

③ 비교값이 큰(〉) 데이터 추출

mpg1에서 cty가 중앙값보다 큰 자동차들을 추출해서 새 객체에 입력합니다. % < % 파이프를 이용하는 방법(1)으로는 mpg1_high1에 입력하고, 이용하지 않은 방법(2)으로는 mpg1_high2에 입력합니다. 중앙값은 median( ) 함수나 quantile( ) 함수로 구할 수 있습니다. median(mpg1$cty)을 하면 중앙값은 17입니다. filter( ) 함수에 추출 조건으로 'cty > 17'을 적습니다. 두 과정을 합쳐서 'filter(cty > median(cty))'로 해도 됩니다(방법 3). 102개 데이터가 출력됩니다.

```
median(mpg1$cty) # 중앙값 구하기
[1] 17

방법 1  mpg1_high1 <- mpg1 %>% filter(cty>17)
방법 2  mpg1_high2 <- filter(mpg1, cty>17)
방법 3  mpg1_high3 <- mpg1 %>% filter(cty>median(cty))
```

```
str(mpg1_high1) # str(mpg1_high2), str(mpg1_high3)의 결과도 같음
'data.frame':     102 obs. of 5 variables:
$ manufacturer: chr "audi" "audi" "audi" "audi" ...
$ trans         : chr "auto" "manual" "manual " "auto" ...
$ drv           : chr "f" "f" "f" "f" ...
$ cty           : int 18 21 20 21 18 18 18 20 19 19 ...
$ hwy           : int 29 29 31 30 26 27 26 28 27 27 ...
```

④ 비교값이 크거나 같은(>=) 데이터 추출

mpg1에서 cty가 3사분위수보다 큰 자동차들을 추출해서 새 객체에 입력합니다. % < % 연산자를 이용하는 방법(1)으로는 mpg1_high4에 입력하고, 이용하지 않은 방법(2)으로는 mpg1_high5에 입력합니다. 3사분위수는 quantile( ) 함수에서 75%에 있는 값으로 19입니다. filter( ) 함수에 추출 조건으로 'cty >= 19'를 적으면 됩니다. 76개 데이터가 출력됩니다.

```
quantile(mpg1$cty) # 3분위 값 알아보기
 0% 25% 50% 75% 100%
  9  14  17  19   35

방법 1  mpg1_high4 <- mpg1 %>% filter(cty>=19)
방법 2  mpg1_high5 <- filter(mpg1, cty>=19)

str(mpg1_high4) # str(mpg1_high5)의 결과도 같음
'data.frame':     76 obs. of 5 variables:
$ manufacturer: chr "audi" "audi" "audi" "audi" ...
$ trans         : chr "manual" "manual" "auto" "manual" ...
$ drv           : chr "f" "f" "f" "4" ...
$ cty           : int 21 20 21 20 19 19 22 28 24 25 ...
$ hwy           : int 29 31 30 28 27 27 30 33 32 32 ...
```

연습문제 6-2

1 hflights의 21개 변수 가운데 Month, FlightNum, Dest, Distance 등 4개 변수만 추출해서 hflights2에 저장하세요. 그리고 22~23번과 91~92번 행의 데이터를 동시에 추출하세요.

2 Distance 변수의 평균과 최솟값을 구해보세요.

3 Distance가 최소인 목적지(Dest)를 알아보세요.

4 Distance가 평균 이상인 데이터를 새 객체 hflights2_1에 입력하고, dim( ) 함수로 행의 수를 알아보세요.

해답은 뒤에 (p. 339)

(4) 복수의 조건을 충족하는 데이터 추출

복수의 조건을 모두 충족하는 데이터를 추출하는 방법입니다. 교집합 개념이므로 조건마다 '&'로 연결하면 됩니다.

그림에서 sex가 M이면서, korean 성적이 90점 이상인 학생을 추출하는 경우입니다. 1차로 sex 열에서 M인 행을 추출한 후에, 2차로 korean 열에서 90점 이상인 행을 추출하는 것입니다.

No	sex	korean	english	math
1	M	87	88	82
2	F	92	95	93
3	M	95	92	90
4	M	81	84	80
5	F	87	86	88

No	sex	korean	english	math
1	M	87	88	82
3	M	95	92	90
4	M	81	84	80

① 조건이 2개일 때

mpg1에서 manufacturer가 hyundai이면서 cty가 모든 자동차의 평균 이상인 데이터를 추출해서 새 객체에 입력하겠습니다. % < % 파이프를 이용하는 방법(1)으로는 mpg1_hd3, 이용하지 않은 방법(2)으로는 mpg1_hd4에 입력합니다.

filter( ) 함수에 조건식으로 'maunfacturer== "hyundai" & cty >= 전체 평균'을 넣습니다. cty 평균은 별도로 구한 값을 넣을 수도 있고, 두 과정을 합쳐서 mean(mpg1$cty)을 넣을 수도 있습니다(방법 3). 결과를 보면 13개의 관측치가 있습니다.

```
mean(mpg1$cty) # cty 평균 구하기
[1] 16.85897

방법 1  mpg1_hd3 <- mpg1 %>% filter(manufacturer=="hyundai" & cty>=16.85897)
방법 2  mpg1_hd4 <- filter(mpg1, manufacturer=="hyundai" & cty>=16.85897)
방법 3  mpg1_hd5 <- mpg1 %>% filter(manufacturer=="hyundai" & cty>=mean(cty))
```

```
str(mpg1_hd3) # str(mpg1_hd4), str(mpg1_hd5)의 결과도 같음
'data.frame':    13 obs. of 5 variables:
$manufacturer: chr "hyundai" "hyundai" "hyundai" "hyundai" ...
$trans        : chr "auto" "manual" "auto" "manual" ...
$drv          : chr "f" "f" "f" "f" ...
$cty          : int 18 18 21 21 18 18 19 19 19 20 ...
$hwy          : int 26 27 30 31 26 26 28 26 29 28 ...
```

② 조건이 3개일 때

mpg1의 manufacturer가 hyundai이면서, trans가 auto이고, cty가 전체 자동차의 중앙값 이상인 데이터를 추출합니다. 3개의 조건을 모두 '&'로 연결하면 됩니다. % < % 파이프를 이용하는 방법(1)으로는 새 객체 mpg1_hd6에 입력하고, 이용하지 않은 방법(2)으로는 새 객체 mpg1_hd7에 입력합니다.

filter( ) 함수에 조건식 'manufacturer == "hyundai" & trans == "auto" & cty >= 중앙값'을 넣습니다. 중앙값은 median(mpg1$cty)을 해서 구합니다. 두 과정을 합쳐서 중앙값 대신에 median(mpg1$cty)을 넣어도 됩니다(방법3). 결과를 보면 7개 관측치가 있습니다.

```
median(mpg1$cty) # cty 중앙값 구하기
[1] 17

방법 1  mpg1_hd6 <- mpg1 %>% filter(manufacturer == "hyundai" & trans == "auto" &
cty >= 17)
방법 2  mpg1_hd7 <- filter(mpg1, manufacturer == "hyundai" & trans =="auto" & cty
>= 17)
방법 3  mpg1_hd8 <- mpg1 %>% filter(manufacturer == "hyundai" & trans == "auto" &
cty >= median(mpg1$cty))

str(mpg1_hd6) # str(mpg1_hd7), str(mpg1_hd8)의 결과도 같음
'data.frame':    7 obs. of 5 variables:
$manufacturer: chr "hyundai" "hyundai" "hyundai" "hyundai" ...
$trans        : chr "auto" "auto" "auto" "auto" ...
$drv          : chr "f" "f" "f" "f" ...
$cty          : int 18 21 18 19 19 20 17
$hwy          : int 26 30 26 28 26 27 24
```

(5) 복수 조건 중 하나라도 충족하는 데이터 추출

여러 조건 중 하나만 충족되면 조건에 해당하는 데이터를 모두 추출합니다. 합집합 개념입니다. 여러 조건들을 연산자 기호인 '|'로 연결하면 됩니다. '|'는 'Shift+₩'를 누르면 됩니다.

그림에서 korean이 85점이 미만이거나, math가 85점 미만인 학생을 추출하는 경우입니다. korean열과 math열에서 각각 조건을 충족한 행을 추출해서 합치는 형식입니다.

No	sex	korean	english	math
1	M	87	88	82
2	F	92	95	93
3	M	95	92	90
4	M	81	84	80
5	F	87	86	88

+

No	sex	korean	english	math
1	M	87	88	82
2	F	92	95	93
3	M	95	92	90
4	M	81	84	80
5	F	87	86	88

mpg1에서 일본 자동차들의 데이터만 추출해서 새로운 객체에 입력하려 합니다. mpg1의 manufacturer 변수에 있는 일본차는 honda, nissan, subaru, toyota 등 4종류입니다. 자동차 이름이 4개 중의 하나이면 추출하는 조건이므로 합집합 개념입니다. % < % 파이프를 이용하는 방법(1)으로는 새로운 객체 mpg1_j1에 입력하고, 이용하지 않은 방법(2)으로는 새 객체 mpg1_j2에 입력합니다. 결과를 보면 70개의 관측치가 있습니다. 일본 자동차 종류별 개수는 table(mpg1_j1$manufacturer)로 알 수 있습니다. honda 9개, nissan 13개, subaru 14개, toyota 34개입니다.

방법 1

```
mpg1_j1 <- mpg1 %>% filter(manufacturer=="honda"| manufacturer=="nissan"|
                          manufacturer=="subaru"| manufacturer=="toyota")
```

방법 2

```
mpg1_j2 <- filter(mpg1, manufacturer=="honda"| manufacturer=="nissan"|
                  manufacturer=="subaru"| manufacturer=="toyota")
```

➡ 여기서 잠깐!

'manufacturer=="honda"| manufacturer=="nissan"| manufacturer=="subaru"| manufacturer=="toyota"'는 %in% 연산자와 c() 함수를 이용해서 'manufacturer %in% c("honda", "nissan", "subaru", "toyota")'로 해도 됩니다. '%in% c()'는 "c() 안에 있는 것을 모두 포함한다"는 뜻입니다. '|'로 연결할 내용이 많으면 매우 편리합니다.
그러나 'manufacturer=="honda"| "nissan"|"subaru"| "toyota"'로 하면 안 됩니다.

```
str(mpg1_j1) # str(mpg1_j2)의 결과도 같음
'data.frame':    70 obs. of 5 variables:
 $ manufacturer: chr "honda" "honda" "honda" "honda" ...
 $ trans       : chr "manual" "auto" "manual" "manual" ...
 $ drv         : chr "f" "f" "f" "f" ...
 $ cty         : int 28 24 25 23 24 26 25 24 21 21 ...
 $ hwy         : int 33 32 32 29 32 34 36 36 29 29 ...

table(mpg1_j1$manufacturer) # 일본 자동차 종류별 개수 확인
 honda nissan subaru toyota
     9     13     14     34
```

(6) 열을 추출한 후에 조건에 맞는 행을 추출하기

데이터 분석에서는 데이터세트에서 열의 일부를 추출한 후에 그 열들에 조건을 부여해서 행을 추출하는 작업을 많이 합니다. 1단계로 select( ) 함수로 일부 열을 추출해서 별도의 객체에 입력하고, 2단계로 filter( ) 함수를 이용해서 새 객체에서 특정 조건에 맞는 데이터를 추출하는 방식입니다.

그림에서 sex열과 korean열만 추출한 후에 korean이 90점 이상인 행만 추출하는 경우입니다.

No	sex	korean	english	math
1	M	87	88	82
2	F	92	95	93
3	M	95	92	90
4	M	81	84	80
5	F	87	86	88

➡

sex	korean
M	87
F	92
M	95
M	81
F	87

분석 절차는 다음과 같습니다.

```
데이터세트 → select()로 열 추출해서 새 객체 입력 → filter()로 조건에 맞는 데이터 추출
```

이 과정은 % > % 파이프를 이용하면 한 번으로 줄일 수 있습니다. 논리적으로 분석 순서를 따져서 % < % 연산자로 이용 함수를 연결하면 됩니다. % < % 파이프의 뒤에 오는 함수들은 앞의 함수가 반영된 데이터세트를 대상으로 작업합니다. 즉 데이터세트에서 select( )된 데이터세트를 대상으로 filter( ) 작업을 합니다. 분석이 복잡해질수록 % < % 연산자를 이용하는 것이 편리하므로 앞으로는 이 방식으로만 소개하겠습니다.

```
데이터세트 %<%
        select() %<%
        filter()
```

➡ 여기서 잠깐!

%<% 파이프를 쓸 때는 함수마다 줄을 바꾸는 것이 편리하고 보기도 좋습니다.

mpg1에서 manufacturer, cty 열을 추출한 후에 manufacturer가 hyundai인 자동차 중에 cty가 전체 평균 이상인 데이터를 추출해서 새로운 객체 mpg1_hd9에 입력하려 합니다. 먼저 select( ) 함수로 두 변수를 추출한 후에 filter( ) 함수로 'cty >= 평균'인 데이터를 추출하면 됩니다. 새 객체에서는 변수의 수가 2개로 줄었고 13개 관측치가 있습니다.

```
mean(mpg1$cty) # cty 평균 구하기
[1] 16.85897

mpg1_hd9 <- mpg1 %>% # 새 객체에 입력
 select(manufacturer, cty) %>% # 2개 변수 추출
 filter(manufacturer == "hyundai"& cty >= 16.85897) # 조건 부여해서 행 추출

str(mpg1_hd9)
'data.frame':    13 obs. of 2 variables:
 $ manufacturer: chr "hyundai" "hyundai" "hyundai" "hyundai" ...
 $ cty         : int 18 18 21 21 18 18 19 19 19 20 ...
```

연습문제 6-3

1 hflights에서 Month, FlightNum, Dest, Distance 변수를 추출해서 hflights3에 저장하세요. hflights3에서 count( ) 함수를 이용해서 목적지(Dest)별로 항공회수의 빈도를 구한 새로운 객체 hflights3_1을 만들고 head( ) 함수로 2개 데이터를 확인하세요.

2 hflights3_1에서 빈도가 가장 많은 목적지와 빈도를 출력합니다.

3 hflights3에서 1월에 비행한 항공기 가운데 비행거리(Distance)가 중앙값 이상인 데이터만 추출해서 새로운 객체 hflights3_2에 입력하고, dim( ) 함수로 행의 수를 확인하세요. 중앙값은 median( ) 함수나 summary( ) 함수로 구할 수 있습니다.

4 hflights3에서 봄에 비행한 항공기만 추출해서 새로운 객체 hflights3_3에 입력하고, dim( ) 함수로 행의 수를 확인하세요. 봄은 Month 변수에서 3월, 4월, 5월을 지정하면 됩니다.

5 hflights3에서 비행거리가 1000 이하이면서, 가을에 비행한 항공기 가운데 항공기번호가 2000 이상인 자료만을 추출해서 hflights3_4에 입력하고 데이터 수를 확인하세요. 조건이 3개입니다. 가을은 9~11월입니다.

해답은 뒤에 (p. 340)

6 파생변수 만들기: mutate( )

데이터를 풍부하게 분석하기 위해서 주어진 변수를 활용해 새로운 파생변수들을 만들 수 있습니다. 이럴 때는 mutate( ) 함수를 이용합니다. mutate( ) 함수는 동시에 여러 개의 변수를 만들 수 있습니다.

```
데이터세트 <- 데이터세트 %<%
          mutate(새 변수1=변수 만들기 연산,
                 새 변수2=변수 만들기 연산,
                 새 변수3=변수 만들기 연산, ……)
```

1) 1개의 파생변수 만들기

mpg1에는 cty(도시에서의 연비)와 hwy(고속도로에서의 연비) 변수가 있습니다. mpg1에 두 변수를 합친 total 변수를 만들어서 새 객체 mpg2에 입력합니다. mutate(total=cty+hwy)로 하면 됩니다.

```
mpg2 <- mpg1 %>%
  mutate(total=cty+hwy)

str(mpg2)
 'data.frame':    234 obs. of 6 variables:
 $ manufacturer: chr "audi" "audi" "audi" "audi" ...
 $ trans       : chr "auto" "manual" "manual" "auto" ...
 $ drv         : chr "f" "f" "f" "f" ...
 $ cty         : int 18 21 20 21 16 18 18 18 16 20 ...
 $ hwy         : int 29 29 31 30 26 26 27 26 25 28 ...
 $ total       : int 47 50 51 51 42 44 45 44 41 48 ...
```

데이터세트에 파생변수 1개를 추가할 때는 mutate( )를 쓰지 않고 R의 기본원리를 이용해서 만들 수도 있습니다. 데이터세트에 추가하려는 파생변수 이름을 적은 후에 내용을 넣어주면 됩니다. 실제 분석에서 많이 활용하는 방법입니다.

```
데이터세트 $ 파생변수 이름 <- 파생변수 내용
```

mpg1에서 cty와 hwy를 합한 total 변수를 mpg1에 만들겠습니다. 그리고 mpg1에서 cty와 hwy의 평균을 넣은 mean 변수를 mpg1에 만들겠습니다.

```
mpg1$total <- mpg1$cty + mpg1$hwy
mpg1$mean <- (mpg1$cty + mpg1$hwy)/2

str(mpg1)
'data.frame':    234 obs. of 7 variables:
 $ manufacturer: chr "audi" "audi" "audi" "audi" ...
 $ trans        : chr "auto" "manual" "manual" "auto" ...
 $ drv          : chr "f" "f" "f" "f" ...
 $ cty          : int 18 21 20 21 16 18 18 18 16 20 ...
 $ hwy          : int 29 29 31 30 26 26 27 26 25 28 ...
 $ total        : int 47 50 51 51 42 44 45 44 41 48 ...
 $ mean         : num 23.5 25 25.5 25.5 21 22 22.5 22 20.5 24 ...
```

mpg1에 total 변수와 mean 변수가 생겼습니다.

다음 학습을 하기 위해서는 total 변수와 mean 변수가 없는 mpg1이 필요합니다. 두 변수를 삭제하겠습니다.

```
mpg1 <- mpg1 %>% select(-total, -mean) # 2개 변수 삭제
```

2) 복수의 파생변수 만들기

total 변수(cty+hwy)와 mean 변수((cty+hwy)/2)를 동시에 만들어 새로운 객체 mpg3에 입력합니다. mutate( ) 안에서 1개씩 파생변수를 이어서 만들면 됩니다.

mutate(total = cty + hwy, mean = (cty + hwy)/2) 또는 mutate(total = cty + hwy, mean = total/2)입니다.

```
mpg3 <- mpg1 %>%
 mutate(total=cty+hwy,
    mean=(cty+hwy)/2) # mean=(cty+hwy)/2는 total/2로 써도 됩니다.

str(mpg3)
'data.frame':    234 obs. of 7 variables:
 $ manufacturer: chr "audi" "audi" "audi" "audi" ...
 $ trans       : chr "auto" "manual" "manual" "auto" ...
 $ drv         : chr "f" "f" "f" "f" ...
 $ cty         : int 18 21 20 21 16 18 18 18 16 20 ...
 $ hwy         : int 29 29 31 30 26 26 27 26 25 28 ...
 $ total       : int 47 50 51 51 42 44 45 44 41 48 ...
 $ mean        : num 23.5 25 25.5 25.5 21 22 22.5 22 20.5 24 ...
```

7 집단별 통계량 구하기: group_by( ), summarise( ), n( )

데이터 분석에서 집단별로 분류해서 비교 분석하는 일은 매우 중요합니다. '집단으로 쪼개고(split), 집단별로 적용하고(apply), 결과를 합쳐서(combine)' 분석하는 방식입니다. 그림에서 남녀별로 분류해서 성적을 비교하는 경우입니다.

No	sex	korean	english	math
1	M	87	88	82
2	F	92	95	93
3	M	95	92	90
4	M	81	84	80
5	F	87	86	88

- 남자와 여자로 집단을 분류: group_by( )
- 집단별로 통계 계산: summarise( )
- 남녀 집단의 수를 세기: n( )

1) 집단 분류: group_by( ) 함수

group_by( ) 함수의 ( ) 안에 범주형 변수의 이름을 적으면 행을 범주별로 분류합니다. mpg1의 trans 변수는 auto와 manual의 2개 범주로 구성되어 있습니다. group_by(trans)를 하면 모든 행을 auto와 manual로 분류합니다.

2) 집단의 통계 구하기: summarise( ) 함수

집단별로 통계값을 구할 때에 쓰는 함수입니다. mpg1에서 cty의 평균을 구해보겠습니다. mpg1 % > % summarise(m=mean(cty))입니다. "mpg1에서 summarise(m=mean(cty))를 수행하라"는 뜻입니다. m=mean(cty)은 "cty의 평균을 mean( ) 함수로 구해서 m이라는 새 변수에 넣어줘"라는 의미입니다.

이 명령은 mean(mpg1$cty)과 같은 결과를 출력합니다. 그러나 mean( ) 함수는 결과를 바로 출력하지만, summarise( ) 함수는 새로 만든 변수이름(여기서는 m)에 결과를 할당한다는 점이 다릅니다.

```
mpg1 %>% summarise(m=mean(cty))
         m
1 16.85897

mean(mpg1$cty)
[1] 16.85897
```

summarise( ) 함수는 여러 개의 명령을 동시에 수행할 수 있습니다. mpg1에서 cty의 평균, 총계, 중앙값을 구해보겠습니다. 변수이름을 각각 m, s, med로 했습니다.

```
mpg1 %>% summarise(m=mean(cty), s=sum(cty), med=median(cty))
         m    s med
1 16.85897 3945  17
```

변수이름을 지정하지 않고, summarise(mean(cty), sum(cty), median(cty))으로 명령을 해도 됩니다. 그러면 변수명에 함수식이 붙습니다.

```
mpg1 %>% summarise(mean(cty), sum(cty), median(cty)) # 변수이름 미지정
 mean(cty) sum(cty) median(cty)
1 16.85897     3945          17
```

3) 집단으로 분류해서 집단별 통계 구하기

(1) 1개 변수를 집단 분류해서 통계 구하기: group_by(변수) + summarise( )

group_by( ) 함수와 summarise( ) 함수를 조합하면 데이터를 집단으로 분류한 후에 집단별로 통계를 구할 수 있습니다. mpg1에서 변속방식(trans)은 auto와 manual 등 두 종류입니다. auto와 manual인 자동차들의 cty 평균을 구해보겠습니다. group_by( ) 함수로 전체 데이터를 auto와 manual로 분리한 후에 summarise( ) 함수로 집단별 cty 평균을 구합니다. auto의 평균은 16, manual의 평균은 18.7입니다. 수동식의 연비가 높습니다.

```
mpg1 %>%
  group_by(trans) %>%
  summarise(m=mean(cty))

   trans     m
   <chr> <dbl>
1   auto  16.0
2 manual  18.7
```

이 문제는 group_by( ) 함수, summarise( ) 함수를 이용하지 않고, 앞에서 배운 filter( ) 함수를 이용해서 구할 수도 있습니다. filter( ) 함수로 trans가 auto, manual인 데이터를 추출한 후에 각각 cty 평균을 구하면 됩니다.

```
mpg1 %>%
  filter(trans=="auto") %>%
  summarise(m=mean(cty))
         m
1 15.96815

mpg1 %>%
  filter(trans=="manual") %>%
  summarise(m=mean(cty))
         m
1 18.67532
```

이처럼 데이터 분석 방법은 한 가지만 있는 것은 아닙니다. 논리적으로 문제가 없다면 다양하게 할 수 있습니다. 다만 가능하면 편리하고 빠른 방법으로 하는 것이 좋을 것입니다. 위에서 두 번째 방식은 식을 두 번 써야 해서 불편합니다. 그래서 group_by( )와 summarise( ) 함수를 이용하는 것입니다. 분석이 복잡해질수록 더욱 그렇습니다.

(2) 복수 변수를 집단 분류해서 통계 구하기: group_by(변수1, 변수2, …) + summarise( )

mpg1에서 trans 변수와 drv 변수를 기준으로 집단을 분류한 후에 집단별 cty 평균에 차이가 있는가를 알아보겠습니다. 1차로 전체 집단을 trans 변수의 범주를 기준으로 분류한 후, 2차로 trans의 범주별로 drv 범주를 기준으로 다시 분류해서 생긴 집단들의 cty 평균을 구하는 문제입니다. 교차분할표를 만드는 것을 생각하면 됩니다. trans는 2종류(auto, manual), drv는 3종류(4, f, r)가 있으므로 총 6개 집단의 cty 평균을 구해야 합니다.

filter( ) 함수를 이용해서 구할 수도 있습니다. 6개 집단별로 조건을 주어서 데이터를 추출한 후에 각각 cty 평균을 구하는 방식입니다. 예를 들어서 trans가 auto이고, drv가 4인 자동차들의 cty 평균을 구해보겠습니다.

```
mpg1 %>%
  filter(trans=="auto" & drv=="4") %>%
  summarise(m=mean(cty))
         m
1 13.85333
```

이런 방식으로 나머지 5개 집단의 cty 평균을 구해도 됩니다. 그러나 매우 불편합니다.

group_by( ) 함수에서 ( ) 안에 분류하려는 집단을 복수로 입력하면 함수가 자동으로 분류합니다. 그리고 summarise( ) 함수는 분류된 집단별로 계산을 합니다.

여기서는 trans 변수의 범주를 기준으로 분류한 후에 다시 trans의 범주별로 drv의 범주를 분류하는 것이므로 group_by(trans, drv)라고 하면 됩니다. 만약 group_by(drv, trans)로 하면 drv를 상위집단으로 해서 먼저 범주별로 분류하고, 다시 drv 범주별로 trans의 범주를 분류합니다. 어떤 변수를 상위집단으로 두는가에 따라 데이터 분석과 해석이 달라지므로 유의해서 분류해야 합니다.

```
mpg1 %>%
  group_by(trans, drv) %>%
  summarise(m = mean(cty))

    trans   drv      m
    <chr> <chr>  <dbl>
1    auto     4   13.9
2    auto     f   19.1
3    auto     r   13.3
4  manual     4   15.6
5  manual     f   21.3
6  manual     r   15.8
```

```
mpg1 %>%
  group_by(drv, trans) %>%
  summarise(m = mean(cty))

    drv   trans      m
  <chr>   <chr>  <dbl>
1     4    auto   13.9
2     4  manual   15.6
3     f    auto   19.1
4     f  manual   21.3
5     r    auto   13.3
6     r  manual   15.8
```

4) 집단별 빈도와 비율 구하기

(1) 분류 집단별 데이터 빈도 구하기: group_by(변수) + summarise(n( )함수)

n( ) 함수는 집단의 데이터 숫자를 세어 빈도를 알려주는 함수입니다. summarise( ) 함수 안에 n( ) 함수를 입력해서 분석합니다. 변수이름을 지정해서 '변수이름=n( )'으로 넣을 수 있습니다.

mpg1에서 trans 변수의 auto와 manual의 데이터 개수를 구해서 'n'이라는 열에 넣겠습니다. group_by(trans)를 한 후에 summarise(n=n( ))을 하면 됩니다. auto는 157개, manual은 77개입니다.

```
mpg1 %>%
 group_by(trans) %>%
 summarise(n=n())
   trans     n
   <chr> <int>
1   auto   157
2 manual    77
```

trans의 범주별 개수는 table(mpg1$trans)이나 count(mpg1, trans)로 구하는 것이 더 간단합니다. 그러나 group_by( ), summarise( ), n( ) 함수는 분류를 더 많이 하거나, 빈도와 평균 등 여러 분석을 동시에 할 때 위력을 발휘합니다. mpg1을 trans, drv별로 분류한 집단의 데이터 개수와 집단별 평균을 구해보겠습니다.

```
mpg1 %>%
 group_by(trans, drv) %>%  # 2개 변수로 집단 분류
 summarise(n=n(),          # 집단별 빈도 구하기
           m=mean(cty))    # 집단별 평균 구하기

   trans   drv     n     m
   <chr> <chr> <int> <dbl>
1   auto     4    75  13.9
2   auto     f    65  19.1
3   auto     r    17  13.3
4 manual     4    28  15.6
5 manual     f    41  21.3
6 manual     r     8  15.8
```

➡ 여기서 잠깐!

summarise(n=n())은 dplyr에 있는 빈도함수인 count()를 써도 됩니다. () 안은 공란으로 하며, 변수이름은 'n'이 자동으로 생성됩니다. 그런데 count()를 쓰면 빈도만 구할 수 있을 뿐 summarise() 함수와 같이 다른 명령을 동시에 수행할 수 없습니다. summarise() 함수 안에 count() 함수를 넣을 수 없기 때문입니다.

```
mpg1 %>%
  group_by(trans, drv) %>% # 2개 변수로 집단 분류
  count()  # 집단별 빈도 구하기

   trans   drv     n
   <chr> <chr> <int>
1   auto     4    75
2   auto     f    65
3   auto     r    17
4 manual     4    28
5 manual     f    41
6 manual     r     8
```

(2) 분류한 집단별 빈도와 비율 구하기: group_by( ) + summarise(n( )) + mutate( )의 조합

데이터 분석에서 전체를 집단으로 분류한 후에 집단의 개수와 비율을 구해서 표를 만드는 것입니다. 아래 그림에서 남녀 집단의 집단별 학생 수와 비율을 구하는 경우입니다.

No	sex	korean	english	math
1	M	87	88	82
2	F	92	95	93
3	M	95	92	90
4	M	81	84	80
5	F	87	86	88

➡

sex	학생수	비율(%)
M	3	60
F	2	40

group_by( ), summarise( ), n( ), mutate( ) 함수를 조합하면 구할 수 있습니다. mpg1에서 trans를 기준으로 분류해서 빈도와 비율을 구하겠습니다.

다음의 순서로 하면 됩니다.

1단계에서 group_by( )로 집단 분류하고, 2단계에서는 summarise( )와 n( ) 함수로 집단별 빈도를 구한 변수를 만듭니다. 3단계에서는 mutate( ) 함수와 sum( ) 함수로 집단별 빈도의 총계를 구한 파생변수를 만들고, 4단계에서는 mutate( ) 함수로 2단계에서 구한 집단별 빈도를 3단계에서 구한 빈도 총계로 나눠 집단별 비율을 구한 새 파생변수를 만듭니다. 3단계와 4단계는 mutate( ) 함수로 동시에 할 수 있습니다. 4단계에서 비율을 백분율로 하려면 100을 곱합니다.

- 1단계: trans 범주를 기준으로 집단 분류하기 (group_by( ) 함수)
- 2단계: trans 범주별 빈도 계산해서 변수 만들기 (summarise(n( )) 함수)
- 3단계: trans 범주별 빈도의 총계를 더해서 총계변수 만들기 (mutate(sum( )) 함수)
- 4단계: trans 범주별 빈도변수를 총계변수로 나눈 비율변수 만들기 (mutate( ) 함수)

trans 범주별 빈도의 총계변수의 이름은 total, 비율변수의 이름은 pct로 하겠습니다. 결과를 보면, auto가 157(67.1%), manual이 77(32.9%)입니다.

```
mpg1 %>%
  group_by(trans) %>%   # trans 범주로 분류
  summarise(n=n())%>%  # trans 범주별 데이터 빈도 구하기
              mutate(total=sum(n), # trans 범주별 빈도의 총계 구하기
                     pct=n/total*100) # trans 범주별 비율 구하기
   trans      n  total   pct
   <chr> <int>  <int>  <dbl>
1    auto   157    234   67.1
2 manual     77    234   32.9
```

연습문제 6-4

ggplot2 패키지에 있는 diamonds 데이터세트를 불러와서 객체 diamonds에 입력합니다. diamonds에는 5만 3940개 다이아몬드에 관한 데이터가 있습니다. 변수는 carat, cut, color, clarity, depth, table, price, x, y, x 등 10개입니다. price는 달러로 표시된 가격입니다. 자세한 설명은 help (diamonds)를 하면 알 수 있습니다.

1 cut 변수의 범주별 평균가격을 구해보세요.

2 diamonds에서 cut의 범주별 빈도와 비율을 구해보세요. 비율은 백분율입니다.

3 diamonds의 cut 변수에서 2종류(Premium과 Ideal), color 변수에서 2종류(D, E)만 추출하세요. 그리고 cut 범주별로 color를 분류하고, 집단별 빈도와 price 평균을 구해보세요. 하나의 연결된 식으로 해보세요.

해답은 뒤에 (p. 342)

8 연속 데이터로 범주변수 만들기: mutate( ) + ifelse( )

1) ifelse( ) 함수 이해하기

ifelse( ) 함수는 조건에 맞춰서 명령문을 수행하는 함수입니다. 'if~else' 조건문을 합친 것입니다. 'if~else' 조건문에서는 if에 조건과 명령문을 쓰고, else에 다른 명령을 부여합니다. 조건이 충족되면 if에 있는 명령을 수행하고, 충족되지 못하면 else에 있는 명령을 수행합니다.

```
if (조건) {명령문 A}  else {명령문 B}
"조건이 참이면 명령문 A를 수행하고, 아니면 명령문 B를 수행하라"
```

ifelse는 if와 else를 합쳐서 명령문을 압축적으로 쓴 것입니다.

```
ifelse(조건, 명령문 A, 명령문 B)
"조건이 참이면 명령문 A를 수행하고, 아니면 명령문 B를 수행하라"
```

객체 a에 숫자 1, 3, 4, 6, 9를 넣고 2로 나누어서 나머지가 1이면 '홀수', 0이면 '짝수'를 출력하는 조건문을 쓰고 실행해봅니다. 나머지를 반환하는 '%%' 연산자를 이용합니다.

```
a <- c(1, 3, 4, 6, 9)
ifelse(a%%2==0, "짝수", "홀수") # 2로 나누어서 나머지가 0이면 짝수, 1이면 홀수 출력
[1] "홀수" "홀수" "짝수" "짝수" "홀수"
```

2) ifelse( ) 함수와 mutate( ) 함수의 조합

ifelse( ) 함수와 mutate( ) 함수를 조합하면 mutate( ) 함수로 만드는 새로운 변수에 ifelse( ) 함수로 조건을 정해서 다양한 내용을 넣을 수 있습니다. 국어성적의 평가등급 변수(grade)를 만들고, 국어성적이 90점 이상이면 'good' 등급을 부여하고, 미만이면 'normal' 등급을 부여하는 경우입니다.

No	sex	korean
1	M	87
2	F	92
3	M	95
4	M	81
5	F	87

No	sex	korean	grade
1	M	87	normal
2	F	92	good
3	M	95	good
4	M	81	normal
5	F	87	normal

(1) 1개 조건으로 새 변수 만들기

ifelse( ) 함수에 주어진 조건을 충족하면 A를 입력하고, 충족하지 못하면 B를 입력하라는 명령문을 넣으면 됩니다. 그러면 ifelse( ) 함수가 모든 행에서 명령을 수행하면서 조건을 충족하면 새로운 변수에 A를 입력하고, 충족하지 못하면 B를 입력합니다.

```
mutate(새 변수이름=ifelse(조건문, A, B ))
# 조건을 충족하면 변수에 A를 입력하고, 충족하지 못하면 B를 입력
```

mpg1 데이터로 학습하겠습니다. mpg1의 cty(도시에서의 1갤런당 주행거리) 등급을 표시하는 새로운 변수를 만들겠습니다. cty 평균을 기준으로 평균 이상은 'good'으로, 평균 미만은 'bad'로 등급을 정하려 합니다.

먼저 cty 평균을 구합니다. 그리고 mutate( ) 안에 새로운 변수의 이름을 정하고, 변수에 넣을 내용을 조건문 형식으로 정하면 됩니다. 새 변수의 이름을 cty_class로 하겠습니다. 그러면 mutate(cty_class=ifelse(cty >= 평균, "good", "bad"))가 됩니다. head(mpg1, 3)으로 3개 행만 보겠습니다.

```
mean(mpg1$cty)  # cty 평균 구하기
[1] 16.85897

mpg1 <- mpg1 %>%  # cty 평균을 기준으로 등급 부여
  mutate(cty_class=ifelse(cty >= 16.85897, "good","bad"))

head(mpg1, 3) # 앞의 3개 행 보기
  manufacturer   trans  drv  cty  hwy  cty_class
1         audi    auto    f   18   29       good
2         audi  manual    f   21   29       good
3         audi  manual    f   20   31       good
```

(2) 복수의 조건으로 새 변수 만들기

ifelse( ) 함수를 겹쳐서 쓰면 여러 조건으로 분류할 수 있습니다. ifelse(조건문, A, B)는 조건을 충족하면 A를 입력하고, 나머지 값에 B를 입력합니다. 그런데 B값에 다시 ifelse(조건문, B, C)를 적용하면, A로 분류된 행들을 제외한 나머지 행들을 다시 B와 C로 분류할 수 있습니다. 마찬가지로 C로 분류될 행들에 다시 ifelse(조건문, C, D)를 적용하면 C와 D로 분류할 수 있습니다. 이 같은 방식을 반복하면 계속해서 A, B, C, D, E, F…로 분류할 수 있습니다. 이런 분류방식은 연속형 데이터에서 범주형 데이터를 만드는 데 쓰입니다. 연령을 기준으로 구간을 정해서 연령대를 만드는 경우입니다.

```
mutate(새 변수이름=ifelse(조건문1, A,      # 조건문1을 충족하면 A를 입력
                        ifelse(조건문2, B,   # 조건문2를 충족하면 B를 입력
                               ifelse(조건문3, C, D)))) # 조건문3을 충족하면 C,
                                                         미충족이면 D를 입력
```

➡ 여기서 잠깐!

ifelse 조건문을 다음 줄에 추가할 때마다 출발점이 한 칸씩 들어갑니다. 하위 명령문이기 때문입니다.

mpg1의 hwy(고속도로에서의 1갤런당 주행거리)를 4등급으로 분류하겠습니다. hwy의 사분위수를 구하고, 3사분위수 이상은 "best", 2사분위수 이상~3사분위수 미만은 "good", 1사분위수 이상~2사분위수 미만은 "normal", 1사분위수 미만은 "bad"로 분류합니다. hwy의 등급 변수이름은 hwy_class입니다. hwy_class에서 등급별 개수를 알아봅니다.

cty의 4사분위수를 구한 후에 ifelse( ) 함수 안에 명령을 적습니다.

```
quantile(mpg1$hwy) # 사분위수 구하기
 0% 25% 50% 75% 100%
 12  18  24  27   44

 mpg1 <- mpg1 %>%
 mutate(hwy_class=ifelse(hwy>=27,"best", # 조건 분류1
                         ifelse(hwy>=24,"good", # 조건 분류2
                                ifelse(hwy>=18, "normal", "bad")))) # 조건 분류3

table(mpg1$hwy_class)
 bad best good Normal
  55   69   60     50
```

➡ 여기서 잠깐!

"good"은 '2분위 이상 3분위 미만'이라고 했는데, 명령문은 'ifelse(hwy>=24, "good", '입니다. 3분위 미만(27>hwy)을 적지 않은 것은 앞의 명령문 '(hwy>=27,"best", '에서 27 이상인 데이터에는 이미 "best"가 부여되어서 없기 때문입니다.

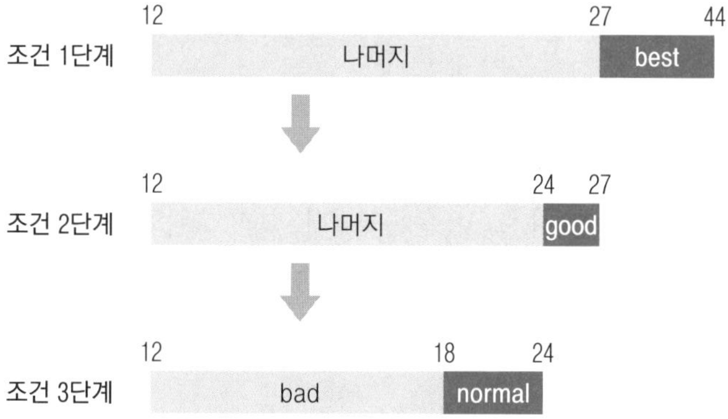

조건 1단계	12	나머지	27	best	44
조건 2단계	12	나머지	24	good	27
조건 3단계	12	bad	18	normal	24

연습문제 6-5

1 hflights 패키지에 있는 hflights 데이터세트를 불러와서 객체 hfligths에 입력합니다. 그리고 hflights에서 Month, Dest, Distance 등 3개 변수를 추출해서 hflights5에 저장합니다. Distance(비행거리)의 범위를 알아보고, Distance를 구분해서 등급을 부여한 새 변수 d_grade를 만듭니다. 등급은 1000마일 미만은 short, 1000 이상~2000 미만은 middle, 2000 이상은 long입니다. 그리고 count( ) 함수로 등급별 빈도수를 알아봅니다.

2 hflights5의 d_grade열에서 등급별 빈도수와 평균 비행거리를 한꺼번에 구해보세요.

3 hflights5에서 계절(봄, 여름, 가을, 겨울) 변수를 만듭니다. 그리고 계절별 비행빈도와 전체 비행회수에서의 비율(백분율, 소수점 한자리)을 구하고, 표를 만들어보세요. 계절변수의 이름은 season으로 합니다.

4 계절별로 비행거리 등급 빈도와 비율을 분석합니다. hflights5에서 season별로 d_grade의 범주를 분류합니다. 교차 분류입니다. 그리고 분류한 집단별 데이터의 빈도와 전체에서 차지하는 비율을 구해서 새 객체 hflights5_1에 저장합니다. 백분율이며, 소수점 한자리까지 구합니다. 그리고 head( ) 함수로 hflights5_1의 3개 데이터를 출력합니다.

➡ 해답은 뒤에 (p. 344)

9 데이터 정렬하기: arrange( )

데이터 크기를 기준으로 상위 5위와 같이 일부 데이터를 알아봐야 할 때가 많습니다. 이런 경우는 데이터를 크기 기준으로 오름차순이나 내림차순으로 정렬한 후에 head( ) 함수로 상위에 있는 일부 데이터를 추출하면 됩니다.

그림에서 국어성적이 우수한 학생 3명을 추출하고자 합니다. 국어성적을 기준으로 내림차순으로 정렬한 후에 위에서 3개 행을 추출합니다.

No	sex	korean	english	math
1	M	87	88	82
2	F	92	95	93
3	M	95	92	90
4	M	81	84	80
5	F	87	86	88

No	sex	korean	english	math
3	M	95	92	90
2	F	92	95	93
1	M	87	88	82
5	F	87	86	88
4	M	81	84	80

데이터를 오름차순으로 정렬하는 함수는 arrange( )입니다. 내림차순은 arrange(desc( )) 함수로 정렬합니다. desc는 '내려가다'라는 의미인 descend의 약자입니다.

- 오름차순 정렬: arrange( )
- 내림차순 정렬: arrange(desc( ))

mpg1에서 cty가 가장 적은 3개 자동차를 알고 싶습니다. arrange( ) 함수를 이용해서 cty 기준으로 데이터를 오름차순으로 정렬하고, head( ) 함수로 앞에서 3개 데이터만 추출하면 됩니다. 3대 모두 dodge 자동차입니다.

```
mpg1 %>%
  arrange(cty) %>%
  head(3)
```

```
  manufacturer trans drv cty hwy
1        dodge  auto   4   9  12
2        dodge  auto   4   9  12
3        dodge  auto   4   9  12
```

mpg1에서 cty가 가장 높은 순으로 3개 자동차를 알고 싶습니다. arrange(desc( )) 함수로 cty를 기준으로 내림차순으로 데이터를 정렬하고, head( ) 함수로 3개 데이터만 추출합니다. 3대 모두 volkswagen 자동차입니다.

```
mpg1 %>%
  arrange(desc(cty)) %>%
  head(3)

  manufacturer  trans drv cty hwy
1   volkswagen manual   f  35  44
2   volkswagen manual   f  33  44
3   volkswagen   auto   f  29  41
```

mpg1에서 cty와 hwy를 합친 값의 평균이 높은 자동차 3대를 순서대로 추출합니다. mutate( ) 함수로 cty와 hwy의 평균변수(이름 m)를 만듭니다. 그리고 arrange(desc(m))로 평균변수를 내림차순으로 정렬한 뒤에 head(3)을 하면 3개 행이 추출됩니다. 모두 volkswagen 자동차입니다.

```
mpg1 %>%
  mutate(m=(cty+hwy)/2) %>% # 평균변수 만들기
  arrange(desc(m)) %>% # m변수를 내림차순으로 정렬
  head(3)    # 앞의 3개 행 보기

  manufacturer  trans drv cty hwy    m
1   volkswagen manual   f  35  44 39.5
2   volkswagen manual   f  33  44 38.5
3   volkswagen   auto   f  29  41 35.0
```

연습문제 6-6

1 ggplot2 패키지에 있는 diamonds 데이터세트를 객체 diamonds에 입력합니다. 그리고 diamonds의 10개 변수 가운데 cut, color, price만 새 객체 diamonds1에 입력합니다. 그런 다음 diamonds1에서 price가 낮은 데이터 3개를 출력하세요.

2 diamonds1에서 price가 높은 데이터 3개를 출력하세요.

3 diamonds1의 cut 변수에는 5개 범주, color 변수에는 7개 범주가 있습니다. cut 범주별로 color 범주를 구분하면 35개 집단이 생깁니다. 35개 집단의 평균 price를 구하고, 가장 높은 3개 집단을 출력하세요.

해답은 뒤에 (p. 346)

10 데이터 결합하기

데이터들을 결합해야 할 때가 있습니다. 데이터 결합에는 열을 합치는 방법과 행을 합치는 방법이 있습니다.

1) 열 결합: *_join( )

(1) 결합 방식

결합은 데이터세트들에 공통으로 있는 열을 기준으로 합니다. 열의 이름은 같아야 합니다. 그런데 데이터세트들에 있는 행들이 다를 수 있습니다. 이런 행들을 어떻게 결합하는가에 따라 결합하는 함수가 다릅니다. 결합방식은 3가지가 있습니다.

사례를 들어서 설명하겠습니다.

데이터세트 A에는 번호와 국어 성적 열이 있습니다. 번호는 1, 2, 3입니다.

데이터세트 B에는 번호와 영어 성적 열이 있습니다. 번호는 1, 2, 4입니다.

번호 열을 기준으로 두 데이터세트를 결합해서 국어, 영어 성적이 있는 데이터세트 C를 만듭니다.

- 방법 1 left_join( ) 함수: A에 있는 행 번호(1, 2, 3)를 중심으로 B를 A에 결합합니다. B에 있는 4번 행의 데이터는 결합하지 않습니다. 그래서 C에는 1, 2, 3번 행만 있으며, 3번의 영어 성적은 NA로 표시됩니다. NA는 결측치라는 뜻입니다.
- 방법 2 inner_join( ) 함수: A와 B에 공통적으로 있는 행만 결합합니다. 교집합 개념입니다. 따라서 C에는 1번과 2번 행의 데이터만 있습니다.
- 방법 3 full_join( ) 함수: A와 B에 있는 모든 행을 결합합니다. 합집합 개념입니다. 결합된 C에는 A와 B의 모든 데이터가 있습니다. A에 없는 영어 성적과 B에 없는 국어 성적은 NA로 처리됩니다.

데이터 A	
번호	국어
1	80
2	92
3	85

데이터 B	
번호	영어
1	83
2	90
4	85

방법 1: left_join( )		
번호	국어	영어
1	80	83
2	92	90
3	85	NA

방법 2: inner_join( )		
번호	국어	영어
1	80	83
2	92	90

방법 3: full_join( )		
번호	국어	영어
1	80	83
2	92	90
3	85	NA
4	NA	85

데이터세트를 결합할 때 결합의 기준이 되는 열은 'by="기준 열"'로 지정합니다. 기준 열의 이름은 큰따옴표("") 안에 넣습니다.

```
데이터세트 기준 결합: 데이터세트 <- left_join(데이터세트1, 데이터세트2, by="기준 열")
공통 행만 결합: 데이터세트 <- inner_join(데이터세트1, 데이터세트2, by="기준 열")
전체 행 결합: 데이터세트 <- full_join(데이터세트1, 데이터세트2, by="기준 열")
```

예제파일에 있는 mpg2.csv 파일과 mpg3.csv 파일을 불러서 새로운 객체 mpg2, mpg3에 입력한 후에 결합해보겠습니다. mpg2에는 3개 열(id, manufacturer, cty)과 3개 행(1, 2, 3)이 있습니다. mpg3에는 2개 열(id, hwy)과 3개 행(1, 4, 5)이 있습니다. 기준 열은 'id'입니다. 3개 방식으로 결합해서 차이를 보겠습니다.

- 방법 1 left_join( )으로 결합하면 mpg2에 mpg3이 결합되는 방식입니다. mpg2에 있는 id번호, 즉 1, 2, 3과 일치하는 데이터만 결합되기 때문에 mpg3에서는 1번 행만 결합됩니다.

• 방법 2 inner_join( )으로 결합하면 mpg2와 mpg3에 공통적으로 있는 1번 행만 합쳐집니다.

• 방법 3 full_join( )으로 결합하면 mpg2와 mpg3에 있는 모든 행들이 결합됩니다.

```
mpg2 <- read.csv("mpg2.csv")
mpg3 <- read.csv("mpg3.csv")

mpg2
  id  manufacturer  cty
1  1          audi   18
2  2          audi   21
3  3          audi   20

mpg3
  id  hwy
1  1   29
2  4   26
3  5   26

방법 1
left_join(mpg2, mpg3, by="id") # mpg2에 mpg3을 결합
  id  manufacturer  cty  hwy
1  1          audi   18   29
2  2          audi   21   NA
3  3          audi   20   NA

방법 2
inner_join(mpg2, mpg3, by="id") # mpg2와 mpg3의 공통 행만 결합
  id  manufacturer  cty  hwy
1  1          audi   18   29

방법 3
full_join(mpg2, mpg3, by="id") # mpg2와 mpg3의 모든 행 결합
  id  manufacturer  cty  hwy
1  1          audi   18   29
2  2          audi   21   NA
3  3          audi   20   NA
4  4          <NA>   NA   26
5  5          <NA>   NA   26
```

(2) 키워드 형식으로 결합

한 데이터세트에 1, 2, 3반으로 분류된 학생 1000명의 성적이 입력되어 있습니다. 반 번호만 있고 담임선생님의 이름은 없습니다. 이 데이터세트에 담임선생님의 이름을 넣은 새로운 열을 추가하고 싶습니다. 일일이 적으려면 매우 힘들겠지요? 이런 경우 left_join( ) 함수를 이용하면 쉽게 만들 수 있습니다.

반 번호와 담임선생님 이름이 있는 데이터프레임을 만든 후에 성적 데이터세트와 left_join( ) 함수로 결합하면 됩니다. 반 번호가 통합의 기준 열입니다. 그러면 1000개 행 모두에 반 번호별로 담임선생님의 이름이 적힌 새로운 열이 만들어집니다.

class를 기준으로 2개 데이터세트 결합

데이터세트 A

No	class	korean
1	1	87
2	2	92
3	1	95
4	2	81
5	1	87

\+

데이터세트 B

class	teacher
1	Kim
2	Park

↓

No	class	korean	teacher
1	1	87	Kim
2	2	92	Park
3	1	95	Kim
4	2	81	Park
5	1	87	Kim

이 결합방식은 공공데이터를 분석할 때 유용하게 활용됩니다. 공공기관에서 조사한 자료에는 조사대상자의 지역번호만 적혀 있고, 지역이름은 별도의 조사설명자료에

'1=서울, 2=부산, 3=대구, 4=광주…'로 적혀 있는 경우가 많습니다. 이런 자료를 분석할 때는 지역번호와 지역이름 변수를 가진 별도의 데이터프레임을 만들어 원본 자료와 left_join( ) 함수로 결합하면 됩니다. 그러면 지역번호가 키워드 역할을 해서 원본 자료에 지역번호별로 지역이름을 넣은 새로운 열이 만들어져서 편리하게 분석할 수 있습니다.

mpg4.csv에는 manufacturer, nation_code 열이 있습니다. nation_code는 번호로만 되어 있습니다. mpg4에 자동차별로 국가이름을 넣은 새 데이터세트를 만들고 싶습니다. nation_code와 국가이름이 들어간 데이터프레임 nation_name을 만들어 nation_code를 기준으로 결합하면 됩니다. 번호별 국가는 '1=한국, 2=미국, 3=독일, 4=일본'입니다. 새 데이터세트의 이름은 mpg_nation으로 하겠습니다.

```
mpg4 <- read.csv("mpg4.csv")

head(mpg4, 3)          # mpg4의 앞에서 3개 데이터 보기
  manufacturer  nation_code
1         audi            3
2         audi            3
3    chevrolet            2

# nation_name 만들기
nation_name <- data.frame(nation_code=c(1,2,3,4),
                          nation=c("Korea", "America", "Germany", "Japan"))
nation_name
  nation_code    nation
1           1     Korea
2           2   America
3           3   Germany
4           4     Japan

# mpg4와 nation_name을 결합해서 mpg_nation 만들기
mpg_nation <- left_join(mpg4, nation_name, by="nation_code")

head(mpg_nation, 3) # mpg_nation의 앞에서 3개 데이터 보기
  manufacturer  nation_code    nation
1         audi            3   Germany
2         audi            3   Germany
3    chevrolet            2   America
```

2) 행을 결합하는 방법: bind_rows( )

데이터세트에 행을 추가하는 방법입니다. 결합하는 데이터세트의 열이 모두 같은 경우도 있고, 다른 경우도 있습니다. bind_rows( ) 함수는 두 경우를 모두 결합합니다. 열이 다르면 내용이 없는 열에는 NA로 표시됩니다.

예제파일에서 mpg5.csv 파일과 mpg6.csv 파일을 각각 mpg5와 mpg6로 불러와서 결합해보겠습니다. mpg5에는 manufacturer, cty라는 2개 열과 2개 행이 있습니다. mpg6에는 manufacturer, hwy라는 2개의 열과 2개 행이 있습니다. mpg5에는 hwy열이 없고, mpg6에는 cty열이 없습니다. 두 객체를 행으로 결합하면 4개의 행이 있습니다. cty와 hwy가 없는 행에는 NA가 붙었습니다.

```
mpg5 <- read.csv("mpg5.csv")
mpg6 <- read.csv("mpg6.csv")

mpg5  #내용 출력
  manufacturer  cty
1         audi   18
2         audi   21

mpg6 #내용 출력
  manufacturer  hwy
1       toyota   20
2       toyota   20

bind_rows(mpg5, mpg6) #mpg5와 mpg6을 결합하기
  manufacturer  cty  hwy
1         audi   18   NA
2         audi   21   NA
3       toyota   NA   20
4       toyota   NA   20
```

3) cbind( )와 rbind( ) 함수

행과 열을 결합하는 함수로는 R에서 제공하는 cbind( )와 rbind( )도 있습니다. cbind는 열을 뜻하는 column과 합친다는 bind를 결합한 단어입니다. rbind의 r은 행을 의미하는 row를 줄인 말입니다. cbind( )와 rbind( )는 결합하는 데이터세트의 구조가 같으면 간편하게 이용할 수 있지만, 구조가 다르면 오류가 발생합니다.

cbind( ) 함수로 예제파일에 있는 mpg2와 mpg3를 결합하겠습니다. mpg2에는 3개 열(id, manufacturer, cty)과 3개 행(id 1, 2, 3)이 있습니다. mpg3에는 id와 hwy라는 2개 열과 3개의 행(id 1,4,5)이 있습니다. 행 번호가 다릅니다. 그런데 cbind( )로 결합하면 행 번호를 무시하고 그대로 결합됩니다. 이렇게 결합해서 분석하면 잘못된 결과가 나오겠지요.

```
mpg2 <- read.csv("mpg2.csv")
mpg2
 id  manufacturer  cty
1 1          audi   18
2 2          audi   21
3 3          audi   20

mpg3 <- read.csv("mpg3.csv")
mpg3
 id  hwy
1 1   29
2 4   26
3 5   26

cbind(mpg2, mpg3) # 열 결합을 하면 행 번호를 무시하고 결합
 id  manufacturer  cty  id  hwy
1 1          audi   18   1   29
2 2          audi   21   4   26
3 3          audi   20   5   26
```

rbind( ) 함수로 mpg5와 mpg6을 결합하겠습니다. mpg5에는 manufacturer, cty라는 2개 열이 있고, mpg6에는 manufacturer, hwy라는 2개 열이 있습니다. 변수가 다릅니다. 결합하면 에러 메시지가 뜹니다.

```
mpg5 <- read.csv("mpg5.csv")
mpg5
  manufacturer  cty
1         audi   18
2         audi   21

mpg6 <- read.csv("mpg6.csv")
mpg6
  manufacturer  hwy
1       toyota   20
2       toyota   20

rbind(mpg5, mpg6) # 행 결합하면 에러 메시지
Error in match.names(clabs, names(xi)) :
 names do Not match previous names
```

11 알아두면 유용한 함수

1) 데이터의 유형 변경: as.~( )함수

데이터 분석을 위해서 데이터의 유형을 바꿔야 할 때가 있습니다. 벡터의 유형을 바꾸는 경우, 리스트 형태의 데이터를 데이터프레임으로 바꾸는 경우가 대표적입니다. 이런 때는 as.~( ) 함수를 이용합니다. '~'에는 바꾸려고 하는 데이터의 유형 이름을 적습니다. 범주로 바꾸고 싶으면 as.factor( )이고, 데이터프레임으로 바꾸고 싶으면 as.data.frame( )입니다.

예제파일 mpg1.csv를 mpg1로 불러와서 보면 manufacturer는 문자형(chr) 벡터이고, cty는 정수형(int) 벡터입니다. manufacturer를 범주형(Factor)으로, cty를 숫자형(num)으로 변경하겠습니다.

```
mpg1 <- read.csv("mpg1.csv", stringsAsFactors = F)
str(mpg1)
'data.frame':    234 obs. of 5 variables:
 $ manufacturer: chr "audi" "audi" "audi" "audi" ...
 $ trans        : chr "auto" "manual" "manual" "auto" ...
 $ drv          : chr "f" "f" "f" "f" ...
 $ cty          : int 18 21 20 21 16 18 18 18 16 20 ...
 $ hwy          : int 29 29 31 30 26 26 27 26 25 28 ...

mpg1$manufacturer <- as.factor(mpg1$manufacturer) # Factor로 유형 변경
mpg1$cty <- as.numeric(mpg1$cty) # numeric으로 유형 변경

str(mpg1) # 변경된 내용 확인
'data.frame':    234 obs. of 5 variables:
 $ manufacturer: Factor w/ 15 levels "audi","chevrolet",..: 1 1 1 1 1 1 1 1 1 1 ...
 $ trans        : chr "auto" "manual" "manual" "auto" ...
 $ drv          : chr "f" "f" "f" "f" ...
 $ cty          : num 18 21 20 21 16 18 18 18 16 20 ...
 $ hwy          : int 29 29 31 30 26 26 27 26 25 28 ...
```

as.data.frame( ) 함수를 이용하면 table( ) 함수로 구한 데이터 구조를 테이블에서 데이터프레임으로 변환할 수 있습니다.

```
a <- table(mpg1$trans) # trans의 빈도를 a에 입력
a # 내용 출력
auto manual
 157     77
class(a) # 유형 확인
[1] "table" # 테이블

b <- as.data.frame(a) # a를 데이터프레임으로 변환해서 객체 b에 입력
b # 내용 출력. 데이터프레임 형태로 변환되고, 변수이름 생성
    Var1 Freq
1   auto  157
2 manual   77
class(b) # 유형 확인
[1] "data.frame" # 데이터프레임
```

예제파일에서 student.sav 파일을 불러옵니다. spss 파일은 foreign 패키지에 있는 read.spss( ) 함수로 불러옵니다. student.sav를 새 객체 student에 입력한 후에 구조를 보면 리스트(list)입니다. as.data.frame( ) 함수로 데이터프레임으로 변경합니다.

```
install.packages("foreign")
library(foreign)

student <- read.spss("student.sav") # student 객체로 불러오기
student # 내용 출력. 리스트 형태
$no
[1] 1 2
$sex
[1] "male " "female"
$height
[1] 172 165
$weight
[1] 72 62

student <- as.data.frame(student) # 데이터프레임으로 유형 변경

student # 내용 출력. 데이터프레임 형태
  no    sex  height  weight
1  1   male     172      72
2  2 female     165      62
```

2) 수치형 데이터를 구간으로 나누기: cut( ) 함수

데이터 분석에서는 수치형 데이터를 구간으로 구분해서 범주로 만들어 분석하는 경우가 많습니다. 범주로 만드는 방법에 대해서는 ifelse( ) 함수에서 학습했습니다. 그러나 간단한 구간 구분은 R에 내장되어 있는 cut( ) 함수를 이용하면 편리합니다.

(1) 같은 간격으로 구분

전체를 동일한 간격으로 구분하는 방식입니다.

```
데이터세트 $ 새 변수 <- cut(데이터세트 $ 구분할 변수, breaks= 구간수) # 이름 미지정
데이터세트 $ 새 변수 <- cut(데이터세트 $ 구분할 변수, breaks= 구간수, # 이름 지정
                              labels=c("범주이름1", "범주이름2", …)
```

cut( ) 함수 안에 구분할 변수를 지정하고 'breaks='파라미터로 구분할 구간수를 정해서 데이터세트의 새 변수에 입력하면 됩니다. 구간이름을 정해주지 않으면 새 변수의 구간범주에는 구간범위가 이름으로 들어갑니다. 'labels='파라미터로 구간이름을 지정하면 새 변수의 구간범주에는 구간이름이 들어갑니다.

mpg1의 cty 변수를 3개 구간으로 구분한 새 변수를 만들겠습니다. range( ) 함수로 cty의 범위를 보면 9~35입니다. 이 구간을 균등하게 3등분합니다. 처음에는 구분만 해서 새 변수 cty_grade1에 입력하고, 두 번째는 구간별로 low, middle, high 이름을 만들어 새 변수cty_grade2에 입력합니다.

```
mpg1 <- read.csv("mpg1.csv", stringsAsFactors = F)

mpg1$cty_grade1 <- cut(mpg1$cty, breaks = 3) # cty를 3구간으로 구분
mpg1$cty_grade2 <- cut(mpg1$cty, breaks = 3,
                       labels=c("low", "middle","high")) # 구간에 이름 넣기
head(mpg1, 3)  # 앞의 3개 행 출력
  manufacturer   trans  drv  cty  hwy  cty_grade1  cty_grade2
1         audi    auto    f   18   29  (17.7,26.3]      middle
2         audi  manual    f   21   29  (17.7,26.3]      middle
3         audi  manual    f   20   31  (17.7,26.3]      middle
```

table( ) 함수로 구간별 개수를 보면 cty_grade1 변수에서 범주이름은 (8.97,17.7), (17.7,26.3], (26.3,35]입니다. 이름을 지정하지 않았기 때문에 범주이름은 cty 구간 범위로 되어 있습니다. '('는 포함하지 않는다는 뜻이며 '] '는 포함한다는 뜻입니다. cty_grade2 변수에서는 범주이름을 지정했기 때문에 low, middle, high로 되어 있습니다.

```
table(mpg1$cty_grade1)
(8.97,17.7] (17.7,26.3] (26.3,35]
       132          97         5
table(mpg1$cty_grade2)
 low middle high
 132      97    5
```

(2) 간격을 지정해서 구분

구분하는 구간의 간격을 지정해서 구분하는 방법입니다. cut( ) 함수의 'breaks='파라미터에서 구분 간격을 지정하면 됩니다. 그런데 구간을 지정할 때는 "최솟값을 포함하라"는 명령인 파라미터 'include.lowest=T'를 추가해야 합니다. cut( ) 함수는 '초과~이하'를 기준으로 구간을 분류하기 때문에 이 파라미터가 없으면 데이터의 최솟값은 결측치로 처리되기 때문입니다.

```
데이터세트 $ 새 변수 <- cut(데이터세트 $ 구분할 변수, breaks= c(구분간격 지정),
                        include.lowest = T)
데이터세트 $ 새 변수 <- cut(데이터세트 $ 구분할 변수, breaks= c(구분간격 지정),
                        labels=c(범주이름 지정), include.lowest = T)
```

mpg1의 hwy의 평균을 기준으로 2개 등급으로 구분한 새 변수를 만들겠습니다. 구분만 한 새 변수는 hwy_grade1이며, 범주이름을 넣은 새 변수는 hwy_grade2로 하겠습니다. hwy의 평균은 23.44017입니다. 23.5 이하는 범주이름이 low이고, 초과는 high입니다. range(mpg1$hwy) 함수로 hwy의 범위를 보면 12~44입니다. hwy_grade1을 만들 때 구간 구분은 c(12, 23.5, 44)로 지정합니다. 12~23.5 이하는 1구간, 23.5 초과~44 이하는 2구간으로 하라는 뜻입니다. hwy_grade2에서 범주이름을 low와 high로 지정했습니다. include.lowest=T를 넣습니다. "최솟값인 12를 포함하라"는 뜻입니다.

```
mpg1 <- read.csv("mpg1.csv", stringsAsFactors = F)

range(mpg1$hwy) # hwy의 범위 확인
[1] 12 44

mean(mpg1$hwy) # hwy의 평균 구하기
[1] 23.44017

mpg1$hwy_grade1 <- cut(mpg1$hwy, breaks = c(12, 23.5, 44),
                       include.lowest = T) # 범주이름 미지정
mpg1$hwy_grade2 <- cut(mpg1$hwy, breaks = c(12, 23.5, 44),
                       labels=c("low","high"), include.lowest = T) # 범주이름 지정
head(mpg1,3)  # 앞의 3개 행 출력
  manufacturer   trans  drv  cty  hwy  hwy_grade1  hwy_grade2
1         audi    auto    f   18   29   (23.5,45]        high
2         audi  manual    f   21   29   (23.5,45]        high
3         audi  manual    f   20   31   (23.5,45]        high
```

➡ 여기서 잠깐!

'include.lowest = T' 파라미터를 넣지 않고, 구간 분류를 적을 때 최솟값보다 작은 값을 적는 방법도 있습니다. c(12, 23.5, 44) 대신에 c(11, 23.5, 44)로 적는 것입니다. 범주에 이름을 지정하면 문제는 없습니다.

table( ) 함수로 두 범주의 개수를 보면 low 105개, high 129개입니다. hwy_grade1에서 1구간의 이름이 [12,23.5]입니다. 12 앞의 괄호가 '('가 아니라 '['인 것은 12가 포함되어 있다는 뜻입니다.

```
table(mpg1$hwy_grade1) # 범주의 빈도 구하기
[12,23.5] (23.5,44]
      105       129

table(mpg1$hwy_grade2) # 범주의 빈도 구하기
 low high
 105  129
```

연습문제 6-7

1 ggplot2 패키지의 diamonds 데이터세트를 새 객체 diamonds에 입력합니다. diamonds의 carat 변수는 다이아몬드 무게에 관한 데이터입니다. 무게를 3등분한 새 변수 carat_grade1을 만들겠습니다. 가장 작은 등급은 small, 중간 등급은 middle, 가장 큰 등급은 big으로 이름을 붙입니다. 빈도를 확인하세요.

2 다이아몬드 크기는 1캐럿을 기준으로 크다, 작다고 구분하기도 합니다. 1캐럿은 200mg입니다. cut( ) 함수를 이용해서 1캐럿을 기준으로 carat 변수의 데이터를 2개로 구분한 새 변수 carat_grade2를 만들겠습니다. 1캐럿 미만이면 small, 이상이면 big으로 하겠습니다. 빈도를 확인하세요.

3 carat_grade2 변수를 이용해서 1캐럿 미만 다이아몬드와 1캐럿 이상 다이아몬드의 빈도와 평균가격을 구합니다. 그리고 범주별 빈도가 전체 빈도에서 차지하는 비율, 범주별 평균가격이 범주 평균가격의 합에서 차지하는 비율을 알아봅니다.

⇨ 복잡한 것 같지만, summarise( ) 함수와 mutate( ) 함수를 이용해서 집단별 빈도와 비율을 구하는 문제와 같습니다. 빈도에다 평균을 구하는 문제를 추가했을 뿐입니다.

해답은 뒤에 (p.348)

(3) 문자 변수에서 일부를 추출: substr( )

R에 있는 substr( ) 함수로 데이터의 문자 변수에서 일부 문자를 분리해서 별도의 변수를 만들 수 있습니다. 날짜 변수에서 연도만 분리해서 연도 변수를 만들어 연도별 분석을 하거나, 주소 변수에서 시나 도를 분리해서 별도 변수를 만든 후 지역별 분석을 하는 경우에 활용합니다.

```
substr(데이터세트$변수, 분리 시작 순서, 분리 끝 순서) #변수의 시작~끝으로 분리
```

ggplot2에 있는 economics는 1967년부터 2015년까지 미국의 경제지표에 관한 데이터를 담고 있습니다. date(날짜), pce(개인총소비액), pop(전체인구), psavert(개인저축률), uempmed(주당 평균 실업기간), unemploy(실업자수) 등 6개 변수로 구성되어 있습니다.

date 변수의 유형은 Date이며, '1967-07-01' 형태로 되어 있습니다. 이 변수에서 연도를 분리한 year 변수를 만들고, 연도별 psavert(개인저축률)가 높은 5개 연도를 알아보겠습니다. 1971년도가 13.5%로 가장 높습니다.

```
economics <- ggplot2::economics #economics 불러오기

economics$year <- substr(economics$date,1,4) #date의 1~4번 분리, year 변수 만들기

economics %>%
 group_by(year) %>% #year 변수로 행 분류하기
 summarise(m=mean(psavert)) %>% #year별 psavert의 평균 구하기
 arrange(desc(m)) %>% #평균 기준으로 내림차순 정렬
 head(5) #상위 5개 평균 데이터 추출

   year      m
  <chr>  <dbl>
1  1971   13.5
2  1973   13.4
3  1975   13.4
4  1974   13.3
5  1970   12.8
```

(4) 데이터에서 샘플 추출: sample_n( ), sample_frac( ) 함수

① 단순 추출

데이터에서 샘플을 추출해야 할 때가 있습니다. 통계적으로 전체를 대표하는 샘플을 추출하기 위해서는 무작위로 추출하는 것이 가장 바람직합니다. 샘플 추출은 dplyr 패키지에서 제공하는 sample_n( ), sample_frac( ) 함수로 합니다. sample_n( )은 개수를 기준으로 추출하고, sample_frac( )는 비율을 기준으로 추출합니다. 함수가 무작위로 추출하므로 실행할 때마다 결과가 달라집니다.

추출 방식에는 복원 추출과 비복원 추출이 있습니다. 비복원 추출은 한 번 추출한 표본은 다시 추출하지 않는 방식입니다. 복원 추출은 같은 표본이 여러 번 추출될 수 있는 방식입니다. 'replace=T' 파라미터를 하면 복원 추출이 됩니다.

- 개수로 추출: sample_n(데이터세트, 개수)
- 비율로 추출: sample_frac(데이터세트, 비율)

mpg1에서 샘플을 추출합니다.

```
mpg1 <- read.csv("mpg1.csv", stringsAsFactors = F)

sample_n(mpg1, 3) # 3개 추출, 결과는 매번 달라짐
  manufacturer  trans  drv  cty  hwy
1        dodge   auto    f   15   21
2        dodge   auto    4    9   12
3   volkswagen   auto    f   21   29

sample_frac(mpg1, 0.01) # 0.01% 추출, 결과는 매번 달라짐
  manufacturer  trans  drv  cty  hwy
1   land rover   auto    4   11   15
2         ford   auto    4   13   19
```

② 집단별 층화표본 추출

변수를 구성하는 범주(집단)에서 동일한 개수나 비율로 표본을 추출하는 방식입니다. 3개 소집단으로 구성된 대집단에서 표본을 추출할 때 3개 소집단별로 동일 인원이나 동일 비율을 정해서 추출하는 경우입니다. group_by( ) 함수로 집단 분류한 후에 sample_n( ), sample_frac( ) 함수를 적용하면 됩니다.

mpg1의 trans 변수에 있는 auto, manual 범주에서 각각 2개의 표본을 추출하겠습니다.

```
mpg1 %>% # trans 범주로 구분해서 범주별로 2개 표본 추출
  group_by(trans) %>%
  sample_n(2)

  manufacturer   trans   drv   cty   hwy
         <fct>   <fct> <fct> <int> <int>
1   chevrolet     auto     f    18    29
2       dodge     auto     f    16    22
3      nissan   manual     f    19    25
4     hyundai   manual     f    17    24
```

연습문제 6-8

ggplot2 패키지가 제공하는 midwest 데이터세트는 미국 중서부지역의 인구에 관한 정보를 제공하고 있습니다. 28개 변수와 437개 행으로 구성되어 있습니다. 자세한 내용은 str(midwest)와 help(midwest)를 하면 알 수 있습니다. 예제파일에 있는 midwest1.csv는 midwest를 가공한 것입니다. state(주), county(카운티), poptotal(총인구), popasian(아시아계 인구) 변수만 있습니다.

1 midwest1.csv를 객체 midwest1로 불러옵니다. midwest1의 구조를 보면 주 변수가 번호로 되어 있습니다. 정수형(int)입니다. 번호는 주의 번호입니다. midwest1에 새 변수 state_name을 만들고, 주 번호에 맞는 이름을 부여합니다.

⇨ 주 번호와 이름으로 구성된 새 데이터프레임을 만들고, midwest1과 결합하면 됩니다.

번호별 주 이름입니다.
1 = 일리노이, 2 = 인디애나, 3 = 미시간, 4 = 오하이오, 5 = 위스콘신

2 5개 주의 카운티들 가운데 아시아인구가 가장 많은 카운티와 적은 카운티를 찾아서 주, 카운티, 전체인구, 아시아인구, 아시아인구 비율의 순서로 출력하세요.

3 5개 주별로 카운티 숫자, 주별 아시아인 전체인구, 주별 카운티의 아시아인 평균인구를 구한 후에, 주별 카운티의 아시아인 평균인구가 가장 많은 주부터 출력하세요. 주의 이름이 들어가야 합니다.

4 주별로 전체인구 중 아시아인구 비율을 구하고, 비율이 가장 높은 주부터 주 이름, 아시아인구 숫자, 전체인구 숫자, 아시아인구 비율만 순서대로 출력하세요. 비율은 백분율로 소수점 한자리까지 구합니다.

해답은 뒤에 (p. 349)

7장

결측치, 이상치 처리

데이터 분석을 제대로 수행하기 위해 결측치와 이상치를
정리하는 방법을 살펴봅니다.

1 결측치

데이터가 비어 있는 경우가 있습니다. 숫자 0이 아니라 없는 것입니다. 설문조사를 할 때 응답하지 않거나 데이터 자체가 없으면 통상 빈 칸으로 둡니다. 이런 경우를 결측치 또는 결측값이라고 합니다. 결측치를 그대로 두고 다른 정상 데이터와 같이 분석하면 분석이 되지 않거나 분석 결과가 잘못됩니다. 그래서 데이터 분석을 할 때는 반드시 분석 전에 결측치를 처리해야 합니다.

결측치를 처리할 때 우선 고려해야 하는 점은 전체 데이터에 있는 결측치의 비율입니다. 결측치가 지나치게 많으면 분석해서는 안 됩니다. 전체 자료의 95%가 결측치인데, 나머지 5%의 데이터로 분석하고 전체를 대표하는 분석이라고 하면 심각한 왜곡입니다.

결측치의 정도에 따라 분석방법이 달라집니다. 결측치가 지나치게 많으면 분석하면 안 되지만, 적으면 제외하고 분석할 수 있습니다. 결측치가 지나치게 많지는 않지만 모두 제외하기에는 많다고 판단되면, 결측치를 다른 값으로 대체하고 분석할 수 있습니다. 대체 값에는 평균값, 최빈값, 인근값 등 여러 기준이 있습니다. 결측치가 어느 정도일 때 분석이 가능한가에 대해 정해진 기준은 없습니다. 전체 데이터의 양에 따라 달라지기 때문에 상황에 따라 판단해야 합니다.

1) 결측치를 확인하고 빈도 구하기

(1) 결측치 확인: is.na( ) 함수

R에서는 결측치를 대문자 NA로 표시합니다. 데이터에 결측치가 있는가를 확인하기 위해서는 is.na( ) 함수를 이용합니다. is는 존재를 나타내는 be의 한 형태입니다. 따라서 is.na( )는 '결측치가 있습니까?'라는 뜻입니다. is.na( )의 ( ) 안에 검증하려는 데이터세트나 변수의 이름을 넣으면 결측치인 데이터는 TRUE(참), 결측치가 아닌 데이터는 FALSE(거짓)로 출력됩니다.

예제파일에서 exam_na.csv를 exam_na로 불러와서 확인해보겠습니다. is.na(exam_na)를 하면 [1,4], [4,3], [5,4] 데이터가 TRUE로 표시되어 있습니다. 결측치라는 의미입니다.

```
exam_na <- read.csv("exam_na.csv")
is.na(exam_na) #결측치 확인
        id    sex  korean  english   math
[1,] FALSE  FALSE   FALSE     TRUE  FALSE
[2,] FALSE  FALSE   FALSE    FALSE  FALSE
[3,] FALSE  FALSE   FALSE    FALSE  FALSE
[4,] FALSE  FALSE    TRUE    FALSE  FALSE
[5,] FALSE  FALSE   FALSE     TRUE  FALSE
```

(2) 결측치 빈도 구하기: table(is.na( ))

결측치의 개수를 확인할 때는 빈도분석 함수인 table( )을 이용해서 table(is.na( ))을 하면 알 수 있습니다. 세 방법이 있습니다.

- 데이터세트의 결측치 전체 빈도 구하기: table(is.na(데이터세트))
- 데이터세트의 특정 변수에 있는 결측치 빈도 구하기: table(is.na(데이터세트$변수))
- 데이터세트의 모든 변수별로 결측치 빈도 구하기: summary(is.na(데이터세트))

exam_na의 전체 결측치 빈도와 korean 변수의 결측치 빈도를 구하겠습니다. table(is.na(exam_na))을 하면 exam_na에는 FALSE 22, TRUE 3입니다. 결측치가 3개 있습니다. table(is.na(exam_na$korean))을 하면 FALSE 4, TRUE 1입니다. korean 변수에는 결측치가 1개 있습니다. summary(is.na(exam_na))를 하면 5개 변수별로 FALSE, TRUE 수가 출력됩니다.

```
table(is.na(exam_na)) #데이터세트 전체의 결측치 빈도를 확인
FALSE TRUE
   22    3

table(is.na(exam_na$korean)) #korean 변수의 결측치 빈도를 확인
FALSE TRUE
    4    1
```

```
summary(is.na(exam_na)) # 데이터세트의 전체 변수별로 결측치 빈도를 확인
      id              sex            korean          english          math
 Mode :logical   Mode :logical   Mode :logical   Mode :logical   Mode :logical
 FALSE:5         FALSE:5         FALSE:4         FALSE:3         FALSE:5
                                 TRUE :1         TRUE :2
```

2) 결측치 처리 방법

(1) 결측치를 제외하고 분석하기

① 연산함수에서 결측치를 제외하는 명령: na.rm=T

mean( )과 같은 연산함수에서는 결측치가 있으면 연산을 하지 못하고 NA를 출력합니다. exam_na에 있는 korean 변수의 평균을 구해보겠습니다. korean에는 1개의 결측치가 있어서 그대로 분석하면 NA를 출력합니다. 결측치를 처리하는 파라미터인 'na.rm='를 이용해서 'na.rm=T' 또는 'na.rm=TRUE'를 지정해야 합니다. 'na.rm'은 '결측치(NA)를 제외하라(remove)'는 뜻입니다.

```
mean(exam_na$korean)
[1] NA

mean(exam_na$korean, na.rm=T) # 결측치를 제외하고 평균 구하기
[1] 90.25
```

② 결측치가 있는 행을 모두 제외하기: na.omit( )

na.omit( ) 함수는 결측치가 있는 행을 모두 제거합니다. na.omit는 NA와 '빼다'라는 omit를 합한 것입니다. exam_na에서 결측치가 없는 행만을 추출해보겠습니다. 2개 행이 추출되었습니다. na.omit( ) 함수는 편리하게 결측치를 제거하지만, 너무 많은 자료를 삭제해서 데이터 분석의 신뢰성을 떨어뜨릴 수 있으므로 조심해서 써야 합니다.

```
na.omit(exam_na)
  id  sex  korean  english  math
2  2    F      92       95    93
3  3    F      95       92    90
```

③ filter( ) 함수로 결측치가 없는 행만 추출하기: filter(!is.na( ))

filter( ) 함수로 결측치가 없는 행만 추출하는 방식입니다. 결측치를 확인하는 is.na( ) 함수 앞에 '아니다'라는 의미의 '!' 연산자를 붙여서 filter(!is.na( ))를 하면 "결측치가 아닌 행만 추출하라"는 명령이 됩니다. exam_na의 korean 변수에서 결측치가 아닌 행만 추출합니다.

```
exam_na %>% filter(!is.na(korean))
  id  sex  korean  english  math
1  1    M      87       NA    82
2  2    F      92       95    93
3  3    F      95       92    90
4  5    F      87       NA    88
```

앞의 결과를 보니 english 성적에도 결측치가 있습니다. 여러 변수들에서 결측치가 없는 행들만 동시에 추출할 때는 교집합을 의미하는 '&' 연산자를 이용하면 됩니다. exam_na의 korean 변수와 english 변수에서 결측치가 없는 행들을 동시에 추출합니다.

```
exam_na %>% filter(!is.na(korean) & !is.na(english))
  id  sex  korean  english  math
1  2    F      92       95    93
2  3    F      95       92    90
```

(2) 결측치를 다른 값으로 대체하기

데이터세트에 여러 변수가 있는데 한 변수에 결측치가 있다고 해서 모두 제외하면, 다른 변수들의 데이터 분석이 왜곡될 수 있습니다. 이런 경우에는 결측치에 대체값을 입력해서 분석합니다. 이를 '결측치 대체법(imputation)'이라고 합니다. 대체값으로는 평균값이 많이 쓰이지만 특정 값의 빈도가 매우 많을 때는 최빈값으로 대체하기도 합니다. 최빈값은 빈도를 구하는 table( ) 함수로 구합니다.

결측치를 대체할 때는 ifelse( ) 함수를 이용합니다.

```
ifelse(is.na(변수), 대체값, 변수)
# 변수에 있는 행의 값이 NA이면 대체값을 입력하고, NA가 아니면 그대로 둔다
```

exam_na에 있는 korean 성적의 결측치를 평균값으로 대체하겠습니다. 1개의 결측값이 있습니다. 먼저 평균값을 구하고, 'ifelse(is.na(korean), 평균값, korean)'를 하면 됩니다. 평균값을 구할 때는 mean( ) 안에 'na.rm=T'를 써야 합니다.

```
exam_na$korean # korean 성적에서 4번째가 NA
[1] 87 92 95 NA 87

mean(exam_na$korean, na.rm=T) # 결측값을 제외한 값의 평균 구하기
[1] 90.25

# 결측값에 평균 입력
exam_na$korean <- ifelse(is.na(exam_na$korean), 90.25, exam_na$korean)

exam_na$korean # korean 성적 확인
[1] 87.00 92.00 95.00 90.25 87.00
```

2 이상치

1) 이상치의 개념

이상치는 비정상적인 데이터입니다. 이상값이라고도 합니다. 두 종류가 있습니다.

첫째는 정해진 범주에서 벗어난 데이터입니다. 설문조사에서 남자는 1번, 여자는 2번인데 3번으로 적은 경우, 5점 척도인데 응답하지 않거나 6번으로 응답한 경우, 태어난 연도를 3000년대로 적은 경우 등이 대표적입니다. 설문조사에서 응답 결과는 엑셀에 입력하는데, 응답하지 않은 항목은 9번이나 99번, 9999번으로 기록됩니다. 이 경우도 이상치입니다.

둘째는 범위가 정해지지는 않았지만, 다른 값들에 비해 특이하게 많거나 적은 데이터입니다. 극단치 또는 아웃라이어(outlier)라고도 합니다. '벗어나 있다'는 의미입니다. 예를 들어서 대학생들의 월 평균 용돈을 알기 위해서 100명을 조사했습니다. 97명은 18만원~22만원인데 3명은 200만원을 넘습니다. 전체 평균을 그대로 구하면 지나치게 많은 3명으로 인해 크게 늘어나 왜곡된 해석을 하게 만듭니다. 이런 경우에는 3명의 데이터가 이상치이므로 제외하고 분석해야 합니다.

2) 이상치 처리

정해진 범주에서 벗어난 데이터는 결측치로 처리한 후에 제외하고 분석하면 됩니다. 이상치 여부는 table( ) 함수로 알아보면 됩니다. 그리고 ifelse( ) 함수로 이상치를 결측치로 변환한 후에 결측치를 제거하고 분석합니다.

`table()`로 이상치 확인 → `ifelse()`로 이상치를 결측치로 변환 → 결측치 제거 후 분석

예제파일에서 mpg1_out.csv 파일을 mpg1_out으로 불러옵니다. mpg1_out의 trans 변수에서 1은 자동식, 2는 수동식을 의미합니다. table( ) 함수로 trans의 종류별 빈도를 알아보고, 1과 2 이외의 숫자는 결측치로 바꿉니다.

```
mpg1_out <- read.csv("mpg1_out.csv")

table(mpg1_out$trans) # 3이 4개 있음
  1  2  3
154  76  4

mpg1_out$trans<-ifelse(mpg1_out$trans==3, NA, mpg1_out$trans) # 3을 결측치 처리

table(is.na(mpg1_out$trans)) # 결측치 숫자 확인
FALSE TRUE
  230    4
```

3) 극단치 처리

극단치를 제거할 때는 통계적으로 극단치의 경계값을 구해서 합니다. R에서 극단치의 분포 여부와 경계값은 boxplot( ) 함수가 그리는 boxplot 그래프로 알 수 있습니다. boxplot 그래프는 상자그림으로 자료의 특성을 한눈에 보여줍니다.

상자그림은 하위 경계값, 1사분위수(25%), 2사분위수(50%값, 중앙값), 3사분위수(75%), 상위 경계값 등 5개 통계값을 기준으로 그려집니다. 1사분위수에서 3사분위수의 거리를 IQR이라고 합니다. 3사분위수를 기준으로 위쪽으로 IQR의 1.5배 지점이 상위 경계값입니다. 반대로 1사분위수를 기준으로 아래쪽으로 IQR의 1.5배 지점이 하위 경계값입니다. 상위 경계값과 하위 경계값의 밖에 있는 데이터를 극단치라고 합니다.

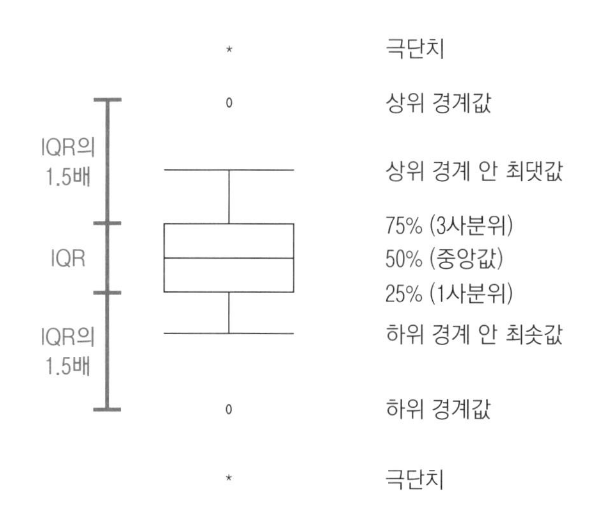

[그림 7-1] boxplot

boxplot( ) 함수로 그래프를 그리면 극단치가 있는지를 금방 알 수 있습니다. 그러나 극단치를 제거하기 위해서는 하위 경계값과 상위 경계값을 알아야 하는데 boxplot( ) 함수는 통계값을 제공하지는 않습니다.

5개 통계값은 boxplot( )$stats로 알 수 있습니다. stats는 통계를 의미하는 영어 statistics를 줄인 것입니다. 편리하게도 boxplot( )$stats로 1개 변수의 통계값, 복수 변수의 통계값, 변수의 범주별 통계값을 구할 수 있습니다.

- 1개 변수의 통계값: boxplot(데이터세트$변수)$stats
- 복수 변수의 통계값: boxplot(데이터세트$변수1, 데이터세트$변수2, …)$stats
- 변수의 범주별 통계값: boxplot(데이터세트$종속변수~데이터세트$범주변수)$stats

예제파일에 있는 mpg1.csv 파일을 mpg1로 불러와서 cty 변수의 통계값, cty와 hwy의 통계값, drv의 3개 범주별 cty 통계값과 그래프를 구해보겠습니다.

cty 변수의 통계값과 그래프는 boxplot(mpg1$cty)$stats를 하면 됩니다.

cty와 hwy의 통계값과 그래프는 boxplot(mpg1$cty, mpg1$hwy)$stats로 합니다.

drv 범주별 cty 통계값과 그래프는 boxplot(mpg1$cty~mpg1$dvr)$stats로 합니다.

통계값의 결과는 행렬구조로 출력됩니다. [1,]부터 [5,]까지 순서대로 하위 경계값, 1사분위수, 2사분위수, 3사분위수, 상위 경계값입니다.

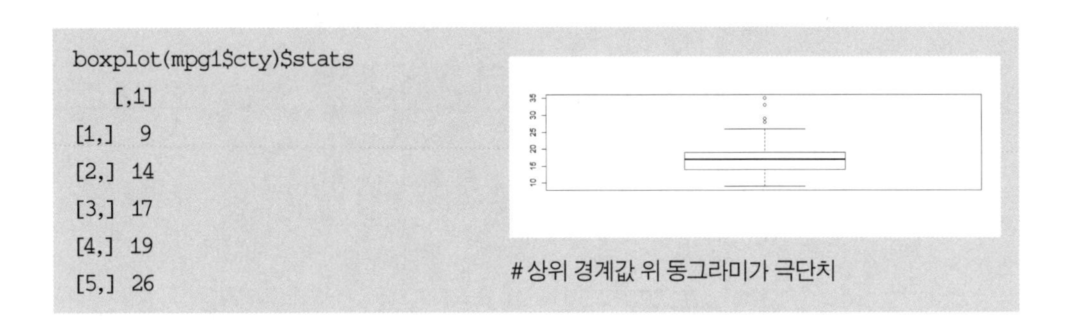

```
boxplot(mpg1$cty)$stats
     [,1]
[1,]    9
[2,]   14
[3,]   17
[4,]   19
[5,]   26
```

상위 경계값 위 동그라미가 극단치

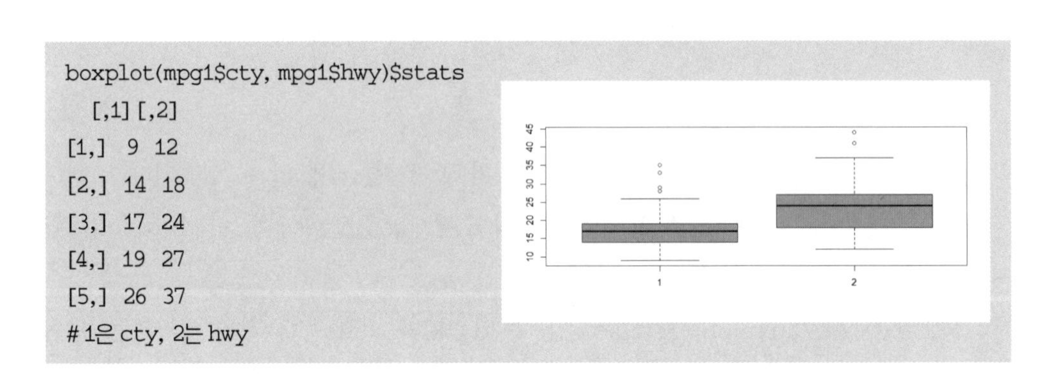

```
boxplot(mpg1$cty, mpg1$hwy)$stats
     [,1] [,2]
[1,]    9   12
[2,]   14   18
[3,]   17   24
[4,]   19   27
[5,]   26   37
# 1은 cty, 2는 hwy
```

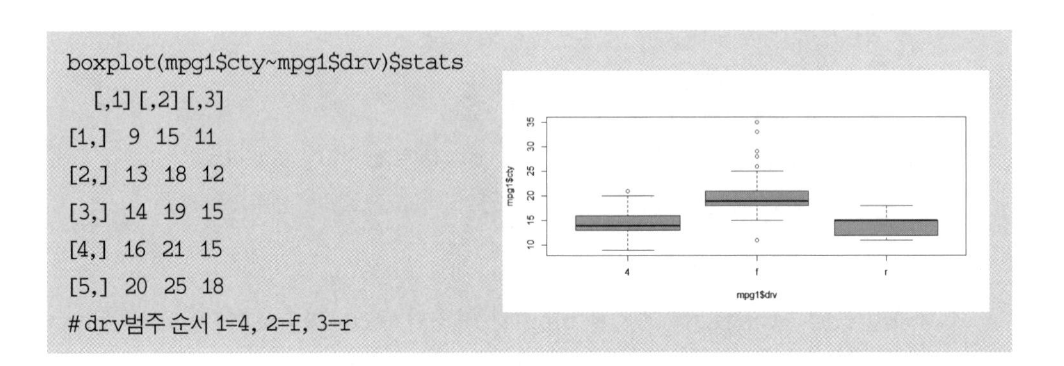

```
boxplot(mpg1$cty~mpg1$drv)$stats
     [,1] [,2] [,3]
[1,]    9   15   11
[2,]   13   18   12
[3,]   14   19   15
[4,]   16   21   15
[5,]   20   25   18
# drv범주 순서 1=4, 2=f, 3=r
```

mpg1의 cty에서 극단치를 제외하고 cty 평균을 구해보겠습니다. 다음 순서로 합니다.

- 1단계: boxplot(mpg1$cty)$stats로 cty의 극단치 기준을 알아봅니다.
- 2단계: ifelse( ) 함수로 cty 변수의 극단치를 결측치(NA)로 변환합니다.
- 3단계: 결측치를 제외한 데이터를 추출한 후에 평균을 구합니다.

1단계는 했기 때문에 2단계로 갑니다. ifelse( ) 함수로 mpg1의 cty 변수에서 26을 초과하거나 9 미만인 값들을 결측치(NA)로 바꾼 후에 결측치를 제외하고 cty 평균을 구하면 됩니다. ifelse( ) 안의 조건은 '또는(|)'으로 부여합니다.

```
mpg1$cty<-ifelse(mpg1$cty>26 | mpg1$cty<9, NA,mpg1$cty) # 극단치를 결측치 처리

table(is.na(mpg1$cty)) # 결측치 확인
FALSE TRUE
  229    5

mean(mpg1$cty, na.rm=T) # 결측치를 제외한 cty 평균 구하기
[1] 16.55895
```

➡ 여기서 잠깐!

극단치를 제외한 데이터는 경계값 안에 있는 데이터를 추출하는 방법으로도 구할 수 있습니다. cty가 9와 26 사이에 있으면 그대로 두고, 아니면 결측치로 변환하는 방식입니다. ifelse()의 명령이 달라집니다.

```
mpg1$cty <- ifelse(mpg1$cty>=9 & mpg1$cty<=26, mpg1$cty, NA)
```

mpg1의 hwy 변수에서 극단치를 제외한 후에 trans 변수의 범주별 hwy 평균을 알아봅니다. 방법은 같습니다. 다만 결측치를 제거한 hwy 데이터만을 추출해서 분석해야 하기 때문에 filter(!is.na(hwy))로 시작한다는 점을 명심하세요.

```
boxplot(mpg1$hwy)$stats #hwy의 극단치 경계 구하기
     [,1]
[1,]   12
[2,]   18
[3,]   24
[4,]   27
[5,]   37

mpg1$hwy<-ifelse(mpg1$hwy<12 | mpg1$hwy>37, NA, mpg1$hwy) # 극단치를 결측치 처리

mpg1 %>%
 filter(!is.na(hwy)) %>% # hwy에서 결측치를 제외한 데이터 추출
 group_by(trans) %>% # trans 변수의 범주별로 데이터 분류
 summarise(m=mean(hwy)) # trans 변수의 범주별로 hwy 평균 구하기
   trans    m
1   auto 22.2
2 manual 25.3
```

연습문제

1 R에서 제공하는 airquality는 1973년 미국 뉴욕에서 조사된 대기질에 관한 데이터세트입니다. help(airquality)를 하면 내용을 알 수 있습니다. 예제파일에 있는 ozone.csv 파일은 airquality에서 오존에 관한 데이터만 추출해서 가공한 것입니다. 이 파일을 새 객체 df로 불러온 후에 결측치의 빈도를 확인하고, 결측치를 제거한 오존의 평균을 구해보세요.

2 ozone 변수에서 결측치를 제외한 데이터들의 중앙값을 구합니다. 그리고 중앙값을 ozone 변수의 결측치에 입력한 후에 전체 ozone의 평균을 구합니다.

3 df에 ozone.csv 파일을 다시 입력한 후에 ozone의 결측치와 극단치를 제외한 데이터들을 새 객체 df1에 입력하고, df1의 평균을 구해보세요.

4 ggplot2 패키지에 있는 diamonds 데이터세트를 새 객체 diamonds에 입력합니다. diamonds의 price 변수에서 극단치를 결측치로 처리한 후에 cut 변수의 범주별 평균 가격을 구해보세요.

해답은 뒤에 (p. 351)

8장

통계 분석

다양한 통계 분석 방법과 분석 사례를 살펴봅니다.

1 분석 방법

통계(statistics)는 수량 데이터에서 다양한 방법으로 새로운 사실들을 찾아내는 학문입니다. 통계를 알아야 하는 이유는 사실을 확인하고, 새로운 내용을 알아내기 위해서입니다. 빅데이터를 분석할 때 기초적인 통계지식을 아느냐, 모르느냐에 따라 분석 능력에 큰 차이가 생깁니다. 통계지식이 없으면 심각한 오류를 범할 수 있습니다. 실제로는 두 집단의 평균에서 차이가 없는데도 차이가 있다고 판단하는 경우가 대표적인 오류입니다. 통계에는 크게 두 종류가 있습니다.

1) 기술통계

빅데이터 분석에서는 기본적으로 알아야 하는 값들이 있습니다. 평균, 최솟값, 최댓값, 중앙값과 같이 데이터의 특징을 알려주는 값들입니다. 이런 값들을 기술통계(descriptive statistics)라고 합니다. 데이터의 특징을 서술한다는 의미입니다. 기술통계는 사실 확인에 해당됩니다.

2) 추론통계

변수 간의 관계를 파악하고, 이를 토대로 변수 간의 인관관계나 새로운 사실들을 밝혀내는 것을 추론통계(inferential statistics)라고 합니다. 데이터 분석에서 하는 추론통계에는 평균 차이 검정, 교차분석, 상관관계분석, 회귀분석 등이 있습니다.

(1) 평균 차이 검정

집단별로 평균의 차이가 실제로 있는가를 검정하는 것입니다. 한 고등학교에서 3학년 학생들이 국어 시험을 보았는데, 남학생 집단의 평균은 82.1점이고, 여학생 집단 평균은 82.3점입니다. 여학생 집단이 남학생 집단보다 0.2점 높습니다. 그렇다고 여학생 집단의 성적이 남학생 집단보다 높다고 단정할 수 있을까요? 과거에는 남학생 집단의 평균이 여학생 집단의 평균보다 높은 적이 있었습니다. 그렇다면 이번에는 우연히 여학생 집단의 평균이 높았을 수도 있습니다. 때문에 이번 성적의 결과가 "의미 있다", 즉 "여학생 집단의 평균 성적이 남학생 집단보다 일반적으로 높다"고 결론을 내리기 위해서는 먼저 이번 성적의 결과가 우연하게 발생한 것이 아니라는 것을 통계적으로 검정해야 합니다.

(2) 교차분석

범주형 변수로 구성된 집단들의 관련성을 검정하는 통계 분석입니다. 교차분석은 카이제곱(χ^2)검정, 카이스퀘어검정, 독립성 검정이라고도 합니다. 한 아파트 단지에 100세대가 살고 있습니다. 집 크기는 소형이 50세대, 대형이 50세대입니다. 이 단지의 TV 크기는 소형, 대형 등 두 종류입니다. 집이 크면 대형 TV를 보유하고, 집이 작으면 소형 TV를 보유하는지, 즉 집의 크기와 TV 크기가 관계가 있는지를 통계적으로 분석하는 것이 교차분석 검정입니다. 아파트 크기와 TV 크기는 모두 범주형이어서 평균 차이 검정을 할 수 없습니다.

분석 결과는 관계가 있다, 없다 등 2가지입니다. 확률적으로는 이 단지의 TV보유 상황은 소형 50대, 대형 50대인 것으로 생각할 수 있습니다. 그런데 90세대가 대형 TV를 보유하고, 10세대가 소형 TV를 보유하고 있다면, 아파트 크기와 TV 크기는 관계가 없습니다. 이런 경우는 "아파트 크기와 TV 크기는 독립적이다" 또는 "아파트 크기에 따라 TV 크기는 차이가 없다"고 합니다. 그러나 55세대가 대형 TV를 보유하고, 45세대가 소형 TV를 보유하고 있으면 아파트 크기와 TV 크기는 관계가 있다고 추론할 수 있습니다. 이런 경우 "아파트 크기와 TV 크기는 독립적이지 않다" 또는 "아파트 크기에 따라 TV 크기는 차이가 있다"고 합니다. 교차분석 검정의 목적은 두 변수 사이에 "관계가 있다"는 것을 알아보는 것입니다.

아파트 크기	TV 보유 사례		
	일반적인 기대	사례 1	사례 2
소형 50세대	소형 50	소형 10	소형 45
대형 50세대	대형 50	대형 90	대형 55
교차분석 검정		아파트 크기와 TV 크기는 관계가 없다	아파트 크기와 TV 크기는 관계가 있다

(3) 상관관계분석

상관관계분석은 변수 간의 상관관계(correlation)를 알아보는 것입니다. 상관관계는 변수 간의 연관성입니다. 한 변수가 변화하면 다른 변수도 변화하는 관계입니다. 집합에서 여러 집단들이 교차해 있는 공집합의 관계를 생각하면 됩니다. 상관관계에서는 관계의 강도와 방향이 중요합니다. 강도는 한 변수가 변화할 때 다른 변수가 변화하는 정도입니다. 방향은 한 변수가 변화할 때 다른 변수가 같은 방향으로 변화하는지, 반대 방향으로 변화하는지를 의미합니다.

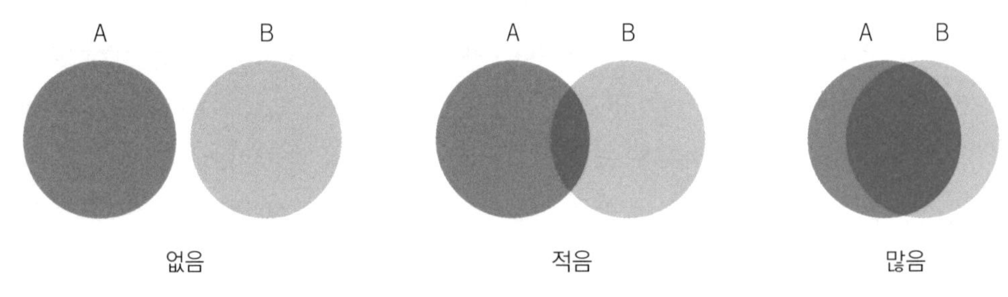

[그림 8-1] 상관관계 정도

변화의 강도와 방향을 나타나는 계수가 상관계수(r)입니다. 상관계수는 -1부터 1 사이에 있습니다. 수치가 클수록 영향을 주는 강도가 큽니다. '+'는 '정의 관계', '-'는 '부의 관계' 또는 '역의 관계'에 있는 것을 의미합니다. 상관계수가 0.3이면, 한 변수가 1단위 변화할 때 다른 변수가 0.3만큼 같은 방향으로 변화하는 것을 말합니다.

상관관계:　　$-1 \leqslant r \leqslant 1$

상관계수가 ±0.7 이상이면 높은 관계, ±0.4~±0.7 미만이면 다소 높은 관계, ±0.2~±0.4 미만이면 낮은 관계에 있다고 봅니다. ±0.2 미만이면 거의 없다고 해석합니다. 0이면 상관관계가 없습니다.

(4) 회귀분석

상관관계로는 변수들의 관계를 알 수는 있지만, 인과관계는 알 수 없습니다. 인과관계는 원인과 결과의 관계입니다. 한 변수가 다른 변수에 영향을 주는 것을 말합니다. 영향을 주는 변수는 독립변수(independent variable)이고, 영향을 받는 변수는 종속변수(dependent variable)입니다. 독립변수와 종속변수 간의 인과관계를 분석하는 통계적 방법을 회귀분석(regression analysis)이라고 합니다. "월급이 증가하면 외식횟수가 늘어날 것"이라고 가정하면 월급은 독립변수이고, 외식횟수는 종속변수입니다. 월급의 증감이 외식횟수에 미치는 영향을 확률적으로 분석하는 것이 회귀분석입니다. 사회과학에서 회귀분석은 통계분석의 꽃이라고 불릴 정도로 매우 중요한 통계 분석입니다.

회귀분석에서 독립변수가 1개이면 단순회귀분석, 2개 이상이면 다중회귀분석이라고 합니다. 단순회귀분석은 1차 함수 $y=a+\beta x$에서 β를 찾아내는 것입니다. x가 1 증가하면, y는 β만큼 증가합니다. β를 회귀계수라고 합니다. x는 독립변수, y는 종속변수, a는 상수입니다. 회귀분석에서 a는 절편이라고 하는데, 통계적인 의미는 없습니다.

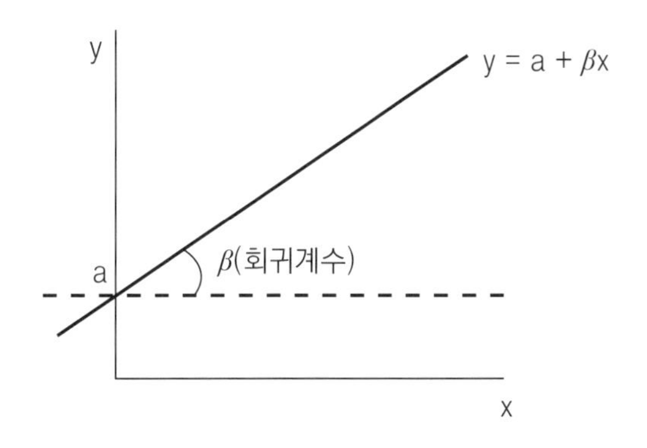

[그림 8-2] 단순회귀모형

다중회귀분석은 종속변수는 1개이며 독립변수가 복수인 경우입니다. 복수의 독립변수들이 종속변수에 영향을 주는 정도를 분석하는 것입니다. $y=a+\beta_1x_1+\beta_2x_2+\beta_3x_3+\cdots$로 표시됩니다.

- 단순회귀분석: $y=a+\beta x$
- 다중회귀분석: $y=a+\beta_1x_1+\beta_2x_2+\beta_3x_3+\cdots$

2 통계 검정

1) 가설

가설(假說, hypothesis)은 어떤 현상을 설명하기 위해서 가정하는 명제입니다. 증명되지 않은 추정입니다. 가설에는 귀무가설(歸無假說)과 대립가설(對立假說)이 있습니다. 귀무가설은 설정한 가설이 맞을 확률이 극히 적어서 처음부터 기각될 것으로 예상되는 가설입니다. 영가설이라고도 합니다. 대립가설은 귀무가설이 기각될 경우 받아들여지는 가설입니다. 대립가설은 연구자가 검정하고자 하는 가설입니다. 통계 검정은 통계적인 방법을 이용해서 대립가설이 맞는가를 검정하는 것입니다.

두 집단의 평균 차이가 있는가를 알아보려 합니다. 평균 차이가 있는지를 검정하는 것이기 때문에 귀무가설은 '평균 차이가 없다'이며, 대립가설은 '평균 차이가 있다'입니다.

- H_0(귀무가설): 두 집단의 평균 차이가 없다.
- H_1(대립가설): 두 집단의 평균 차이가 있다.

2) 유의수준

가설검정의 결과는 유의수준에 의해 결정됩니다. 유의수준(significance level)은 귀무가설이 맞는데도 대립가설을 채택할 확률입니다. 즉 오류를 범할 확률입니다. 차이가 없는데도 있다고 할 확률입니다. 통계 분석에서는 p-value(p값)로 제시됩니다. p값이 0.01이라면 오류를 범할 확률이 1%라는 의미입니다. 오류가 없는 것이 가장 좋겠지만, 현실적으로 오류가 없다는 것은 거의 불가능합니다. 통계에서도 오류가 있기 마련이어서 어느 정도의 오류는 인정할 수밖에 없습니다. 그래서 '허용할 수 있는 오류 범위'를 정하게 됩니다. 유의수준 5%는 오류를 5%까지 허용하겠다는 의미입니다. 화살 100발을 쏘는 경우 유의수준 5%는 과녁을 벗어나는 화살이 5발 이내이면 합격한 것으로 보는 것입니다. 화살 1000발을 쏘면 50발 이내입니다.

허용하는 유의수준의 범위와 정확성은 반대의 개념입니다. 유의수준의 범위가 넓으면 연구 결과를 얻기가 쉽지만 결과의 정확성이 떨어지고, 너무 좁으면 결과를 얻기 어렵습니다. 100점 만점 시험에서 90점 이상을 합격으로 할 때와 80점 이상을 합격으로 할 때 합격자의 분포와 질적 수준은 크게 달라집니다. 90점 이상으로 하면 합격자의 평균점수는 높지만 합격자 수가 적습니다. 80점 이상으로 하면 합격자 수는 증가하지만 합격자의 평균점수는 낮아집니다.

가설검정에서 인정하는 유의수준에는 5%, 1%, 0.1% 등 세 종류가 있습니다. 사회과학에서는 5%까지 인정합니다. 그러나 정확성이 많이 요구되는 자연과학이나 의학에서는 유의수준의 허용범위가 더욱 좁아집니다.

통계 분석을 하면 결과물에는 유의수준(p-value)이 적혀 있습니다. 통계 분석 결과를 해석할 때는 먼저 유의수준이 0.05 이내인가를 보고, 결과가 통계적으로 유의미한지를 판단해야 합니다. 유의수준이 0.05 이상인데도 결과가 유의미하다고 해석하면 매우 심각한 오류입니다. 유의수준의 반대 개념은 신뢰수준(confidence level)입니다. 신뢰할 수 있는 범위를 의미합니다. 유의수준 5% 이내라고 하면 신뢰수준은 95%입니다.

3) 척도

척도(scale)는 측정도구이며, 수치로 표시됩니다. 척도에는 명목척도, 서열척도, 등간척도, 비율척도 등 네 종류가 있습니다. 척도의 종류에 따라 통계 분석이 가능하거나 불가능하기 때문에 분석하기 전에 척도의 종류를 파악해야 합니다.

- **명목척도:** 측정대상의 특성이나 범주를 구분하는 수치입니다. 운동선수의 번호를 생각하면 쉽습니다. 번호는 특정 선수를 의미합니다. 성을 분류할 때 통상 남자를 1번, 여자를 2번으로 분류하는 것과 같이 결혼유무, 종교, 인종, 지역, 계절 등을 표시할 때도 이용됩니다. 산술연산을 할 수 없습니다.
- **서열척도:** 계급, 사회계층, 자격등급 등과 같이 측정대상의 등급순위를 나타내는 척도입니다. 척도 간의 거리나 간격은 나타내지 않습니다. 산술연산을 할 수 없습니다.
- **등간척도:** 측정대상을 일정한 간격으로 구분한 척도입니다. 서열뿐만 아니라 거리와 간격도 표시합니다. 온도, 학력, 시험점수 등입니다. 덧셈과 뺄셈이 가능합니다.
- **비율척도:** 측정대상을 비율로 나타낼 수 있는 척도입니다. 연령, 무게 등입니다. 모든 수

로 측정할 수 있어 4칙연산이 가능합니다.

척도 종류	특징	산술연산	예
명목척도	대상의 특성이나 범주 구분	불가능	성별, 결혼유무, 종교, 인종 등 구분
서열척도	대상의 등급순위	불가능	계급, 사회계층, 자격등급
등간척도	대상을 일정 간격으로 구분	덧셈과 뺄셈 가능	온도, 학력, 시험점수
비율척도	대상을 비율로 구분	4칙연산 가능	연령, 무게

3 통계 분석 사례

1) 두 집단의 평균 차이 검정

남녀 등 두 집단의 평균 차이를 분석할 때는 독립표본 t검정을 합니다. R에서는 내장된 t.test( ) 함수로 합니다. 독립변수는 명목척도이며, 종속변수는 등간척도 또는 비율척도이어야 합니다. t.test( ) 함수를 쓰는 방식은 2가지가 있습니다.

- 방법 1　t.test(data=데이터세트, 종속변수(비교값)~독립변수(비교대상))
- 방법 2　t.test(데이터세트$종속변수(비교값)~데이터세트$독립변수(비교대상))

예제파일인 mpg1.csv의 trans 변수에는 기어변속방법으로 auto(자동식)와 manual(수동식) 등 두 방식이 있습니다. 두 방식에 따라 cty 평균이 통계적으로 유의미한 차이가 있는가를 알아보겠습니다. cty는 도시에서 1갤런당 달리는 거리입니다. 독립변수는 trans이며, 종속변수는 cty입니다. 가설은 다음과 같이 설정합니다.

- 귀무가설(H_0): auto와 manual의 cty 평균은 차이가 없다.
- 대립가설(H_1): auto와 manual의 cty 평균은 차이가 있다.

```
mpg1 <- read.csv("mpg1.csv", stringsAsFactors = F)

t.test(data=mpg1, cty~trans) # t.test(mpg1$cty~mpg1$trans)도 같음

	Welch Two Sample t-test
data: cty by trans
t = -4.5375, df = 132.32, p-value = 1.263e-05 ①
alternative hypothesis: true difference in means is not equal to 0
95 percent confidence interval:
 -3.887311 -1.527033
sample estimates: ②
 mean in group auto  mean in group manual
        15.96815            18.67532
```

①을 보면 p-value=1.263e-05입니다. 유의수준이 1.263e-05라는 뜻입니다. 지수 표시에서 'e-n'은 '10의 n승분의 1($1/10^n$)'이며, 'e+n'은 '10의 n승(10^n)'을 의미합니다. 따라서 1.263e-05는 1.263/100000입니다. '95 percent confidence interval'은 신뢰수준이 95%라는 뜻입니다. 유의수준(1.263/100000)은 0.05보다 매우 적기 때문에 유의수준 허용 조건($p < .05$)을 충족시켰습니다. 'alternative hypothesis: true difference in means is not equal to 0'는 '대립가설: 평균 차이가 있다'라는 의미입니다.

②를 보면 auto의 평균은 15.96815이고, manual의 평균은 18.67532입니다.

이 검정의 결과로 auto와 manual의 평균은 차이가 있다는 대립가설을 채택할 수 있습니다.

결론을 쓸 때는 "cty 평균거리는 자동식이 15.97마일, 수동식이 18.68마일이다. 유의수준(p)이 0.05보다 작아서 통계적으로 유의미한 차이가 있기 때문에 수동식의 평균이 자동식의 평균보다 약 2.7마일 길다고 할 수 있다"고 하면 됩니다. '길다'고 단정적으로 쓰지 않고 '길다고 할 수 있다'라고 추론식으로 쓴 것은 확률을 토대로 한 추론분석이기 때문입니다.

만약 p-value가 .05보다 크면 "유의수준이 0.05보다 크기 때문에 자동식과 수동식의 평균은 통계적으로 유의미한 차이가 없다"라고 쓰면 됩니다.

➡ 여기서 잠깐!

집단 간 평균 차이 분석을 할 때는 집단의 분산이 같은지, 다른지를 먼저 분석한 후에 그에 맞춰 평균 차이를 검정하는 것이 정확합니다. 이를 '등분산 검정'이라고 합니다. 그런데 등분산 검정을 하지 않고 한 이유는 통계의 기본을 배우면서 너무 복잡한 내용까지 학습하면 통계가 싫어지기 때문입니다. 또 등분산에 관계없이 통계 결과가 비슷해서 큰 문제는 없습니다.

등분산 검정은 var.test(data, 종속변수~독립변수)로 합니다.
유의수준이 p≥.050이면 분산의 차이가 없으므로 등분산입니다. p<.050이면 등분산이 아닙니다.
t.test()로 분석할 때 등분산이면 var.equal=T를 추가하고, 아니면 var.equal=F를 추가합니다.

앞의 사례로 알아보겠습니다.
var.test(data=mpg1, cty~trans)를 하니 p-value=0.1101로 유의수준이 p>.050이어서 등분산입니다. 따라서 정확하게는 t.test(data=mpg1, cty~trans, var.equal=T)로 평균 검정을 해야 합니다. 그렇게 하니 p-value=3.089e-06으로 유의수준이 t.test(data=mpg1, cty~trans)의 p-value=1.263e-05와 다릅니다. t.test(data=mpg1, cty~trans)에 등분산 조건을 지정하지 않으면, 등분산이 아니라는 전제에서 분석하기 때문입니다. 그러나 var.equal=T 조건을 주지 않았다고 검정 결과에 오류가 발생하지는 않습니다.

2) 교차분석

교차분석은 범주형 변수들이 관계가 있다는 것을 입증하는 것입니다. 평균의 차이가 아니라, 비율에 차이가 있는지를 검정합니다. 교차분석 검정은 R의 chisq.test( ) 함수로 합니다.

예제파일에 있는 mpg1.csv를 mpg1로 불러옵니다. mpg1에 있는 trans(기어 변속방식) 변수의 범주에 따라 drv(구동방식) 범주의 비율에 차이가 있는가를 알아봅니다. 연구가설은 다음과 같이 설정합니다.

- 귀무가설(H_0): trans에 따라 drv의 차이가 없다.
- 대립가설(H_1): trans에 따라 drv의 차이가 있다.

우선 table( ) 함수와 prop.table( ) 함수로 교차분석을 해서 trans에 따른 drv의 빈도와 비율을 알아보겠습니다. 5장에서 다루었던 예제문제입니다.

```
mpg1 <- read.csv("mpg1.csv", stringsAsFactors = F)

table(mpg1$trans, mpg1$drv) # trans와 drv의 교차분석
        4  f  r
 auto    75 65 17
 manual 28 41  8

prop.table(table(mpg1$trans, mpg1$drv),1) # auto와 manual의 drv 비율 분석
              4         f         r
 auto    0.4777070 0.4140127 0.1082803
 manual 0.3636364 0.5324675 0.1038961

# 표 만들기
```

			drv			합계
			4	f	4	
trans	auto	개수(대)	75	65	17	157
		비율(%)	47.8	41.4	10.8	100
	manual	개수(대)	28	41	8	77
		비율(%)	36.4	53.2	10.4	100

auto에서는 4륜구동(4)인 47.8%로 가장 많고, manual에서는 전륜구동(f)이 53.2%로 가장 많아서 trans에 따라 drv에 차이가 있는 것 같습니다. 그런데 정말 그런지, 통계적으로 분석하는 것이 교차분석입니다.

방법은 3가지가 있습니다. chisq.test( ) 함수 이외에도 summary( ) 함수와 table( ) 함수를 조합해서 구할 수도 있습니다. 결과는 모두 같습니다.

```
방법 1 chisq.test(mpg1$trans, mpg1$drv)
Pearson's Chi-squared test
data: mpg1$trans and mpg1$drv
X-squared = 3.1368, df = 2, p-value = 0.2084 ①

방법 2 chisq.test(table(mpg1$trans, mpg1$drv))
Pearson's Chi-squared test
data: table(mpg1$trans, mpg1$drv)
X-squared = 3.1368, df = 2, p-value = 0.2084 ①
```

```
방법3 summary(table(mpg1$trans, mpg1$drv))
Number of cases in table: 234 #행의 수
Number of factors: 2 #비교 범주의 수
Test for independence of all factors:
        Chisq = 3.1368, df = 2, p-value = 0.2084 ②
```

①을 보면 유의수준(p-value)이 0.2084로 $p > .05$입니다. 대립가설을 기각하지 못하므로 trans에 따라 drv에 차이가 있다고 할 수 없습니다. 'X-squared=3.1368'은 통계 검정값입니다. ②에서도 같은 결과입니다. 통계 검정을 하지 않았으면 해석을 잘못했을 가능성이 큽니다. 통계 검정은 이같이 매우 중요합니다.

3) 상관관계분석

상관관계분석은 R에 내장되어 있는 cor.test( ) 함수로 합니다.

```
cor.test(데이터세트$비교 변수1, 데이터세트$비교변수2)
```

mpg1에는 cty와 hwy가 있습니다. cty는 도시에서 1갤런당 달리는 거리입니다. hwy는 고속도로에서 1갤런당 달리는 거리입니다. cty가 길면 hwy도 길 것이라고 생각할 수 있습니다. 이 가설을 검정해보겠습니다. 검정하려는 가설은 cty와 hwy는 서로 상관관계가 있다는 것이기 때문에 이것이 대립가설입니다. 귀무가설은 상관관계가 없다는 것입니다.

- 귀무가설(H_0): cty와 hwy는 상관관계가 없다.
- 대립가설(H_1): cty와 hwy는 상관관계가 있다.

```
mpg1 <- read.csv("mpg1.csv", stringsAsFactors = F)

cor.test(mpg1$cty, mpg1$hwy) # 상관관계분석
        Pearson's product-moment correlation
data: mpg1$cty and mpg1$hwy
t = 49.585, df = 232, p-value < 2.2e-16 ①
alternative hypothesis: true correlation is not equal to 0
95 percent confidence interval:
 0.9433129 0.9657663
sample estimates: ②
      cor
0.9559159
```

①을 보면 'p-value < 2.2e-16'입니다. 유의수준이 $2.2/10^{16}$보다 작습니다. 거의 0에 가까워서 유의수준($p < .05$) 안에 있습니다. 대립가설은 "상관관계는 0이 아니다(alternative hypothesis: true correlation is not equal to 0)"입니다. 이 검정의 결과로 귀무가설을 기각하고 대립가설을 채택할 수 있습니다.

②를 보면 상관관계는 0.9559159입니다. 상관관계가 1에 가까워서 매우 높습니다.

결과를 쓸 때는 "cty와 hwy는 유의미하게 매우 높은 상관관계($r=.96$)에 있다($p < .05$)"고 쓰면 됩니다. '$r=.96$'은 상관계수 값을 의미하며 '$p < .05$'는 "유의수준이 0.05 아래"라는 뜻입니다.

➡ 여기서 잠깐!

유의수준은 .05(5%), .01(1%), .001(0.1%) 등 세 종류가 있습니다. 유의수준이 낮을수록 오류 허용범위가 적고 검정이 엄격하다는 것을 의미합니다. 그렇기 때문에 유의수준이 낮으면 낮은 유의수준 허용범위를 적는 것이 결과의 신뢰성을 높여줍니다. 여기서는 p-value < 2.2e-16이므로 유의수준을 '$p<.001$'이라고 적는 것이 좋습니다.

4) 회귀분석

(1) 단순회귀분석

단순회귀분석은 독립변수가 1개, 종속변수가 1개일 때 합니다. 회귀분석의 변수는 독립변수와 종속변수가 모두 등간척도 또는 비율척도이어야 합니다. 회귀분석은 R의 lm( ) 함수로 합니다. 세 방법 중 어느 것을 써도 됩니다.

```
방법 1  lm(data=데이터세트, 종속변수 ~ 독립변수)
방법 2  lm(종속변수 ~ 독립변수, data=데이터세트)
방법 3  lm(데이터세트$종속변수 ~ 데이터세트$독립변수)
```

R에 있는 mtcars 데이터세트로 분석해보겠습니다. R에서 help(mtcars)를 하면 mtcars에 관한 정보를 알 수 있습니다. 1974년 〈Motor Trend〉라는 미국 잡지에 실린 데이터입니다. 11개 변수에서 32개 자동차의 정보를 담고 있습니다. 11개 변수 가운데 disp(배기량)가 mpg(1갤런당 주행 마일)에 미치는 영향을 분석하겠습니다.

str(mtcars)로 mtcars에 있는 변수들을 보면, disp와 mpg는 모두 실수형(num) 변수이어서 회귀분석이 가능합니다. 가설은 다음과 같이 설정합니다.

- 귀무가설(H_0): disp는 mpg에 영향을 주지 않는다.
- 대립가설(H_1): disp는 mpg에 영향을 준다.

```
lm(data=mtcars, mpg~disp)
# lm(mpg~disp, data=mtcars), lm(mtcars$mpg~mtcars$disp)의 결과도 같음

Call:
lm(formula = mpg ~ disp, data = mtcars)
Coefficients: ①
(Intercept)      disp
   29.59985  -0.04122
```

①을 보면 disp의 계수(Coefficients)는 -0.04122이며, 절편은 29.59985입니다. 단순 회귀분석은 1차 함수를 구하는 것과 같습니다.

이 회귀분석에서 구해진 식은 mpg=29.59985 -0.04122 x disp입니다.

배기량이 1단위 올라갈 때마다 mpg는 0.04122씩 감소합니다. 이 값이 독립변수가 종속변수에 미치는 영향력이며, β로 표시합니다. β=-0.04122입니다. 회귀분석에서 절편은 의미가 없습니다.

그런데 무언가 빠진 느낌입니다. 유의수준이 없습니다. 유의수준에 따라 이 결과의 통계적 의미는 달라집니다. 유의수준이 0.05 이상($p \geq 0.05$)이면 이 회귀계수는 의미가 없습니다. 그렇기 때문에 회귀분석의 유의수준 값을 알아봐야 합니다. lm( )의 결과를 summary( ) 함수에 넣으면 유의수준을 비롯해서 상세한 회귀분석 결과를 알 수 있습니다.

```
RA <- lm(data=mtcars, mpg ~ disp) # 회귀분석 결과를 RA에 넣기

summary(RA) # 상세한 분석 결과 출력
Call:
lm(formula = mpg ~ disp, data = mtcars)
Residuals:
    Min      1Q   Median     3Q     Max
-4.8922  -2.2022  -0.9631  1.6272  7.2305
Coefficients: ②
              Estimate   Std. Error  t value   Pr(>|t|)
(Intercept)   29.599855    1.229720   24.070    < 2e-16 ***
mtcars$disp   -0.041215    0.004712   -8.747   9.38e-10 ***
---
Signif. codes: 0 '***' 0.001 '**' 0.01 '*' 0.05 '.' 0.1 ' ' 1
Residual standard error: 3.251 on 30 degrees of freedom
Multiple R-squared: 0.7183,    Adjusted R-squared: 0.709 ③
F-statistic: 76.51 on 1 and 30 DF,  p-value: 9.38e-10 ①
```

summary( )의 결과에서는 우선 ①을 봅니다. 통계 분석을 한 회귀모형이 적합한가를 분석하는 값입니다 p-value가 .05보다 작으면 회귀모형이 적합하다고 해석합니다. p-value가 .05보다 크면 회귀모형에 문제가 있는 것이므로 회귀분석 자체가 성립되지 않

습니다. 이 분석에서는 p-value가 9.38e-10이므로 회귀모형이 적합합니다.

다음에는 ②를 봅니다. 계수(Coefficients)에서 Estimate는 회귀계수(β)를 의미합니다. 절편(Intercept)이 29.599855이고, disp는 -0.041215입니다. lm( ) 함수로 분석한 결과와 같습니다. 다음으로 Pr(>|t|)가 중요합니다. 이것은 유의수준을 의미합니다. disp의 유의수준은 9.38e-10으로 0.05보다 작기 때문에 귀무가설을 기각하고, 대립가설을 채택할 수 있습니다.

회귀식은 mpg=-0.04122 x disp+29.59985입니다. disp가 1단위 올라갈 때마다 mpg는 0.04122씩 감소하는 관계입니다. 절편은 의미가 없습니다.

9.38e-10 옆에 '***' 표시가 있습니다. ②를 보면 'Signif. codes: 0 '***' 0.001 '**' 0.01 '*' 0.05'라는 표시가 있습니다. 'Signif. codes'는 '유의수준 기호'입니다. '***'는 유의수준 0.001, '**'는 유의수준 0.01, '*'는 유의수준 0.05를 충족한다는 뜻입니다. 이 기호만 보면 유의수준 충족 정도를 쉽게 알 수 있어서 통계 분석표에서는 이 기호를 이용하는 것이 일반적입니다.

③에 있는 'R-squared'는 결정계수라고 합니다. 회귀모델의 추정된 회귀식이 관측된 데이터를 설명하고 있는 비율을 계수로 나타낸 것입니다. 결정계수는 상관계수(r)를 제곱한 수치이며 R^2(R-Squared)로 표시합니다. 결정계수는 0과 1 사이에 있습니다. 1에 가까울수록 추정된 회귀선을 충족하는 표본 데이터가 많아서 추정된 회귀선의 예측 정확도와 변수 관계 설명력이 높다는 것을 의미합니다. 0에 가까울수록 회귀식과 맞지 않는 데이터가 많고, 추정된 회귀선의 예측 정확도와 변수 관계 설명력이 낮습니다. 여기서는 결정계수가 0.7183이므로 높습니다. Adjusted R-squared는 '수정된 결정계수'입니다. 결정계수는 데이터와 독립변수가 많을수록 회귀식의 예측력과 무관하게 커지는 경향이 있어서 이를 보완한 결정계수입니다. 연구 결과에서는 수정된 결정계수를 밝히는 것이 일반적입니다. 이 분석에서 수정된 결정계수는 0.709입니다.

분석 결과는 다음과 같이 적으면 됩니다.

"회귀모형은 유의수준 $p < .001$에서 적합하며, 회귀식의 수정된 결정계수(R^2)는 .709이다. 배기량이 연비에 미치는 회귀계수(β)는 유의수준 $p < .001$에서 -0.04이다."

(2) 다중회귀분석

다중회귀분석은 종속변수에 영향을 주는 독립변수가 복수일 때 분석하는 방식입니다. 여러 독립변수들은 서로 영향을 주면서 종속변수에 영향을 주기 때문에 한 독립변수가 종속변수에 미치는 영향력은 단순회귀분석을 했을 때와 다중회귀분석을 했을 때에 달라집니다. 다중회귀분석에서는 단순회귀분석의 독립변수들을 '+' 기호로 연결합니다.

방법 1 lm(data=데이터세트, 종속변수~독립변수1+독립변수2+…)

방법 2 lm(종속변수 ~ 독립변수1+독립변수2+…, data=데이터세트)

방법 3 lm(데이터세트$종속변수 ~ 데이터세트$독립변수1 + 데이터세트$독립변수2 +…)

mtcars 데이터로 실습하겠습니다. mpg에는 disp(배기량) 이외에도 hp(마력)와 wt(중량)가 영향을 미칠 수 있습니다. 세 독립변수가 mpg에 어떤 영향을 주는지 알아보겠습니다.

```
lm(data=mtcars, mpg~disp+hp+wt)
# lm(mpg~disp+hp+wt, data=mtcars),
lm(mtcars$mpg~mtcars$disp+mtcars$hp+mtcars$wt)의 결과도 같음

Call:
lm(formula = mpg ~ disp + hp + wt, data = mtcars)
Coefficients: ①
(Intercept)       disp        hp         wt
  37.105505  -0.000937  -0.031157  -3.800891
```

①을 보면 세 독립변수의 회귀계수가 있습니다.

다중 회귀식은 mpg = 37.105505 - 0.000937 x disp - 0.031157 x hp - 3.800891 x wt입니다. 그러나 세 독립변수의 회귀계수에 대한 유의수준이 없어서 회귀계수가 유의미한지를 알 수 없습니다. summary( ) 함수로 유의수준을 비롯한 상세 결과를 알아보겠습니다.

```
RA <- lm(data=mtcars, mpg~disp+hp+wt) #회귀분석 결과를 RA에 넣기

summary(RA)
Call:
lm(formula = mpg ~ disp + hp + wt, data = mtcars)
Residuals:
   Min      1Q   Median      3Q     Max
 -3.891  -1.640   -0.172   1.061   5.861
Coefficients: ②
             Estimate   Std. Error  t value  Pr(>|t|)
(Intercept)  37.105505   2.110815   17.579   < 2e-16 ***
disp         -0.000937   0.010350   -0.091   0.92851
hp           -0.031157   0.011436   -2.724   0.01097 *
wt           -3.800891   1.066191   -3.565   0.00133 **
---
Signif. codes: 0 '***' 0.001 '**' 0.01 '*' 0.05 '.' 0.1 ' ' 1
Residual standard error: 2.639 on 28 degrees of freedom
Multiple R-squared: 0.8268,    Adjusted R-squared: 0.8083 ③
F-statistic: 44.57 on 3 and 28 DF, p-value: 8.65e-11 ①
```

①을 보면 p값은 8.65e-11로 유의수준 .001보다 작아 회귀모형은 적합합니다.

②를 보면 disp의 계수는 -0.000937, hp의 계수는 -0.031157, wt의 계수는 -3.800891입니다. Pr(>|t|)를 보면 disp의 유의수준(p)은 0.92851로 .05 이상($p > .05$)입니다. hp의 유의수준(p)은 0.01097로 .05 이하($p < .05$)입니다. wt의 유의수준(p)은 0.00133로 .01 이하($p < .01$)입니다. 유의수준 $p < .05$에서 hp와 wt는 허용되지만, disp는 허용되지 않습니다. 수치 옆에 있는 '*' 기호를 보면 쉽게 알 수 있습니다. disp에 '*'이 없는 것은 유의수준이 $p > .05$라는 뜻입니다.

disp는 mpg에 영향을 주지 않고, hp와 wt만 영향을 줍니다. hp가 1단위 증가하면 mpg는 0.031157씩 감소하고, wt가 1단위씩 증가하면 mpg는 3.800891씩 감소합니다. 앞의 단순회귀분석에서는 disp가 mpg에 정적인 영향을 주었는데, 다중회귀분석에서는 영향을 주지 않습니다. 이같이 같은 독립변수라도 분석 방법에 따라 영향력이 달라집니다.

③을 보면 수정된 결정계수(Adjusted R-squared)는 0.8083으로 높아서 회귀모델의 설명력이 높습니다. 이상의 결과를 토대로 다음과 같이 적습니다.

“회귀모형은 유의수준 $p < .001$에서 적합하며, 회귀식의 수정된 결정계수(R^2)는 .81이다. 3개 독립변수가 연비에 미치는 회귀계수(β)는 hp가 −0.03($p < .05$), wt가 −3.80($p < .01$)이었고, disp는 없었다. wt의 영향력이 가장 컸다.”

연습문제

1 R에 있는 iris 데이터세트에는 5개 변수가 있습니다. 3종류의 붓꽃 이름이 들어 있는 Species 변수에서 setosa, versicolor만 선택해서 iris1에 입력합니다. 그리고 두 종류의 Sepal.Length 평균이 통계적으로 차이가 있는가를 검정하세요.

2 ggplot2 패키지에 있는 diamonds 데이터세트를 객체 diamonds에 입력하세요. diamonds의 cut 변수와 color 변수는 범주형입니다. cut 범주별로 color 범주의 비율이 통계적으로 차이가 있는지를 분석하세요. 차이가 있으면 비율을 구해서 차이를 해석해보세요.

3 diamonds의 carat 변수와 price 변수가 상관관계가 있는지를 알아보세요. 두 변수 모두 비율척도입니다.

4 R에 내장된 cars 데이터세트는 자동차 스피드와 제동거리에 관한 데이터입니다. 스피드가 제동거리에 어떤 영향을 주는지 알아보세요.

5 diamonds에서 carat, depth가 price에 미치는 영향력을 알아보세요.

해답은 뒤에 (p. 354)

9장

그래프 그리기

데이터 분석 결과를 그래프로 나타내는 방법을 살펴봅니다.

1 기본 지식

데이터 분석 결과를 문자로 설명하는 것보다 그래프로 특징을 간략하게 표현하면 쉽게 전달할 수 있습니다. 경제와 같이 숫자를 많이 쓰는 분야에서는 예전부터 내용을 쉽게 이해할 수 있도록 그래프를 보조 도구로 많이 이용해왔습니다. 그러나 데이터 분석에서는 시각화 자료가 보조 수단이 아니라 그 자체로 중요한 정보가 되었습니다.

데이터 분석에서 그래프를 그리는 목적은 크게 2가지입니다. 첫 번째는 분석하는 데이터의 특징을 탐색적으로 알아보기 위해 간략하게 그리는 경우입니다. 이 작업으로 데이터의 특징과 분석 내용을 가늠해보는 동시에 새로운 사실도 알 수 있습니다. 두 번째는 데이터 분석 결과를 보고서에 싣기 위해서 정교한 그래프를 그리는 경우입니다.

그래프의 종류는 변수의 개수와 속성에 따라 다양합니다. 변수가 1개이면서 연속형 데이터이면 히스토그램과 상자그림이 가능합니다. 범주형 데이터이면 막대그래프와 원그래프를 그릴 수 있습니다. 변수가 2개 이상이면서 연속형 데이터이면 산점도, 선그래프, 시계열 그래프를 그릴 수 있습니다.

R은 우수한 그래프를 쉽게 그릴 수 있는 기능을 제공합니다. R이 제공하는 plot( ) 계통의 함수들을 이용해 빠르고 간편하게 그래프를 그릴 수 있습니다. plot( ) 계통의 함수들은 탐색적으로 자료의 특징을 알아볼 때 유용하며, 정교하게 그래프를 그릴 때는 ggplot2 패키지가 유용합니다.

그래프를 그린 후에는 그래프의 이미지 파일을 간단히 내려받을 수 있습니다. R에서 그려진 그래프는 오른쪽 하단의 플롯창(Plots)에 나타납니다. 플롯창 아래 돋보기 모양의 아이콘이 있는 Zoom 메뉴를 클릭하면 그림의 크기를 조절할 수 있습니다. Export 메뉴를 클릭하면 그림 파일을 Image 또는 PDF 파일 형태로 저장하거나 클립보드에 복사해 놓을 수 있습니다.

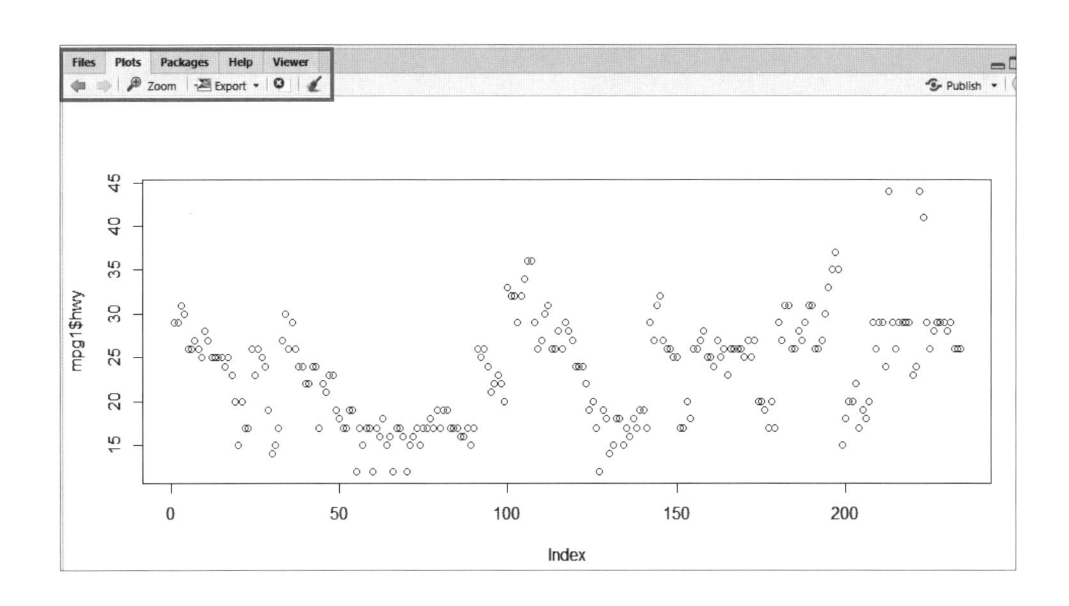

R 제공 그래프 함수: plot( ), barplot( ), hist( ), boxplot( )

1) plot( ) 함수

plot( )은 2개의 좌표로 표시된 데이터를 그래프로 그리는 함수입니다. x축, y축으로 그려진 평면에 점으로 데이터의 위치를 표시하는 산점도(scatter plot)를 표현할 때 많이 이용됩니다. plot( )은 변수의 개수와 형식에 맞춰서 다양한 모습으로 그래프를 그려주기 때문에 널리 이용됩니다.

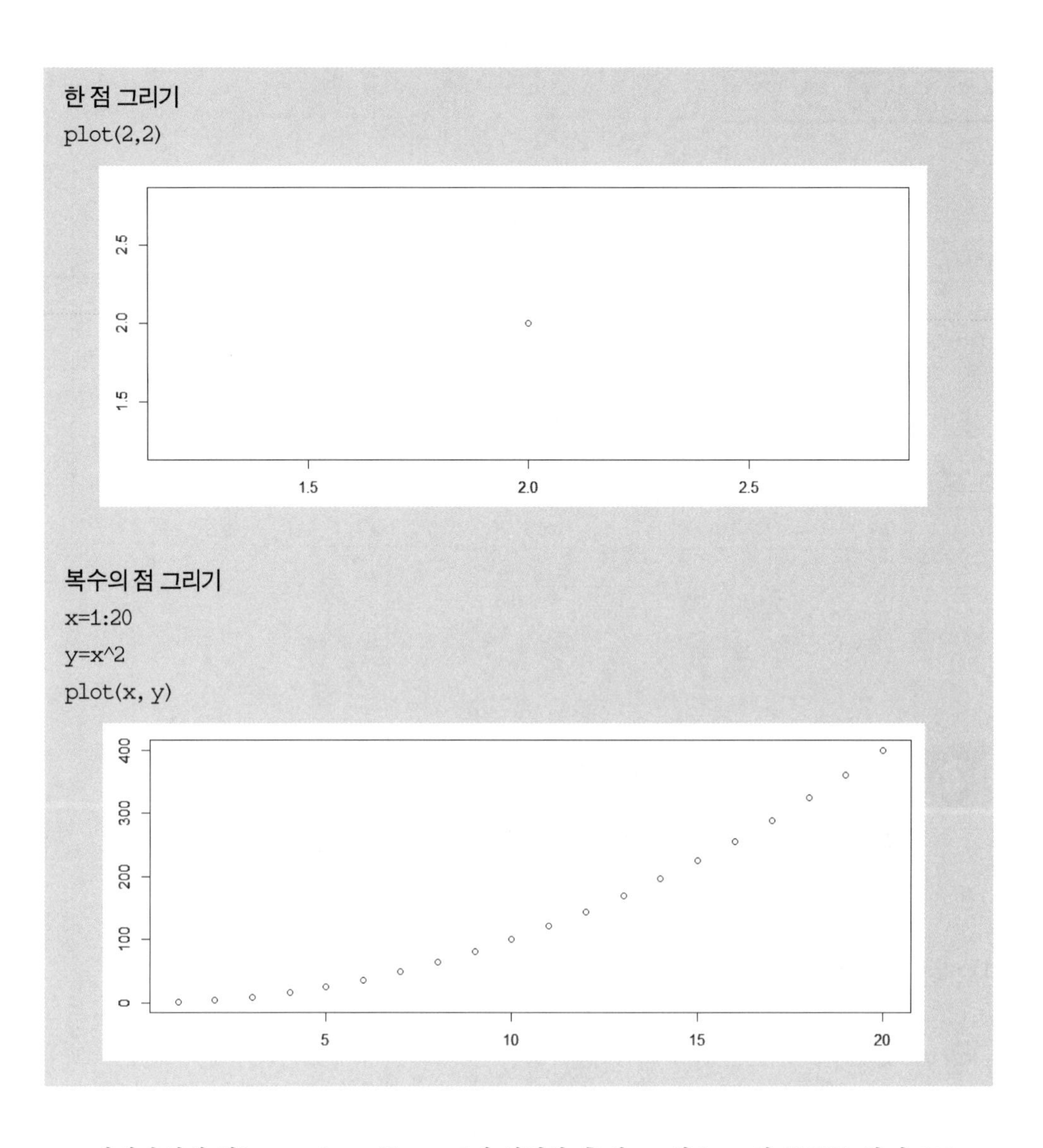

예제파일에 있는 mpg1.csv를 mpg1에 입력한 후에 cty와 hwy의 분포를 산점도로 그려보겠습니다. cty는 도시에서의 1갤런당 주행거리, hwy는 고속도로에서의 1갤런당 주행거리입니다. 변수 1개로 산점도를 그리면 데이터의 분포를 보여줍니다. plot(mpg1$cty)로 cty의 분포를 알아봅니다.

변수 2개로 산점도를 그리면 두 변수의 관계를 알 수 있습니다. plot(mpg1$cty, mpg1$hwy)를 하면 cty와 hwy의 분포가 그려집니다. 두 변수는 cty가 높아지면 hwy도 높아지는 관계입니다.

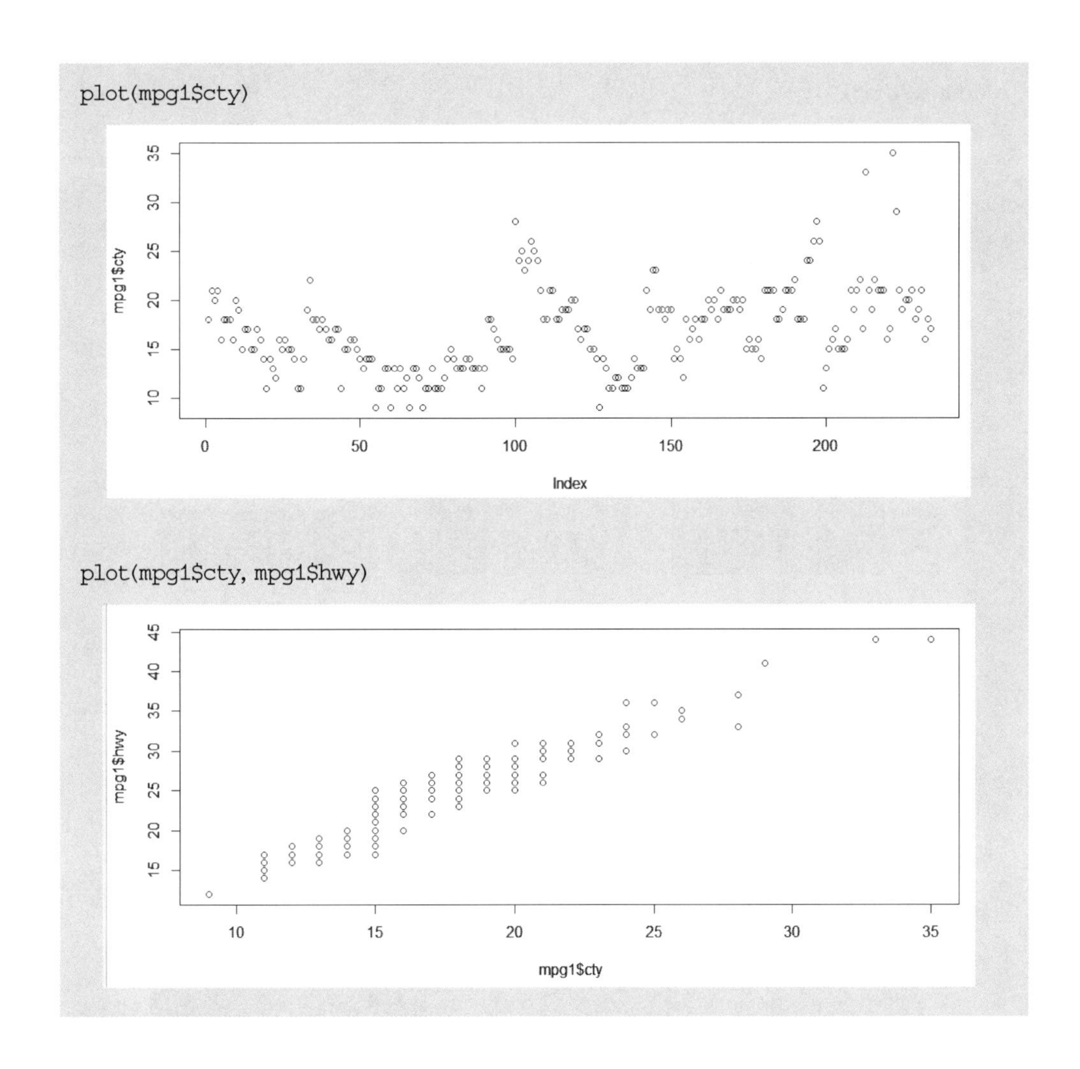

2) barplot( )

barplot( )은 명목형 변수의 빈도를 막대그래프로 그릴 때 사용합니다. mpg1에 있는 drv(구동방식)의 종류별 빈도에 따른 막대그래프를 그려보겠습니다. drv는 명목형 변수이며, 종류는 4, f, r 등 3개입니다.

그래프를 그리기 위해서는 table( ) 함수로 drv의 범주별 빈도수를 구한 후에 이를 근거로 그래프를 그려야 합니다. 그래프에 들어갈 막대의 수가 많아 막대를 가로로 눕혀서 그리고 싶을 때는 'horiz=T'라는 명령을 주면 됩니다. 'horiz'는 수평을 뜻하는 'horizontal'을 줄인 말입니다.

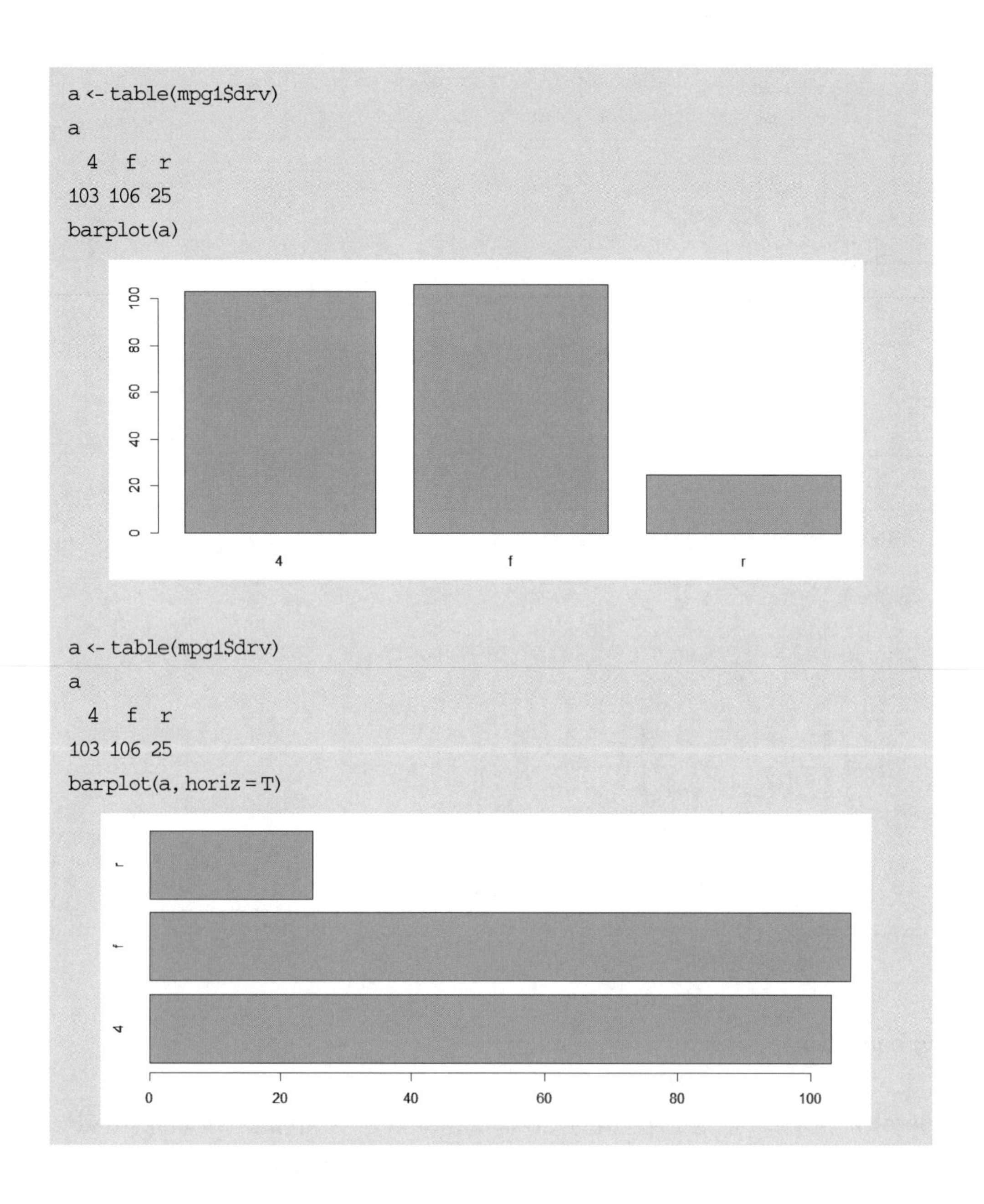

3) hist( ) 함수

hist( ) 함수는 히스토그램(histogram)을 그리는 그래프입니다. 히스토그램은 도수 분포도입니다. barplot( ) 함수는 X축에 명목형 변수를 두고 변수의 빈도수를 그림으로 그리지만, hist( ) 함수에서는 X축이 수치형 연속형 변수이어야 합니다. 연속형 변수는 실수형 벡터 또는 정수형 벡터입니다. 연속된 숫자를 정해진 구간으로 자른 후에 구간에 들어가 있는 데이터의 빈도수를 세어서 그래프로 그리는 것입니다.

그래프는 막대형입니다. barplot( ) 함수에서는 변수가 명목형이어서 막대그래프가 떨어져 있지만, hist( ) 함수에서는 연속형 변수이기 때문에 막대그래프가 붙어 있습니다. 히스토그램을 만들기 위해서는 우선 연속형 변수의 구간 크기를 정해야 합니다. 구간 크기에 따라 막대그래프의 수가 달라집니다. 구간의 크기를 바꿔가면서 다양한 해석을 할 수 있습니다. 히스토그램을 그릴 때는 구간을 몇 개로 나누는가가 매우 중요합니다. 구간 수가 너무 적으면 데이터의 분포를 파악하기 힘들고, 너무 많으면 그래프의 값이 중간중간 빠져 있는 모양이 되어서 그림 모양이 좋지 않고 분석에도 부적합합니다.

mpg1에 있는 cty의 히스토그램을 그려보겠습니다. 구간 설정 조건을 부여하지 않으면 hist( ) 함수가 정해진 기준에 의해 구분을 합니다. 'breaks=' 파라미터를 이용하면 나누려는 구간의 수를 결정할 수 있습니다.

hist(mpg1$cty)로 하면 6개 구간으로 구분되며 cty가 10~15, 15~20인 자동차의 빈도가 가장 많은 것으로 나타납니다. hist(mpg1$cty, breaks=20)로 20개 구간으로 구분하면 cty의 구간별 자동차 빈도수를 더 상세하게 알 수 있습니다. cty가 17~18인 구간이 가장 많고, 14~15 구간이 두 번째로 많습니다. 19~20 구간은 적습니다.

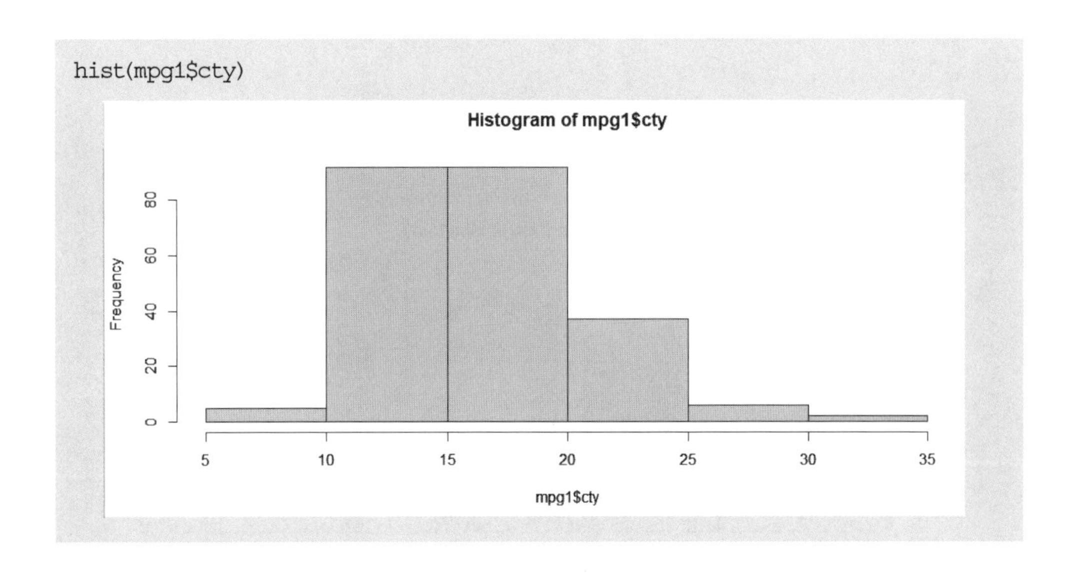

```
hist(mpg1$cty,breaks = 20)
```

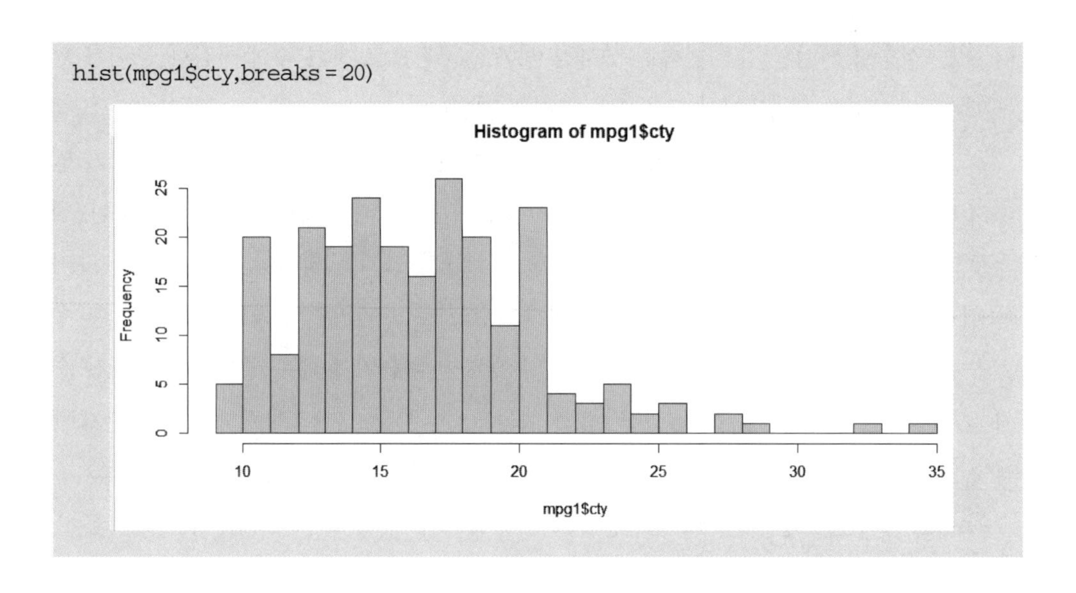

hist( ) 함수에 'prob=T'라는 파라미터를 넣으면 빈도수를 기준으로 확률밀도를 구해서 그래프를 그릴 수 있습니다. hist(mpg1$cty, breaks=20, prob=T)를 하면 Y축에 빈도수 대신에 확률밀도가 표시됩니다. 구간별 빈도수가 전체 1을 기준으로 차지하는 확률을 알 수 있습니다. cty가 가장 많은 19~20 구간은 전체의 약 0.12를 차지하고 있습니다.

lines(density(mpg1$cty)) 함수를 추가하면 확률밀도 히스토그램에 확률밀도를 기반으로 추세선을 그릴 수 있습니다. 'density'는 밀도를 의미하며 lines( )는 그림을 그리는 함수입니다.

```
hist(mpg1$cty, breaks = 20, prob=T)
```

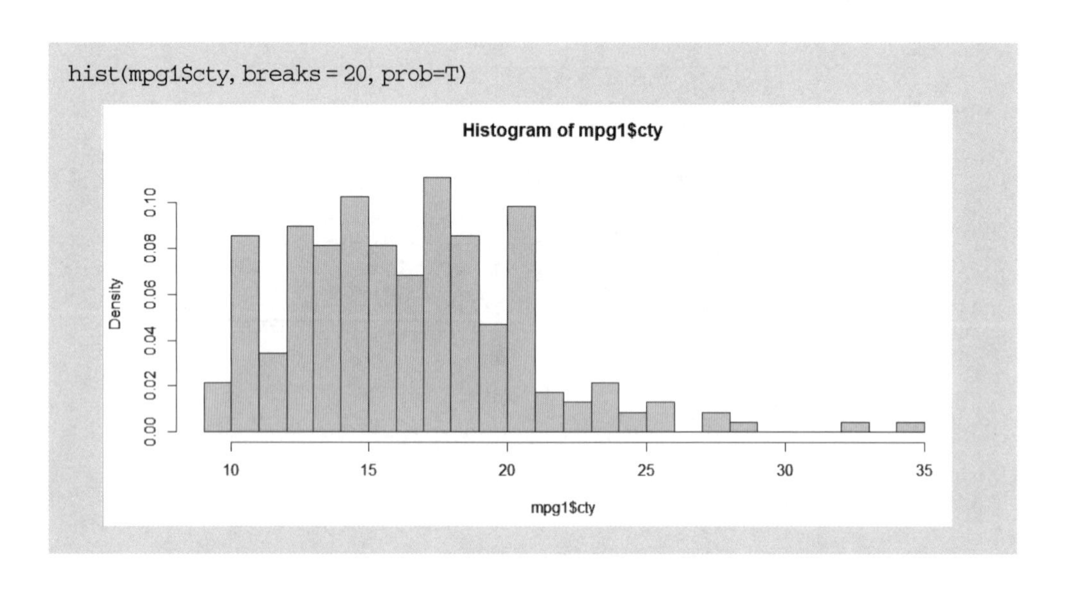

```
hist(mpg1$cty,breaks = 20, prob=T)
lines(density(mpg1$cty))
```

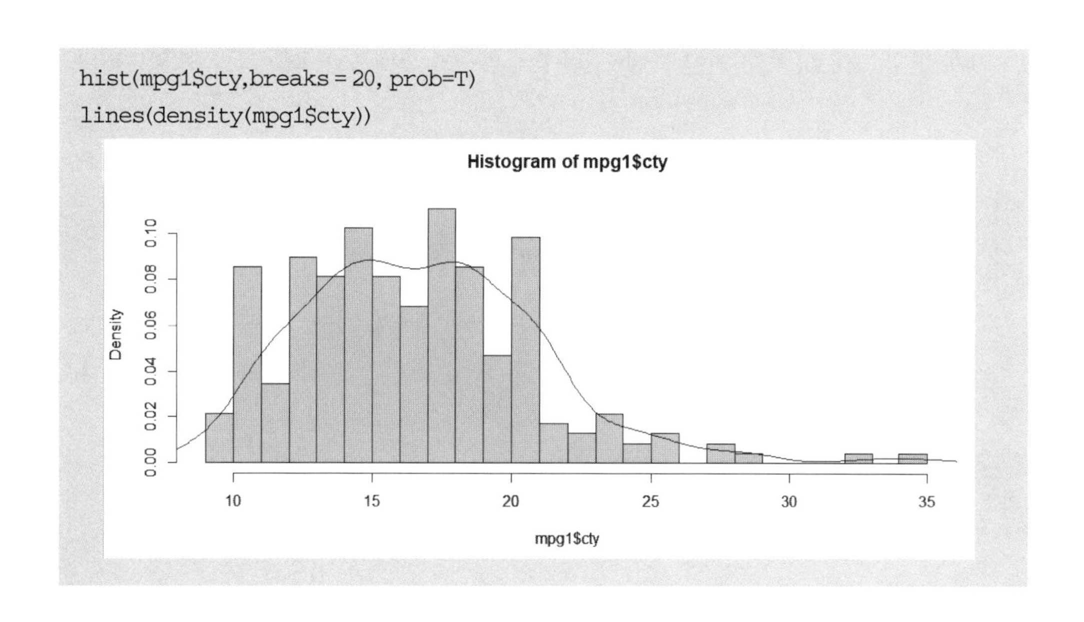

4) boxplot( ) 함수

boxplot( )은 하위 경계값, 1사분위수(25%), 2사분위수(50%값, 중앙값), 3사분위수(75%), 상위 경계값으로 데이터의 특성과 극단치 유무를 상자그림 형태로 보여주는 함수입니다.

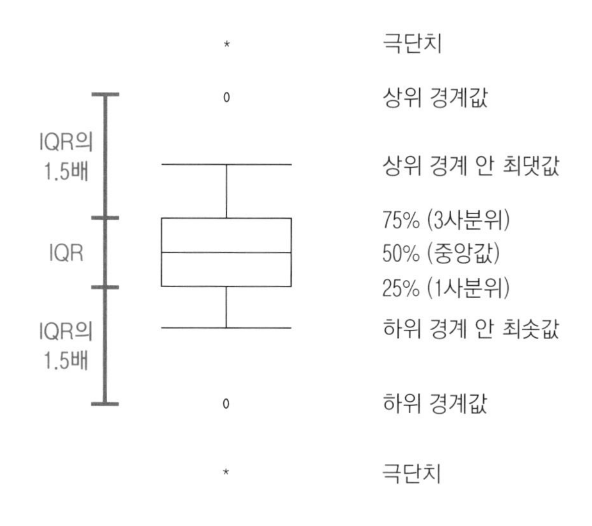

[그림 9-1] boxplot

1개 변수 그래프, 복수 변수 그래프, 변수의 범주별 그래프를 모두 그릴 수 있습니다.

- 1개 변수 그래프: boxplot(데이터세트$변수)
- 복수 변수 그래프: boxplot(데이터세트$변수1, 데이터세트$변수2, …)
- 변수의 범주별 그래프: boxplot(데이터세트$독립변수~데이터세트$변수2, …)

mpg1의 cty, cty와 hwy, drv의 3개 범주별 cty 분포를 그래프로 나타내보겠습니다.

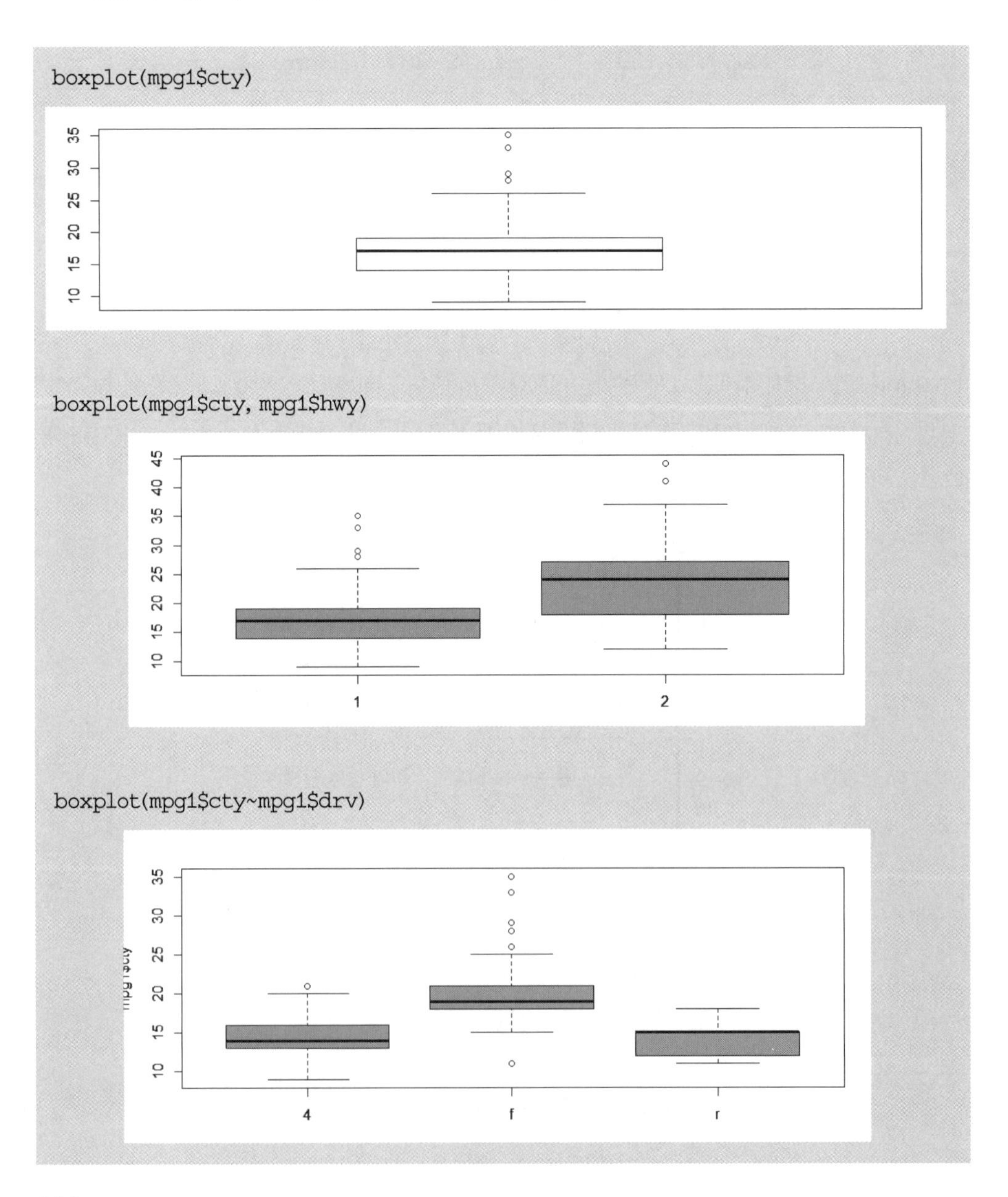

그래프에 있는 5개 통계값은 boxplot(데이터세트$변수)$stats로 구할 수 있습니다. 상세한 내용은 8장의 극단치 부분에서 설명했으니 참조하기 바랍니다(p. 164).

3 ggplot 그래프

1) 기본 개념

ggplot2는 그래프를 지원하는 패키지입니다. ggplot2로 그리는 그래프는 한꺼번에 그리는 것이 아니라, 전체 그림의 일부를 투명한 그림판에 나누어서 그린 후에 그림판을 겹쳐서 완성하는 형태입니다. 그림판을 레이어(layer)라고 합니다. 그래프에 필수적으로 요구되는 그림판 이외에도 새로운 그림판을 계속 위에다 덧씌우는 방식으로 그래프의 완성도를 높일 수 있습니다. 이처럼 그림 모양을 쉽게 변경하고 다양하게 그릴 수 있기 때문에 분석 결과를 나타내는 데 매우 유용하게 이용할 수 있습니다.

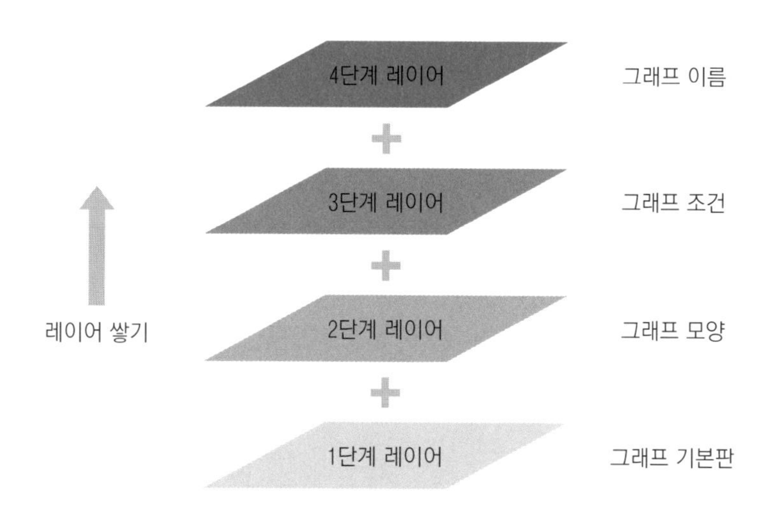

[그림 9-2] ggplot2 구조

ggplot2를 이용하기 위해서는 install.packages("ggplot2")로 설치하고, library(ggplot2)로 구동해야 합니다.

```
install.packages("ggplot2")
library(ggplot2)
```

ggplot2는 기본적으로 ggplot( ) 함수와 geom_계열( ) 함수로 구성됩니다.

ggplot( ) 함수는 그래프 배경과 미적 속성을 지정합니다. ggplot(data=데이터세트 이름, aes(x=, y=)) 방식으로 씁니다. aes( ) 함수는 데이터를 토대로 그래프 배경의 변수와 축, 그림 크기, 형태, 색상 등 그래프의 전체 미적 속성을 정합니다. 그래프의 큰 그림을 정하기 때문에 매핑(mapping)이라고 합니다. aes는 미학을 뜻하는 aesthetic을 줄인 말입니다.

geom_계열( )은 기하객체함수입니다. 점, 선, 막대 등의 그래프 형태를 설정합니다. 점, 선 등을 기하객체(geometric object)라고 합니다. geom은 이를 줄인 것입니다. geom_계열( ) 함수에는 산점도를 그리는 geom_point( ), 막대를 그리는 geom_col( )과 geom_bar( ), 선을 그리는 geom_line( ), 상자그림을 그리는 geom_boxplot( ) 등이 있습니다.

그래프를 그릴 때는 ggplot( ) 함수와 geom_계열( ) 함수를 '+'로 연결합니다. ggplot2의 최대 장점은 필요한 시각화 함수를 '+'로 손쉽게 추가해서 연결할 수 있다는 점입니다.

```
ggplot(data= , aes(x=, y= )) +geom_계열() + ··· + ··· 추가
```

2) 그래프 그리기

(1) 산점도 그리기: geom_point( )

ggplot2 패키지에 있는 데이터세트 diamonds를 불러와서 실습합니다. diamonds의 carat 변수에 따른 price의 분포를 알아보기 위해 x축을 carat으로, y축을 price로 하는 산점도를 그려보겠습니다.

1단계로 ggplot(data=diamonds, aes(x=carat, y=price))를 입력합니다. 이는 "diamonds 데이터를 이용해서 x축이 carat, y축이 price인 그래프의 배경 그림을 그려줘"라는 의미입니다. 2단계로 산점도를 그리는 함수 geom_point( )를 '+'로 연결합니다.

산점도를 통해 carat이 커질수록 가격이 급격하게 올라가는 것을 알 수 있습니다.

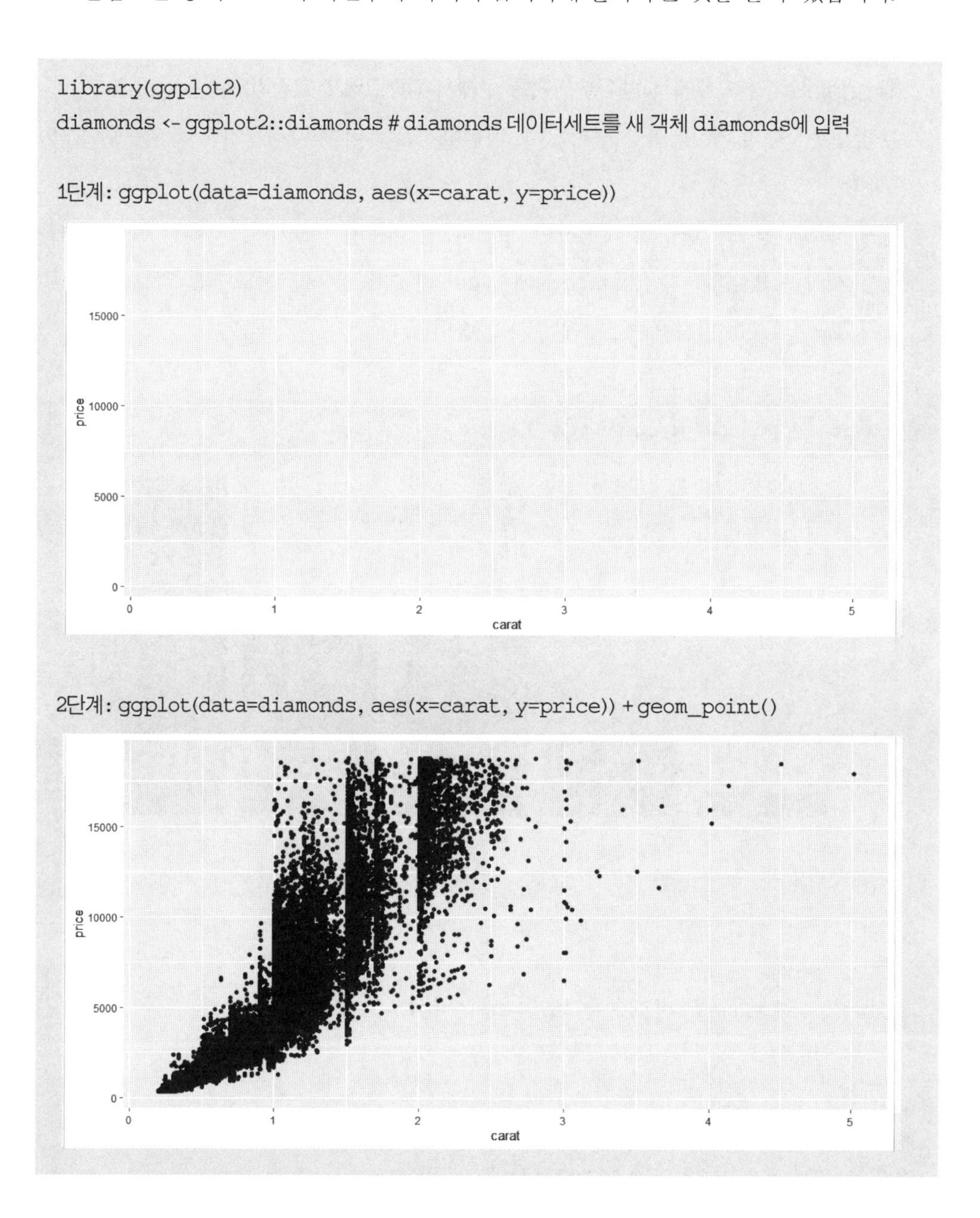

(2) 막대그래프 그리기

막대그래프를 그리는 방법은 2가지가 있습니다. ① ggplot2가 원자료에서 범주별 크기를 구해서 그 크기를 막대로 그리는 방법, ② 범주별 크기가 지정된 상태에서 막대그래프를 그리는 방법입니다. 두 방법에 따라 사용하는 geom_계열( ) 함수가 다릅니다.

① ggplot2가 원자료에서 범주별 크기를 구해서 막대그래프 그리기: geom_bar( )

이 방법은 y축의 데이터를 지정하느냐, 지정하지 않느냐에 따라 2가지로 구분할 수 있습니다.

첫째, x축에 범주형 변수만 지정하면 ggplot2가 범주별 빈도수를 구해서 막대그래프로 표시하는 방법입니다. diamonds에서 cut 변수의 범주별 빈도수를 막대그래프로 그리겠습니다. cut 변수에는 5개 범주가 있습니다.

```
ggplot(diamonds, aes(x=cut))+geom_bar()
```

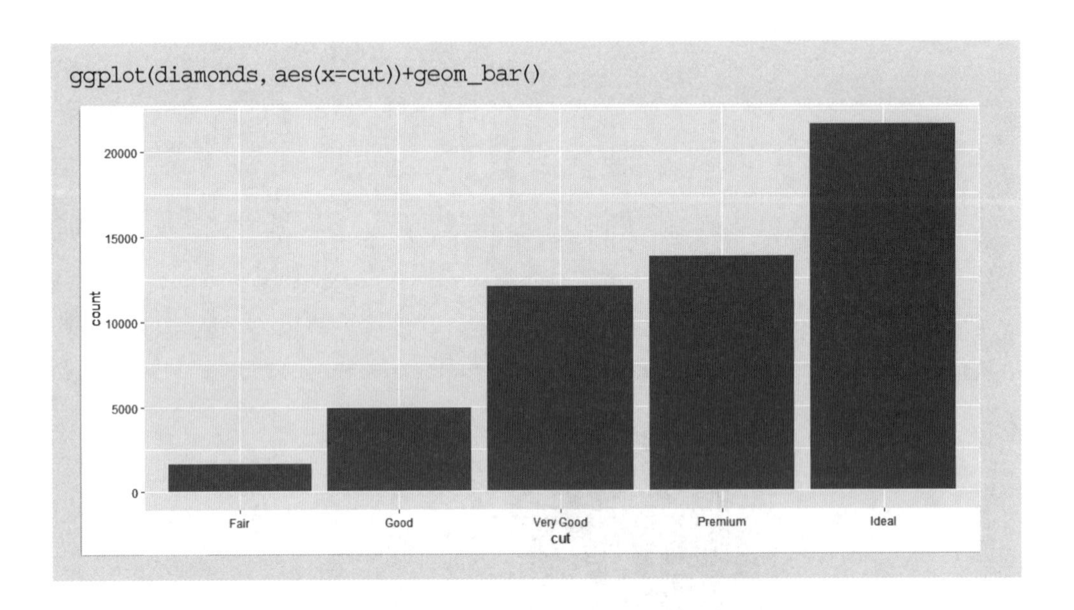

table( ) 함수로 cut별 빈도수를 보면 다음과 같습니다.

```
table(diamonds$cut)
Fair   Good Very Good  Premium  Ideal
 1610   4906     12082    13791  21551
```

이것을 막대그래프로 나타낸 것이 위의 그림입니다. x축에는 축의 이름으로 cut이 있고, 5개의 범주가 있습니다. y축의 이름은 'count'입니다. 5개 범주별 빈도수이기 때문에 ggplot( )이 자동으로 이렇게 붙였습니다.

두 번째는 x축에 범주형 변수, y축에 연속형 변수를 지정하는 방식입니다. 그러면 x축 범주별로 연속형 데이터의 합을 막대그래프로 표시합니다. 이때 geom_bar( ) 안에 stat="identity"를 입력해야 합니다. stat은 통계를 의미하는 영어단어 statistic의 약자입니다. 주어진 데이터에서 geom_계열( ) 함수에 필요한 데이터를 생성하는 역할을 합니다. stat="identity"는 'y축 높이를 데이터의 값으로 표시하는 그래프 형태로 지정한다'는 의미입니다. 첫 번째 방식처럼 x축의 값만 지정할 때는 stat="identity"를 입력하지 않아도 됩니다. 초기 설정값(default)이 stat="identity"로 지정되어 있어서 자동으로 처리됩니다.

diamonds를 이용해서 x축에는 cut, y축에는 cut별 price의 합을 표시하는 막대그래프를 그려보겠습니다. 앞서 말했듯이 geom_bar( ) 안에는 stat="identity"를 입력해야 합니다.

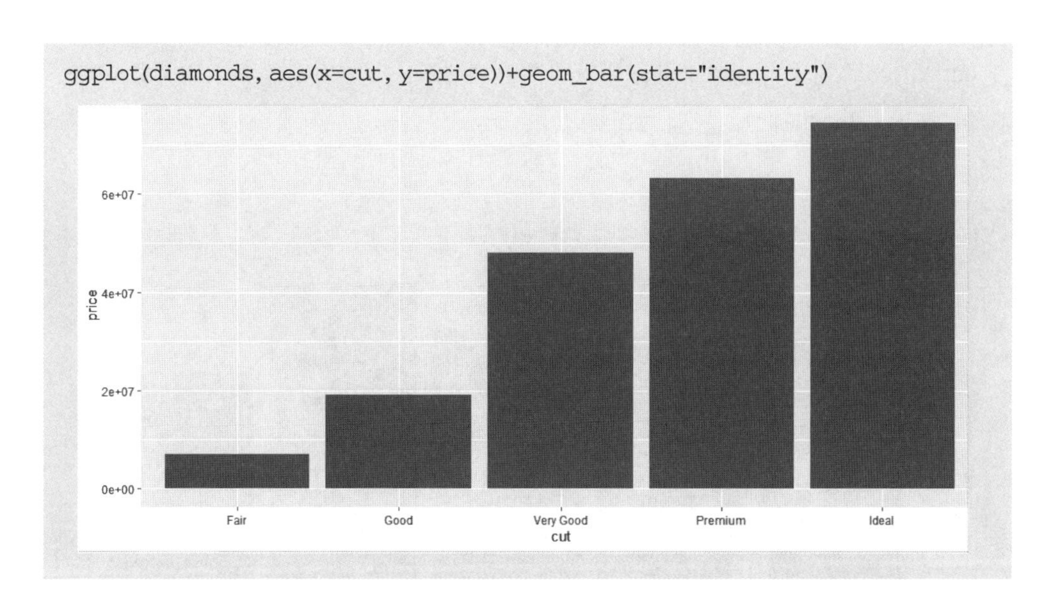

x축에는 cut, y축에는 price가 표시되었습니다. y축을 보면 'e+07'이라는 표시가 있습니다. 공학적 방식으로 지수(e)를 표시한 겁니다. 'e+07'은 '10의 7승', 즉 '10^7'을 의미합니다. 부호가 '-'로 바뀌어 'e-07'이면 '$1/10^7$'을 뜻합니다.

② 범주별로 정해진 값을 토대로 막대그래프 그리기: geom_col( )

범주별로 값이 정해져 있는 데이터를 토대로 막대그래프를 그릴 때는 geom_col( )을 이용합니다. 먼저 diamonds에 있는 cut의 범주별 가격의 평균을 구해서 새로운 객체 cut_price에 넣습니다. 평균가격 변수의 이름은 mean_price입니다.

```
# cut 범주별 평균 가격 구하기
cut_price <- diamonds %>%
  group_by(cut) %>% # cut 범주별로 데이터 분류
  summarise(mean_price=mean(price)) # cut의 범주별 평균가격 구하기

cut_price      # cut의 범주별 평균가격
 cut         mean_price
1 Fair            4359.
2 Good            3929.
3 Very Good       3982.
4 Premium         4584.
5 Ideal           3458.
```

cut_price로 범주별 평균가격을 나타낸 막대그래프를 그립니다. y축을 기준으로 범주별 평균가격이 막대그래프로 그려집니다.

```
ggplot(data=cut_price, aes(x=cut, y=mean_price)) + geom_col()
```

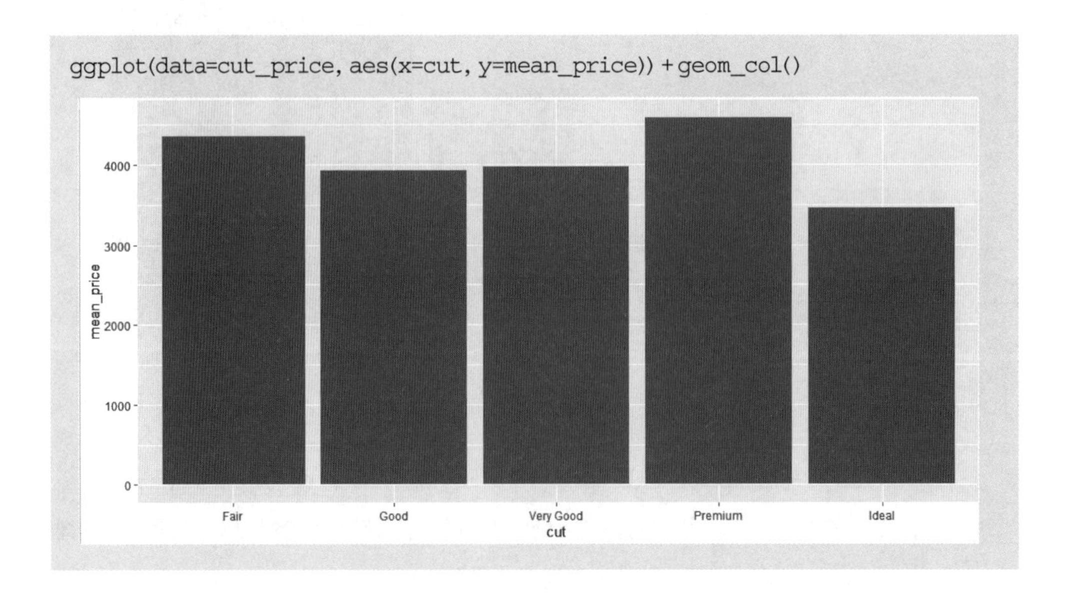

(3) 히스토그램 그리기: geom_histogram( )

x축에 변수를 지정하고, 변수의 구간을 정해서 구간별로 연결된 히스토그램을 그리는 것입니다. 히스토그램은 구간별 빈도수를 그린 막대그래프를 연결한 형태입니다. 변수는 1개이며, 연속형 변수이어야 합니다.

diamonds에서 실수형 변수인 carat으로 히스토그램을 그려봅니다.

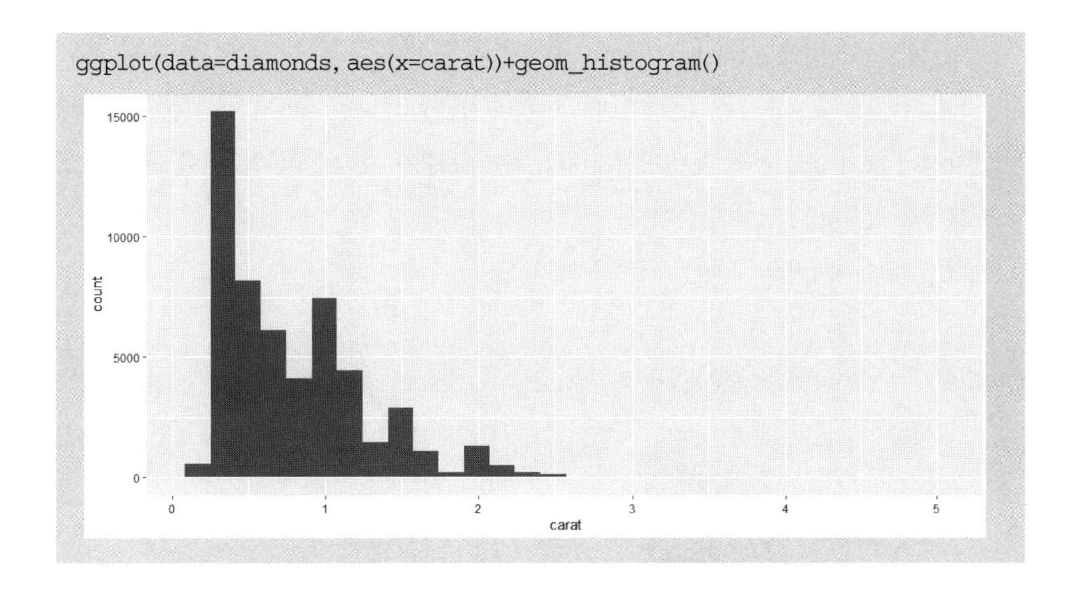

그래프의 모양은 carat을 구분하는 구간의 크기를 조정해서 변경할 수 있습니다. ggplot( )+geom_histogram( )은 다른 명령이 없으면 기본적으로 x축을 30개 구간으로 나눕니다. R에는 "using 'bins=30'."이라는 문구가 뜹니다. 그런데 구간의 크기를 이보다 크게 하거나 작게 해야 할 때가 있습니다. 이런 경우 geom_histogram( ) 안에 'binwidth='라는 파라미터를 넣으면 구간 크기를 지정할 수 있습니다. geom_histogram(binwidth=0.1)을 하면 0.1씩 구간이 구분됩니다.

적정한 구간의 크기를 알기 위해서는 디폴트로 정해져 있는 30개 구간의 1개 구간 크기를 알아야 합니다. 그러면 이를 토대로 구간 크기를 조정하면서 히스토그램의 모양을 본 후에 구간 크기를 결정할 수 있습니다. diamonds의 carat 변수를 30개 구간으로 나눌 경우, 1개 구간의 크기는 carat의 전체 범위를 30으로 나누면 알 수 있습니다.

```
range(diamonds$carat)
[1] 0.20 5.01

(5.01-0.2)/30
[1] 0.1603333
```

1개 구간의 크기는 0.1603333입니다. 이보다 클수록 히스토그램이 두리뭉실해지고, 작을수록 정교해집니다. 구간 크기가 너무 작으면 그래프의 중간중간이 비어 오히려 그래프의 모양이 좋지 않고 분석도 어려워집니다. 따라서 구간 크기를 조정하면서 적절한 그래프 모양을 결정하는 것이 좋습니다.

구간 크기를 1과 0.01로 해서 그려보겠습니다.

```
ggplot(data=diamonds,aes(x=carat)) +
geom_histogram(binwidth = 1)
```

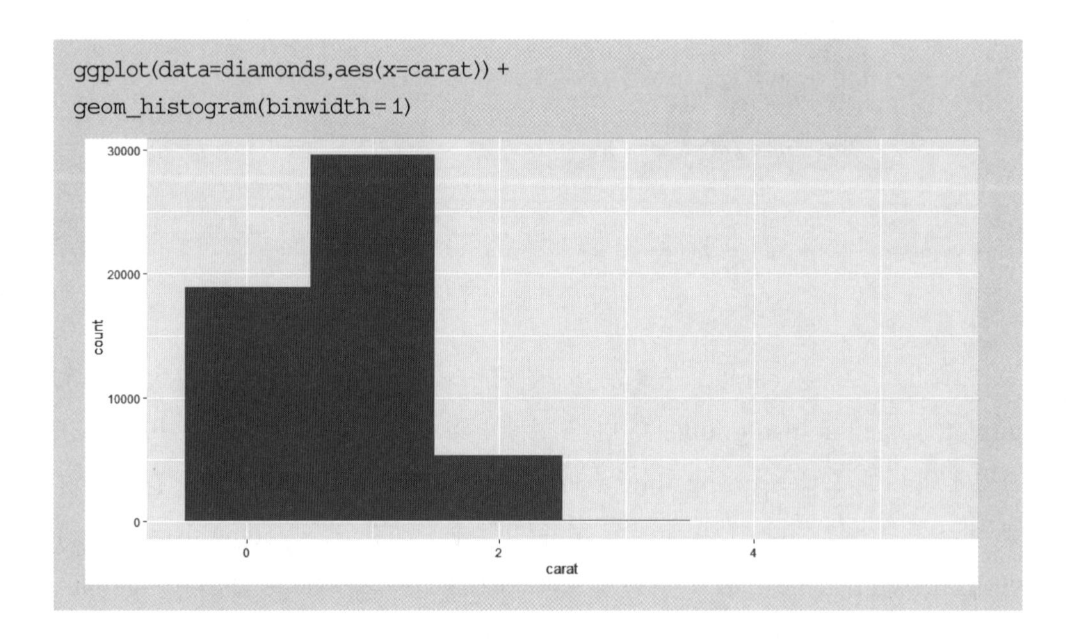

```
ggplot(data=diamonds,aes(x=carat))+
geom_histogram(binwidth = 0.01)
```

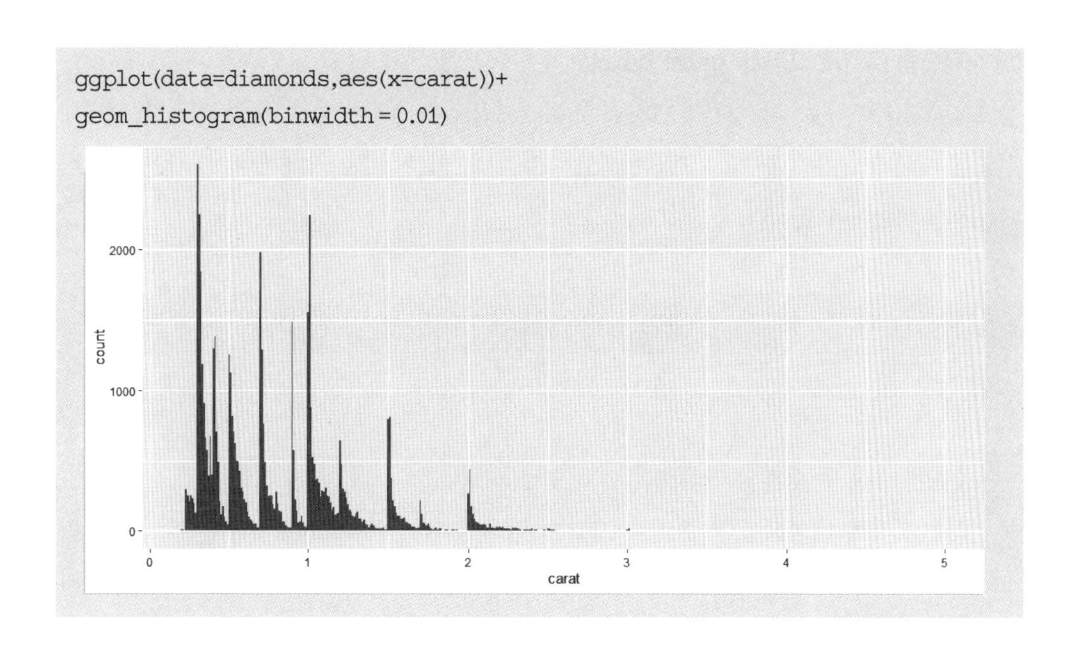

(4) 커널 밀도 곡선: geom_density( )

히스토그램은 빈도로 그리기 때문에 그림이 계단식입니다. 이것을 곡선으로 그리는 것이 커널 밀도 곡선(kernel density curve)입니다. 이 곡선은 확률을 토대로 그려집니다. 확률의 합은 1입니다. 앞에서 diamonds의 carat을 기준으로 그린 히스토그램을 커널 밀도 곡선으로 그려보겠습니다. geom_density( )를 '+'로 연결하면 됩니다.

```
ggplot(data=diamonds, aes(x=carat))+ geom_density()
```

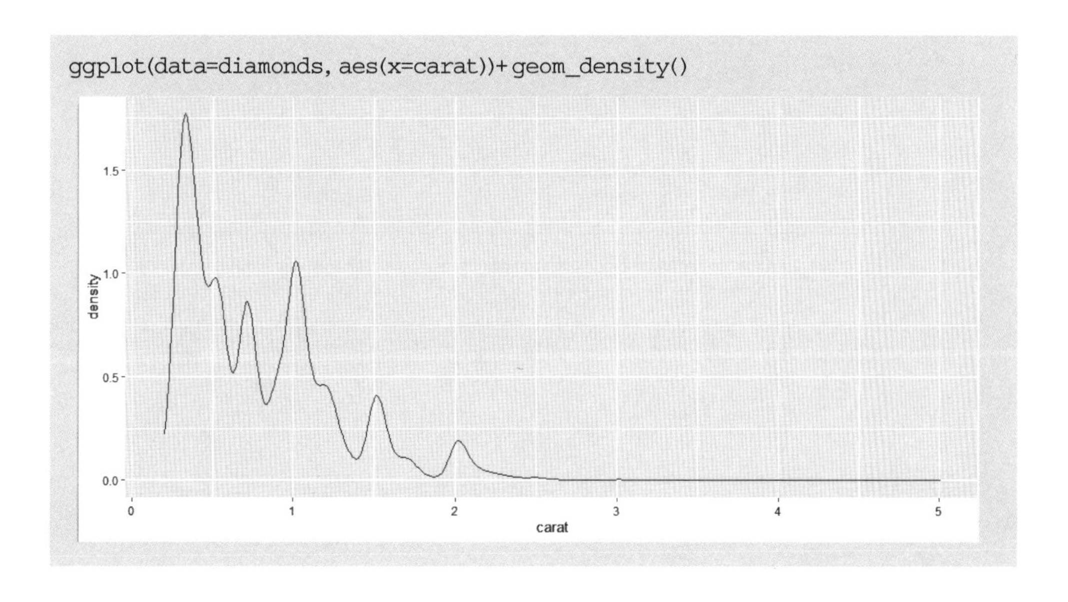

(5) 상자그림 그래프 그리기: geom_boxplot( )

상자그림 그래프는 하위 경계값, 1사분위수, 2사분위수, 3사분위수, 상위 경계값 등 5개 수치로 데이터의 특성을 상자그림 형태로 그립니다. 기준변수는 1개이며, 분석하는 데이터는 연속형이어야 합니다.

```
ggplot(data=, aes(x=변수, y=변수))+geom_boxplot()
```

경우에 따라 두 형태의 그래프를 그릴 수 있습니다.

첫째는 전체 데이터를 기준으로 그리는 경우입니다. diamonds에서 전체 데이터의 price 변수에 대해 상자그림을 그립니다. x축에는 지정할 변수가 없기 때문에 'x='에 임의의 값을 부여해야 합니다. 통상 '1'을 부여합니다. 그리고 'y=price'를 지정합니다. 아래 그래프의 상자그림 위에 있는 선에서 검게 칠해진 점들은 경계값을 벗어난 극단치입니다. 다이아몬드 가격에는 극단치가 많은 것을 알 수 있습니다.

```
ggplot(data=diamonds,aes(x=1, y=price)) + geom_boxplot()
```

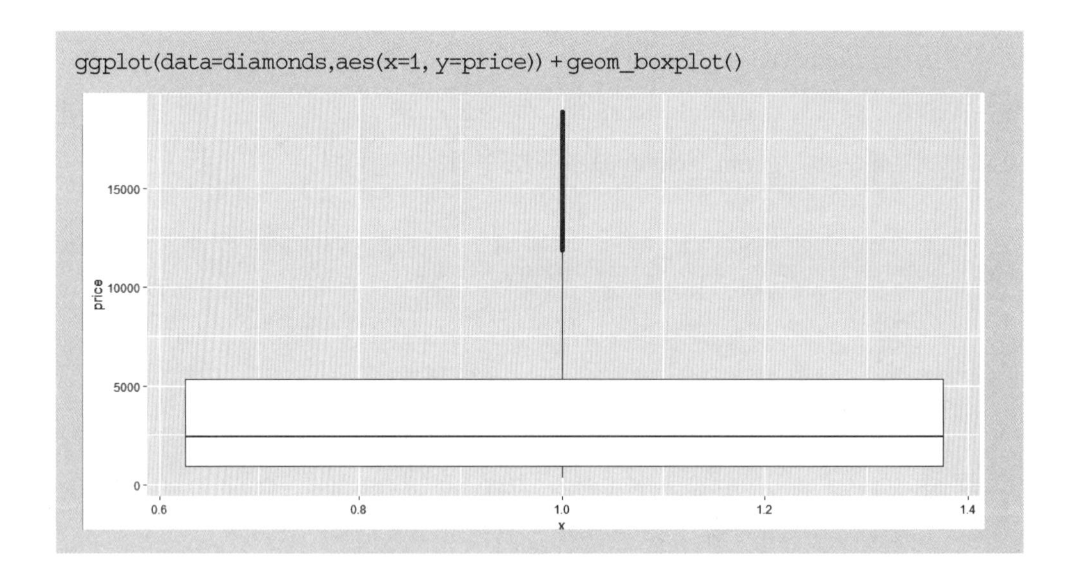

두 번째는 범주형 변수를 기준으로 범주별로 price의 상자그림을 볼 수 있습니다. 'x='에 범주형 변수의 이름을 지정하면 됩니다. cut별로 price의 상자그림을 그리면 다음과 같습니다.

```
ggplot(data=diamonds,aes(x=cut, y=price)) + geom_boxplot()
```

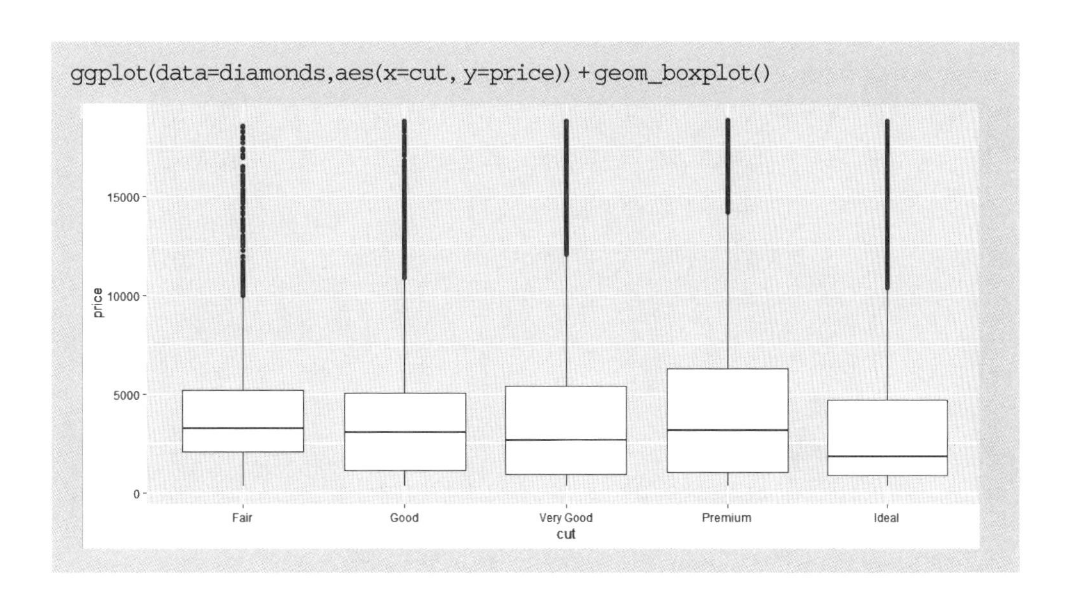

(6) 선그래프 그리기: geom_line( )

geom_line( )은 x축의 값이 연속적으로 변화하는 모습을 선으로 보여주는 그래프입니다. x축은 시간, 연령 등 연속형 데이터이어야 합니다. x축이 시간이면 y축은 시간의 변화에 따라 데이터의 양이 변화하는 시계열 그래프(time series graph)가 됩니다.

R에 내장되어 있는 cars 데이터세트로 실습해보겠습니다. help(cars)를 하면 cars의 내용을 알 수 있습니다. cars는 1920년대에 기록된 자동차 주행속도와 제동거리에 관한 자료입니다. 2개 변인에 50개 자료가 있습니다. 2개 변인은 speed와 dist입니다. speed는 시간당 마일이며, dist는 피트(ft)로 측정된 제동거리입니다. 두 변수 모두 실수형 데이터입니다.

```
str(cars)
'data.frame':  50 obs. of 2 variables:
$ speed: num 4 4 7 7 8 9 10 10 10 11 ...
$ dist : num 2 10 4 22 16 10 18 26 34 17 ...
```

속도(speed)에 따른 제동거리(dist)를 선으로 그리는 것이므로 x축을 speed로 하고, y축을 dist로 한 그래프를 그립니다. speed가 커질수록 dist가 길어지는 것을 알 수 있습니다.

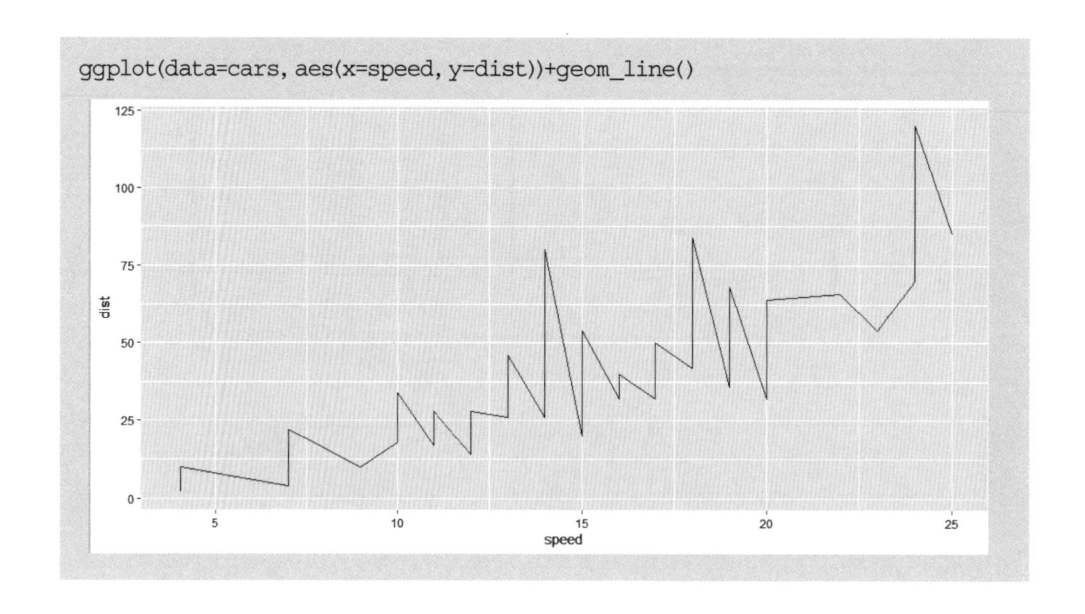

ggplot2에 있는 economics 데이터세트를 이용해서 시계열 그래프를 그려보겠습니다. help(economics)를 하면 내용을 알 수 있습니다. economics는 미국의 경제지표들을 수록하고 있습니다. 6개 변수와 574개 행(관측치)으로 구성되어 있습니다. date는 날짜, pce는 개인 총소비액, pop는 전체인구, psavert는 개인저축률, uempmed는 주당평균실업기간, unemploy는 실업자수입니다. 데이터 속성을 보면 date는 날짜형이며, pce 등 5개 변인은 실수형입니다.

날짜 변화에 따라 실업자수와 개인저축률이 어떻게 변화하는지를 2개의 시계열 그래프로 알아보겠습니다. 시간 변화가 기준이므로 날짜(date)를 x축으로 하고, 실업자수(unemploy)와 개인저축률(psavert)을 y축으로 합니다.

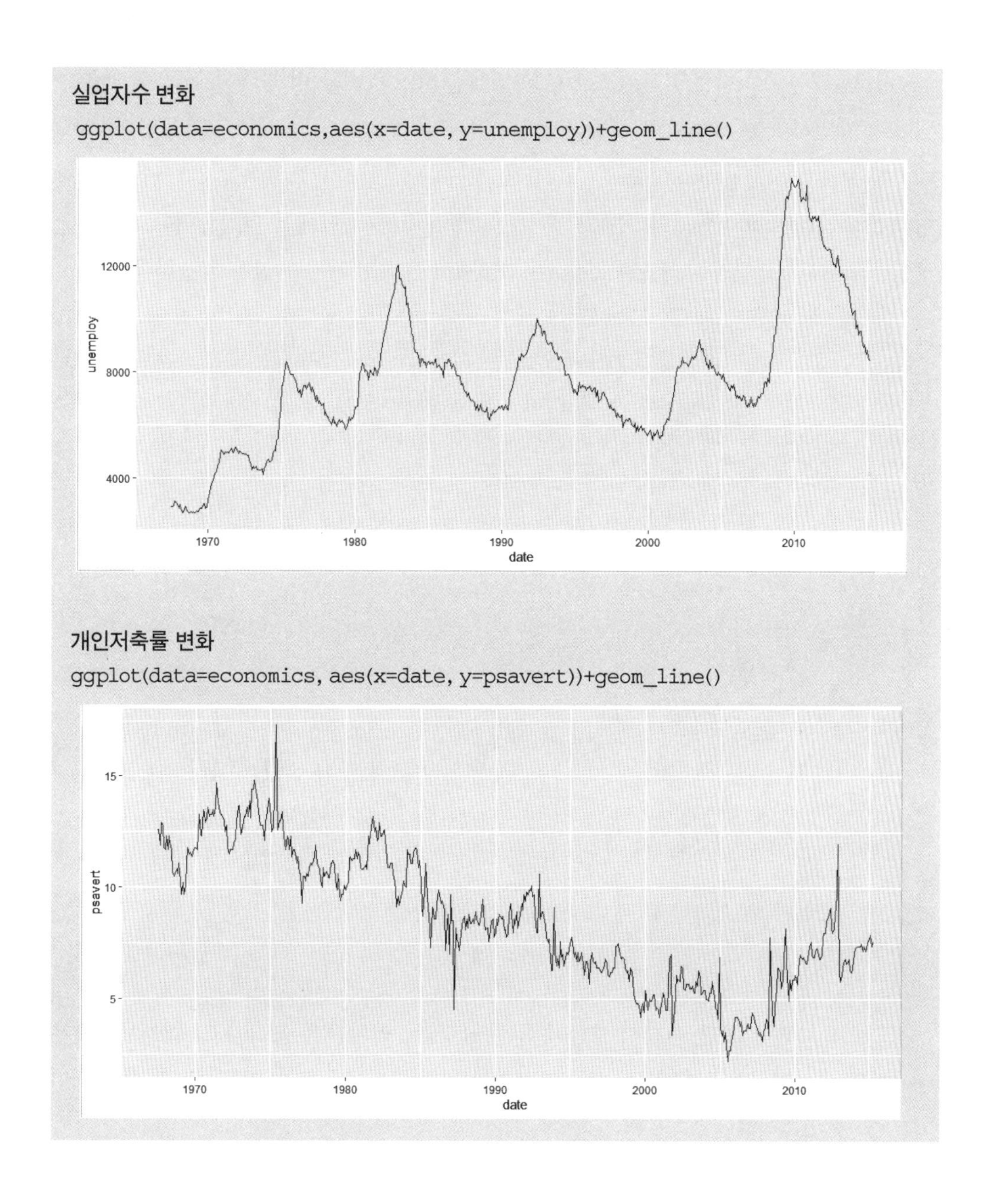

위의 그래프를 통해 1970년대부터 2010년대 후반까지의 변화 추세를 한눈에 알 수 있습니다. 실업자수는 등락을 거듭하면서도 전반적으로 1970년대부터 증가하고 있습니다. 개인저축률은 2000년대 중반까지 하락하다가 이후에는 증가하고 있습니다.

비교할 2개 데이터의 선그래프를 한 화면에 그리면 차이를 더 뚜렷하게 알 수 있을 것입니다. 개인저축률(psavert)과 주당평균실업기간(uempmed)의 시계열 그래프를 한 화면에 그려보겠습니다. ggplot( )으로 그림판을 만든 후에 geom_line( )을 2개 연결합니다. 이때 psavert와 uempmed의 그래프 배경은 geom_line( ) 안에서 지정합니다. 그래프를 구별하기 위해서 1개의 그래프는 'color=' 파라미터를 지정해서 색상을 넣습니다.

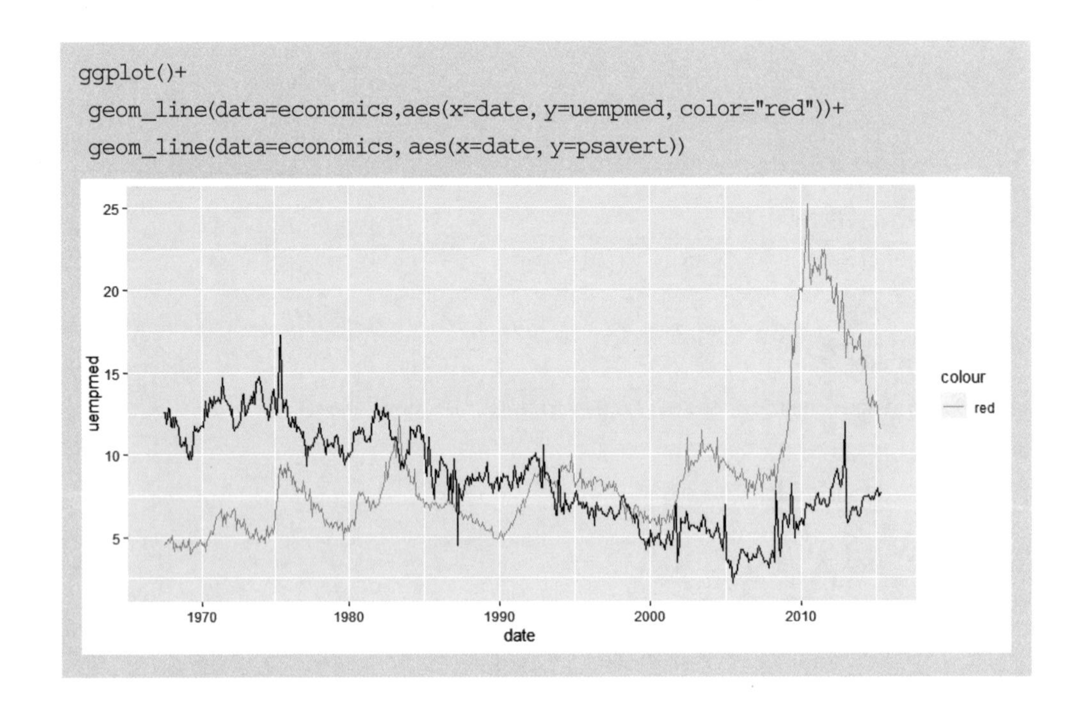

그래프 화면을 보면 시간이 흐를수록 주당평균실업기간은 올라가고, 개인저축률은 내려가는 추세입니다. 주당평균실업기간이 길어지면 개인저축률은 떨어지는 역의 관계인 것을 알 수 있습니다.

ggplot( ) 함수를 정교하게 그리기

ggplot( ) 함수에 조건을 넣어 정교하고 아름답게 그릴 수 있습니다.

1) 1개의 그래프에 2개 변수를 반영하기: col=, fill=

그래프를 그릴 때 ggplot(data=, aes(x=, y=))의 aes( ) 안에 'col='이나 'fill=' 파라미터를 넣으면 x 변수 이외에 다른 변수의 값을 반영한 그래프를 그릴 수 있습니다.

(1) 산점도에 변수를 추가해서 그리기: 'col= '+ geom_point( )

데이터세트 diamonds의 carat과 price의 분포를 나타내는 산점도를 그립니다.

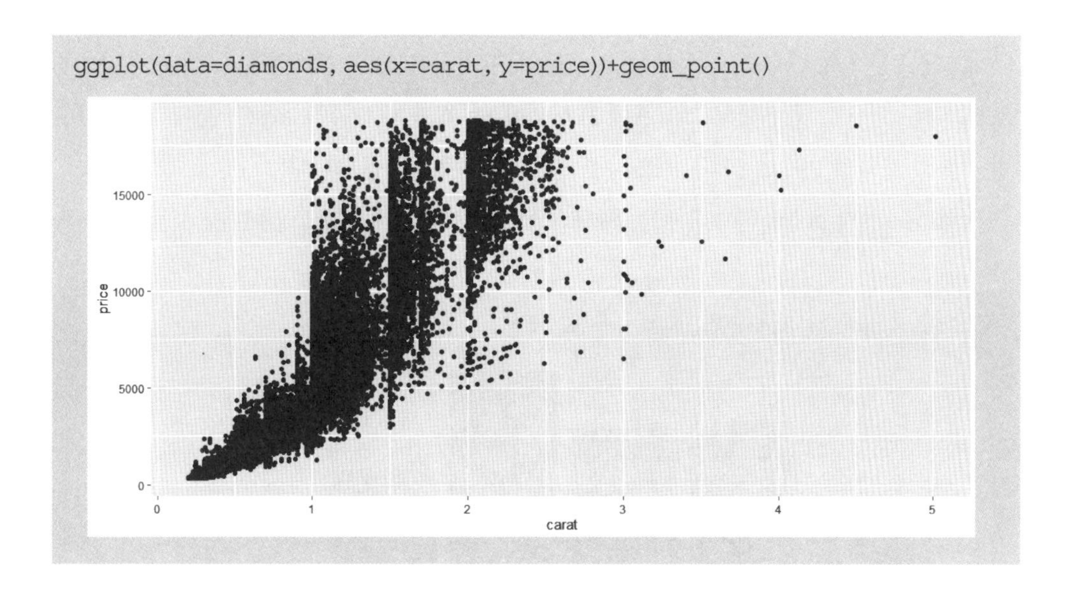

cut 변수의 범주에 따른 분포를 추가로 표시하고 싶으면 aes( )에 'col=cut'을 추가합니다. cut의 범주별로 색상을 넣으라는 뜻입니다. 'col='은 'color='로 해도 됩니다.

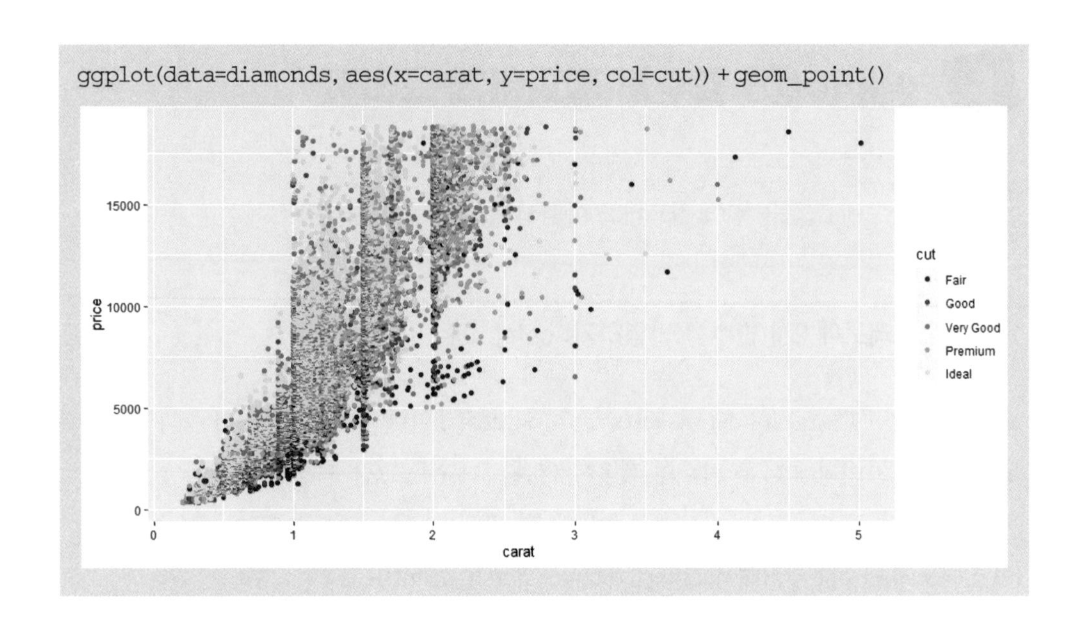

(2) 막대그래프에 2개 범주 내용을 반영하기: 'fill= '+ geom_bar( )

막대그래프는 1개 변수를 구성하는 범주들의 크기를 그린 그래프입니다. 그런데 막대별로 또 다른 변수로 구분해서 그래프에 표시해야 할 때가 있습니다. aes( ) 안에 'fill= 다른 변수'를 추가하면 변수별 막대가 또 다른 변수의 범주로 구분됩니다.

diamonds의 color 변수 7개 범주별로 구분한 막대그래프를 그립니다.

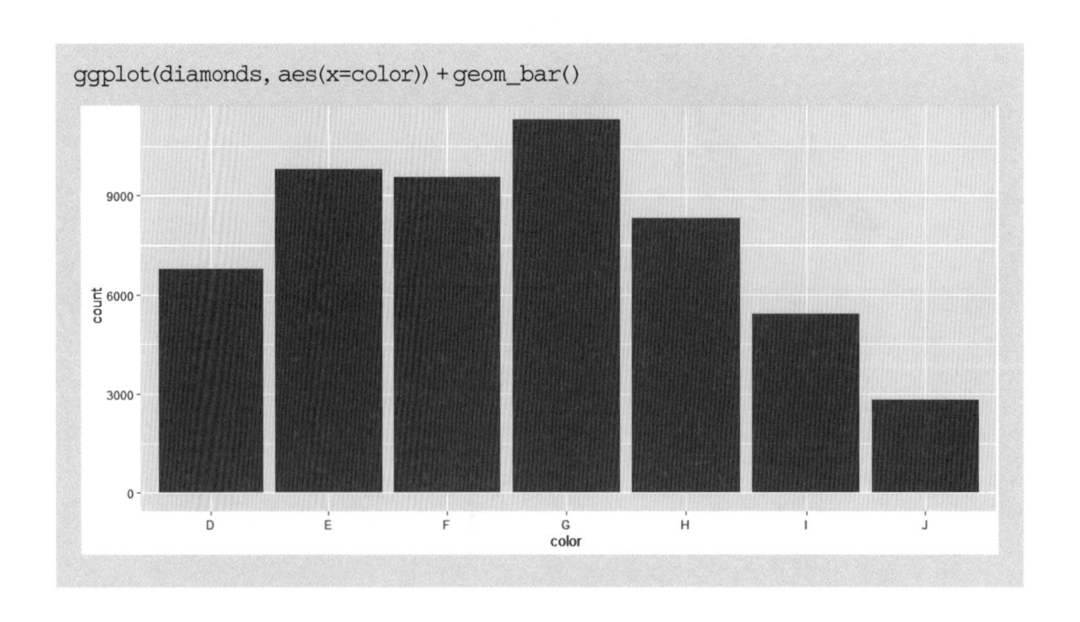

color별 막대를 다시 cut 변수의 5개 범주로 구분합니다.

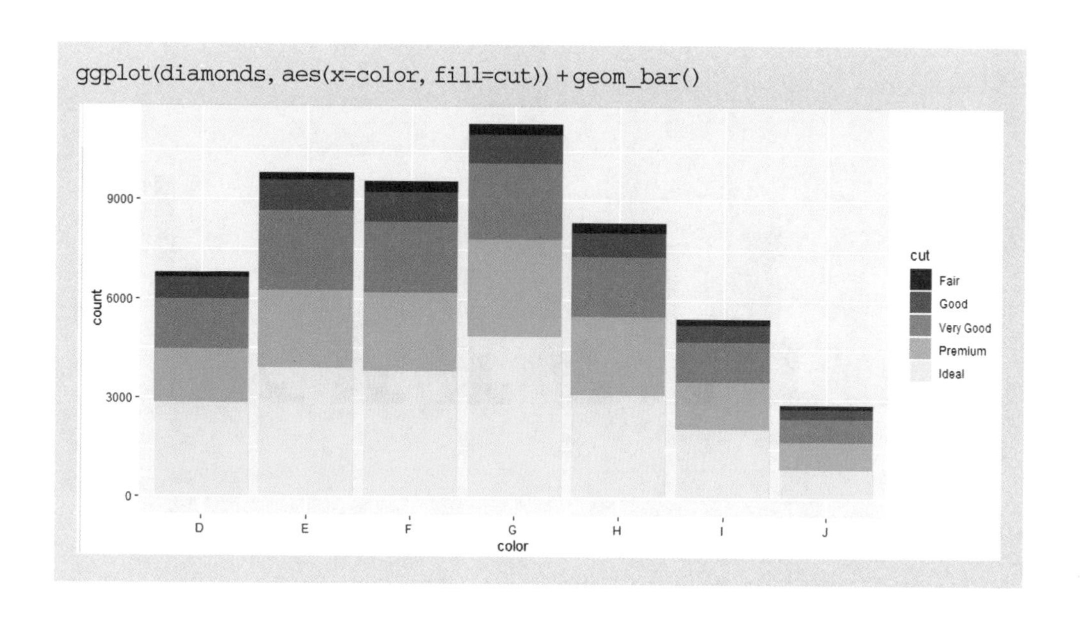

그런데 위의 그래프는 color 변수의 범주별로 cut 범주의 크기 차이를 비교하기가 어렵습니다. color 범주별로 cut 범주의 크기에 따른 막대그래프를 따로 그리면 차이를 알기 쉬울 것입니다. 이럴 때 쓰는 파라미터가 position="dodge"입니다. 'position='은 막대의 위치를 수정하는 파라미터이고, "dodge"는 복수의 데이터를 독립적인 막대그래프로 나란히 그릴 때 사용합니다. 막대그래프를 그리는 geom_bar( )나 geom_col( ) 안에 position="dodge"를 입력하면 됩니다.

color별로 cut 범주들의 빈도를 그린 막대그래프를 그려봅니다.

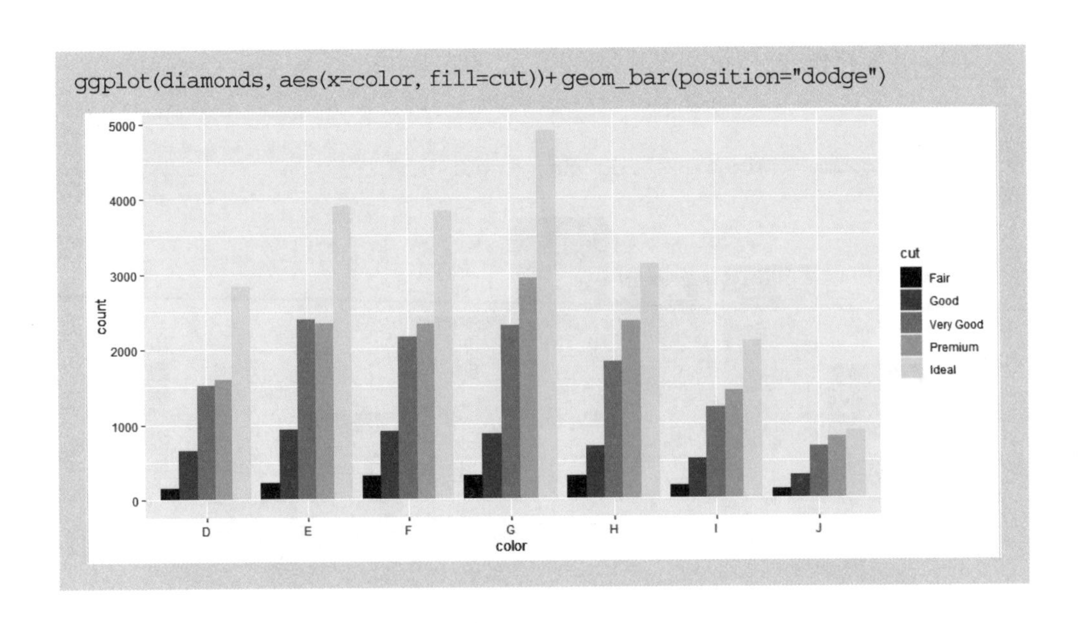

position="fill"을 입력하면 color 범주별로 cut 범주들이 차지하는 비율을 나타내는 그래프를 그릴 수 있습니다. 범주별로 1을 기준으로 한 누적 막대그래프를 그리기 때문에 "fill"을 씁니다.

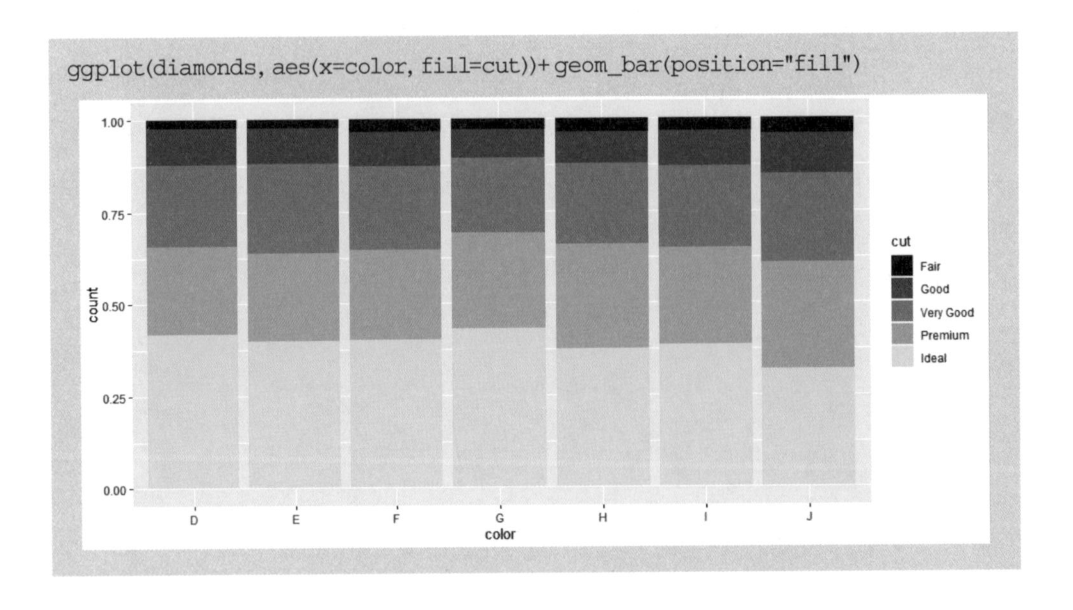

7개 color 범주들의 cut 범주 비율을 보면, Ideal cut은 G color에서 가장 높고 J color에서 가장 낮은 것을 알 수 있습니다.

(3) 선그래프에 2개 범주 내용을 반영하기: 'col= '+ geom_line( )

1개의 선그래프를 다른 변수의 범주별로 구분해서 그릴 수 있습니다. aes( ) 안에 'col=다른 변수'를 추가하면 다른 변수의 범주별로 색상을 넣어서 그립니다. 범주별로 그래프를 별도로 그리려고 할 때는 'group=변수'를 넣지만, 그러면 모든 그래프가 단일 색이어서 구분되지 않기 때문에 'col=변수'를 넣었습니다.

예제파일에서 leisure.csv 파일을 새 객체 leisure에 입력해서 그래프를 그려보겠습니다. leisure에는 2019년도 연령(age), 성(sex), 교양오락지출비(expense) 데이터가 있습니다. 한국복지패널이 2019년에 우리 국민 1만 4418명을 조사한 데이터를 토대로 실습용으로 만든 파일입니다.

```
leisure <- read.csv("leisure.csv")
str(leisure)
'data.frame':  200 obs. of 3 variables:
 $ age      : int 2 2 3 3 4 4 5 5 6 6 ...
 $ sex      : chr "female" "male" "female" "male" ...
 $ expense  : num 25.8 21 30 16.3 25.7 ...
```

연령별 교양오락지출비 그래프를 그립니다.

```
ggplot(data=leisure, aes(x=age, y=expense))+geom_line()
```

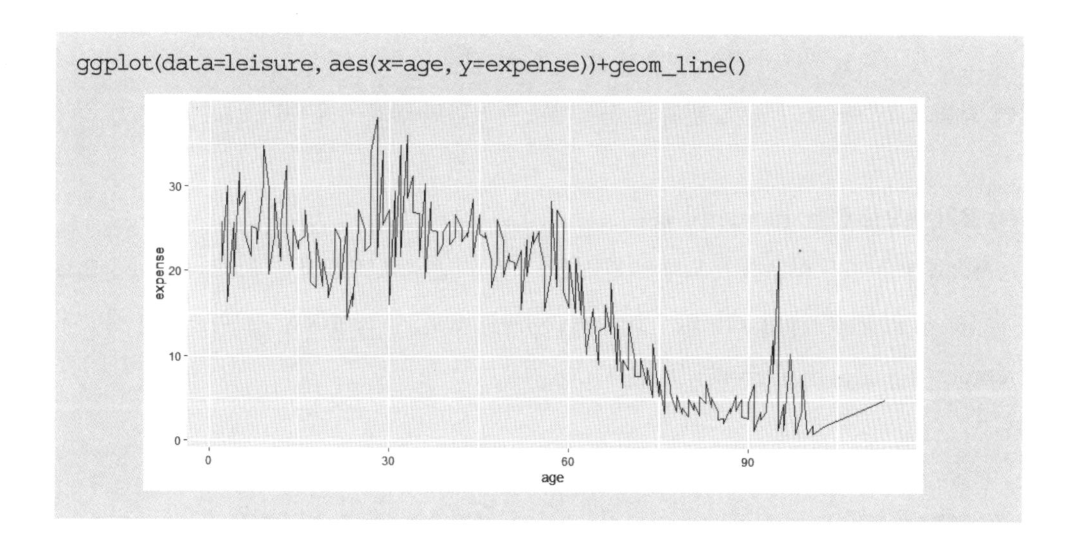

연령별 교양오락지출비 그래프를 성별로 구분해서 그립니다.

```
ggplot(data=leisure, aes(x=age, y=expense, col=sex))+geom_line()
```

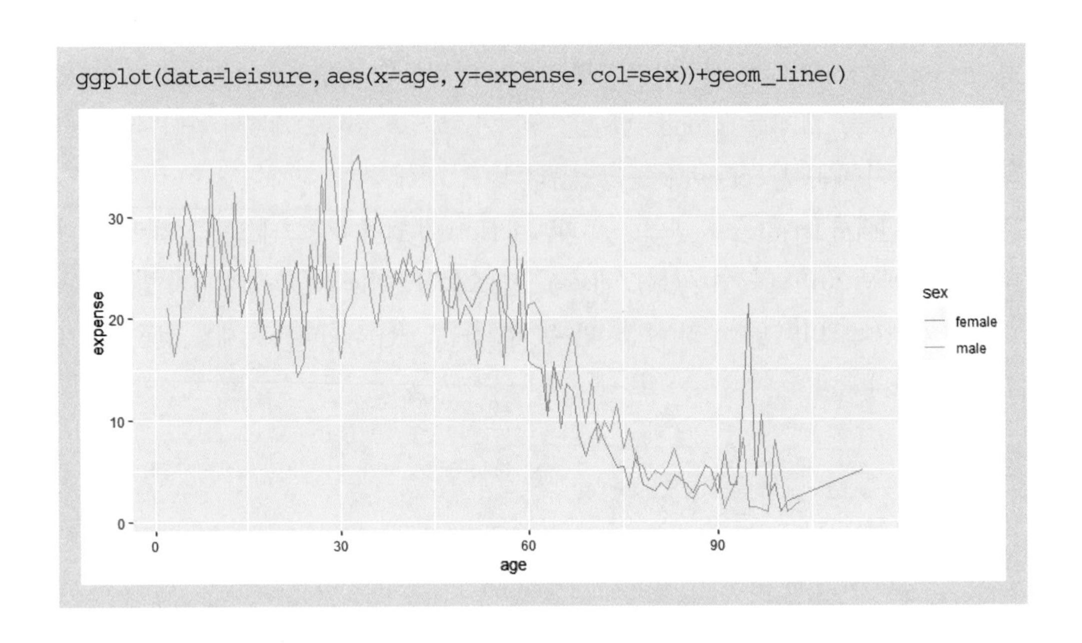

2) 막대그래프의 순서 변경

막대그래프에서 막대는 기본적으로 범주이름의 순서대로 정렬됩니다. 이름 앞에 숫자가 있으면 숫자부터 순서대로 정렬하고, 다음에 알파벳 순서로 정렬합니다. 이런 경우 막대의 크기가 들쭉날쭉해서 모양이 좋지 않고, 분석 결과를 한눈에 알기 어려울 때도 있습니다. 막대그래프를 보기 좋게, 원하는 순서대로 정렬하면 좋을 것입니다.

(1) 크기 순으로 정렬: reorder( ) 함수

reorder( ) 함수를 이용하면 막대의 순서를 크기 기준으로 오름차순 또는 내림차순으로 정렬할 수 있습니다. ggplot(data=, aes(x=,y=))에서 aes( )에 reorder( )를 적용하면 됩니다. reorder( )는 순서를 바꾸라는 뜻입니다.

- 원래 순서: aes(x=a, y=b)
- 오름차순 정렬: aes(x=reorder(a, b), y=b)) "a를 b가 증가하는 순서로 정렬"
- 내림차순 정렬: aes(x=reorder(a, -b), y=b)) "a를 b가 감소하는 순서로 정렬"

예제파일 mpg1.csv를 입력한 객체 mpg1에서 구동방식인 drv 변수의 범주별 hwy(고속도로에서 1갤런당 주행거리) 평균을 구해서 새로운 객체 drv_hwy에 저장한 후에 그래프를 그려보겠습니다. drv_hwy에서 평균값 변수의 이름은 mean_hwy로 합니다. 그래프는 기본인 알파벳순과 오름차순, 내림차순으로 그립니다. 먼저 drv_hwy를 만듭니다.

```
mpg1 <- read.csv("mpg1.csv", stringsAsFactors = F)

# drv_hwy 만들기
drv_hwy <- mpg1 %>%
 group_by(drv) %>% # drv 범주별로 데이터 분류
 summarise(mean_hwy=mean(hwy)) # 범주별로 hwy 평균 구하기

drv_hwy
 drv  mean_hwy
1 4    19.2
2 f    28.2
3 r    21
```

drvs_hwy의 막대그래프를 그립니다.

- 기본 정렬: ggplot(data=drv_hwy, aes(x=drv, y=mean_hwy))+geom_col()
- 오름차순 정렬: ggplot(data=drv_hwy, aes(x=reorder(drv, mean_hwy), y=mean_hwy)) + geom_col()
- 내림차순 정렬: ggplot(data=drv_hwy, aes(x=reorder(drv, -mean_hwy), y=mean_hwy)) + geom_col()

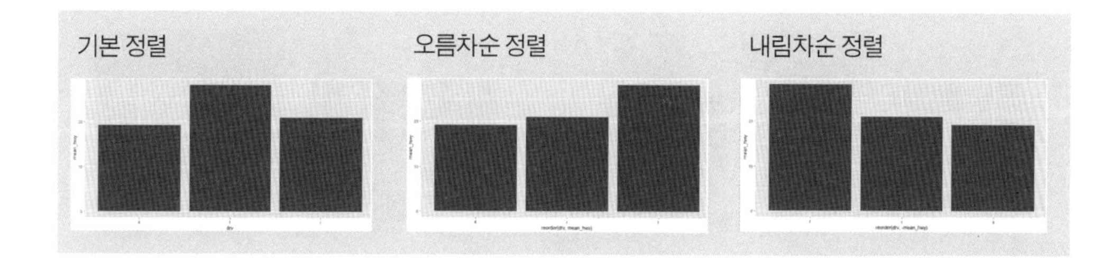

(2) 그래프 순서를 직접 정하기: scale_x_discrete(limits=c( ))

그래프 순서를 원하는 대로 바꾸고 싶을 때는 scale_x_discrete(limits=c( ))를 사용합니다. c( ) 안에 원하는 순서대로 범주이름을 " "에 적어서 입력합니다. 그리고 ggplot( )+geom_계열( )에 '+'로 연결합니다.

```
ggplot() + geom_계열() + scale_x_discrete(limits=c("이름1", "이름2",   ))
```

앞에서 구한 drv_hwy의 막대그래프를 'r, f, 4'의 순서로 그려보겠습니다.

```
ggplot(data=drv_hwy, aes(x=drv, y=mean_hwy)) +
geom_col( )+
scale_x_discrete(limits=c("r", "f", "4"))
```

scale_x_discrete(limits=c( ))는 전체 범주에서 일부를 선택해서 그래프를 그릴 수 있습니다. c( ) 안에 그리고 싶은 범주이름만 적으면 됩니다.

'r, f'만 있는 막대그래프를 그려봅니다.

```
ggplot(data=drv_hwy, aes(x=drv, y=mean_hwy)) +
geom_col() +
scale_x_discrete(limits=c("r", "f"))
```

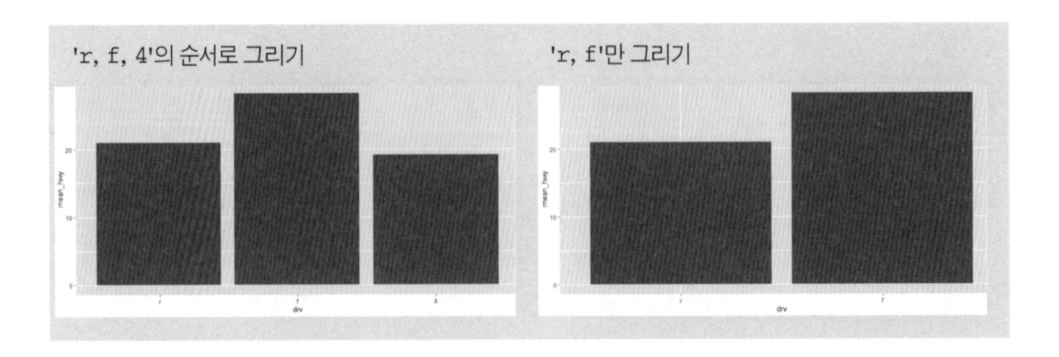

3) 막대그래프를 90도 회전해서 수평으로 그리기: coord_flip( )

막대그래프는 기본적으로 x축이 아래에 있고, y축이 왼쪽에 있어서 막대가 수직으로 그려집니다. 그러나 범주의 수가 너무 많거나 이름이 길면 이름이 겹쳐져서 범주이름을 알아보기 힘든 경우가 생깁니다. 이런 때 coord_flip( ) 함수를 '+'로 연결시켜서 막대그래프를 오른쪽으로 90도 회전시키면, x축이 왼쪽으로 가면서 보기가 좋아집니다. coord는 '조정한다'는 영어 coordinate의 줄임말이며, flip은 '뒤집다'는 뜻입니다.

앞에서 만든 데이터세트 drv_hwy로 실습해보겠습니다.

- 기본: `ggplot(data=drv_hwy, aes(x=drv, y=mean_hwy)) + geom_col()`
- 수평: `ggplot(data=drv_hwy, aes(x=drv, y=mean_hwy)) + geom_col() + coord_flip()`

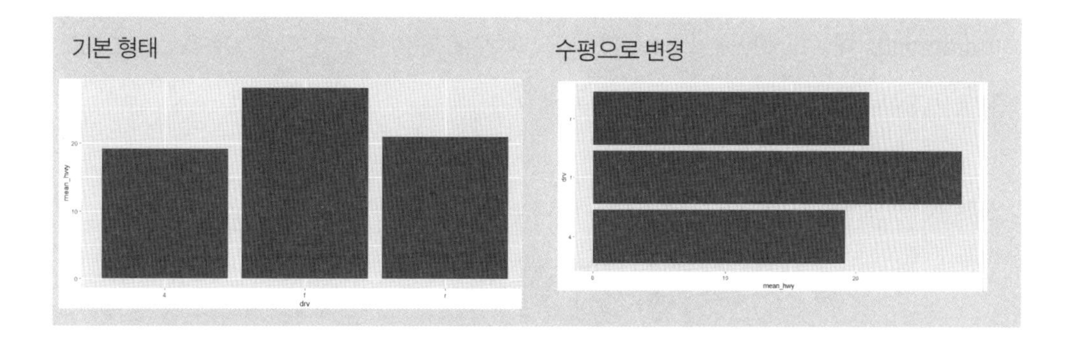

4) x축과 y축의 범위 지정하기: xlim( ), ylim( )

그래프의 모양은 전체 화면에 고르게 그려지는 것이 보기에 좋습니다. 데이터가 한 곳으로 몰려 있으면 그래프도 한쪽으로 쏠리고 다른 쪽은 텅 비어 모양이 보기 좋지 않습니다. 이런 때는 그래프에서 축의 범위를 지정해 전체 그래프의 위치를 조정할 수 있습니다.

x축의 범위는 xlim( ), y축의 범위는 ylim( )으로 지정합니다. lim은 범위를 나타내는 영어 limit를 줄인 말입니다. xlim(시작 값, 끝 값), ylim(시작 값, 끝 값)을 정한 후에 ggplot( ) 함수에 '+'로 연결하면 됩니다.

```
xlim(시작 값, 끝 값 ), ylim(시작 값, 끝 값)
```

diamonds 데이터세트에서 carat과 price의 분포를 알아보기 위해 x축을 carat으로, y축을 price로 하는 산점도를 그려보겠습니다.

```
ggplot(data=diamonds, aes(x=carat, y=price))+geom_point()
```

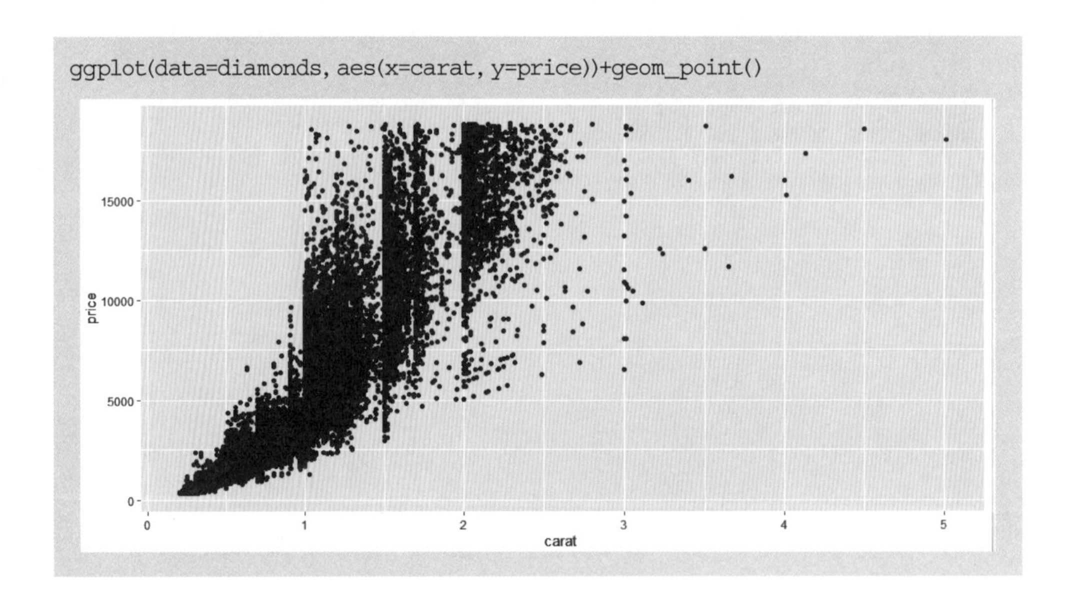

앞의 산점도를 보면 오른쪽이 많이 비어 있습니다. carat의 범위를 range(diamonds$carat)으로 알아보면 0.2에서 5.1까지 있지만, 3을 넘는 데이터는 거의 없기 때문입니다.

xlim(0, 3)을 지정해서 carat이 3인 데이터까지만 그래프에 나오도록 하겠습니다. y축의 범위도 조정해보겠습니다. range(diamonds$price)를 해보면 price는 326~18823에 있습니다. ylim(0,18000)을 해서 그래프의 price 범위를 0~18000으로 조정하겠습니다.

```
ggplot(data=diamonds, aes(x=carat, y=price))+geom_point()+xlim(0,
3)+ylim(0,18000)
```

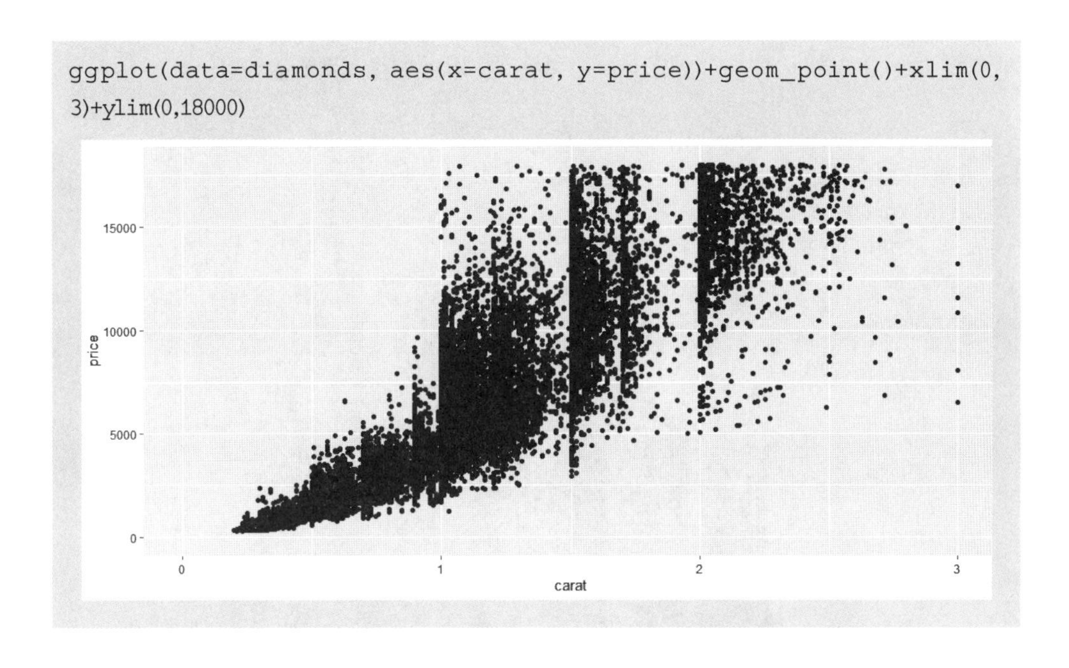

5) 그래프와 축에 이름 붙이기: ggtitle( ), xlab( ), ylab( )

보고서에서는 그래프에 제목, x축 이름, y축 이름을 적어야 합니다. 이런 때는 ggtitle( ), xlab( ), ylab( ) 함수 안에 제목, 축의 이름을 큰따옴표로 넣은 후에 '+'로 연결하면 됩니다. 'lab'은 라벨을 붙인다는 의미인 label을 줄인 것입니다.

diamonds에서 carat과 price의 산점도를 그리면서 제목에 '다이아몬드 캐럿별 가격 분포'를 붙이고, x축 이름을 '캐럿', y축 이름을 '가격'으로 수정하겠습니다.

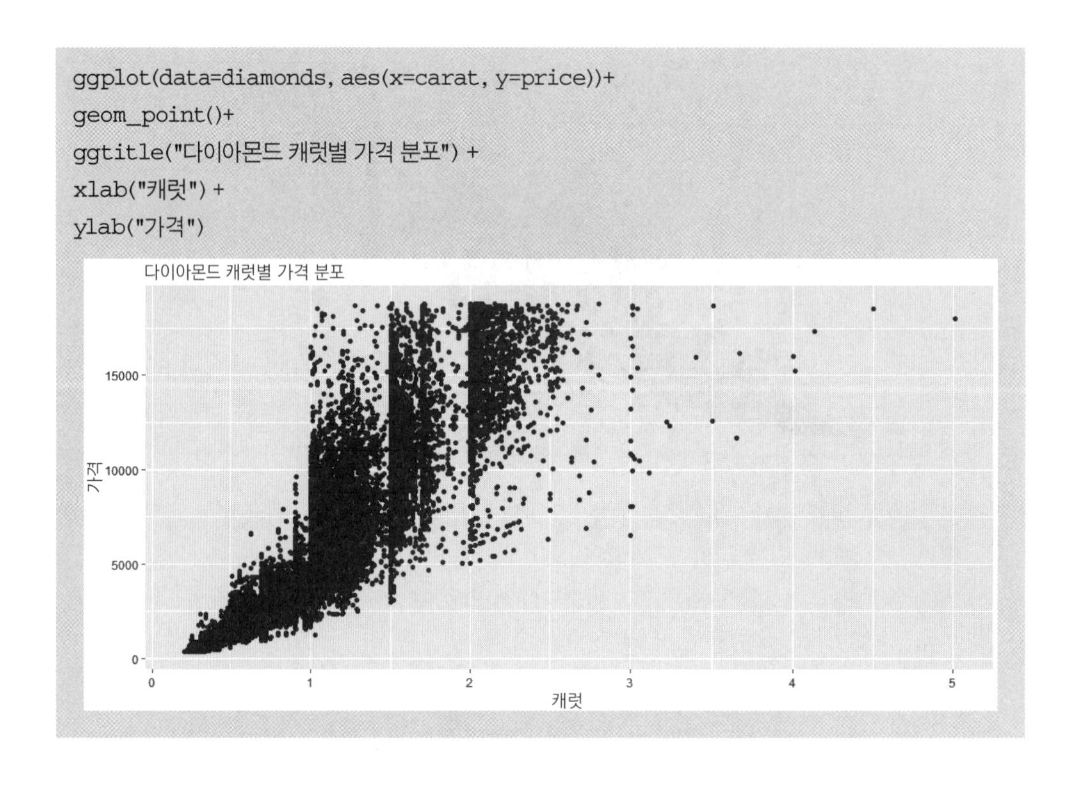

```
ggplot(data=diamonds, aes(x=carat, y=price))+
geom_point()+
ggtitle("다이아몬드 캐럿별 가격 분포") +
xlab("캐럿") +
ylab("가격")
```

10장

공공데이터 사례 분석

앞에서 익힌 분석 방법들을 활용해
다양한 공공데이터 사례를 직접 분석해봅니다.

공공데이터를 활용해서 실제 분석을 해보겠습니다. 다음은 분석하기 전에 명심해야 할 핵심 사항입니다.

- 첫째, 데이터 전처리가 데이터 분석의 70% 이상입니다.
  공공데이터는 완벽한 형태로 제공되지 않습니다. 결측치나 이상치도 많습니다. 이런 데이터를 그대로 둔 채 분석하면 오류가 나거나 잘못된 분석을 하게 됩니다. 또 분석을 잘하기 위해서는 데이터를 분석 목적에 맞는 형태로 만드는 작업을 분석 전에 해야 합니다. 이러한 데이터전처리 과정은 데이터 분석 과정의 70% 이상을 차지할 정도로 중요하고, 가장 많은 시간과 노력이 들어가는 작업입니다.

- 둘째, 통계 분석은 필수입니다.
  데이터 분석에서는 통계 분석을 수행해야 분석의 신뢰도를 높일 수 있습니다. 남성과 여성의 평균만 제시하기보다는 어떠한 차이가 있는지를 통계 검정까지 해서 제시하면 보고서의 수준이 훨씬 높아집니다. 그래서 분석할 때 통계 분석을 할 주제를 찾는 것이 좋습니다. 회귀분석이나 교차분석 검정을 하면 높은 평가를 받습니다.

- 셋째, 데이터 분석 방법의 왕도는 없습니다. 자신이 익숙한 코딩 방법으로 하면 됩니다.
  어디로 가든 서울만 가면 된다는 말이 있습니다. 분석하는 방법은 하나만 있는 것이 아니라, 여러 방법이 있습니다. 같은 분석을 수행하는 함수도 R과 별도의 패키지가 있습니다. 또 분석할 때 식을 여러 개로 나누어서 할 수도 있고, 1개의 식에 쓸 수도 있습니다. 능숙해지면 1개의 식에 쓸 수도 있지만, 여러 개의 식으로 나누어 써도 전혀 문제가 되지 않습니다. 복수의 조건을 충족하는 데이터를 추출하려고 할 때 filter( ) 함수 안에 '&'를 이용해서 조건을 모두 넣을 수도 있지만, 조건 1개마다 filter( ) 함수를 적용해서 순차적으로 하나씩 데이터를 추출해도 됩니다. 앞에서 데이터 가공 함수를 설명할 때 같은 함수라도 명령어 쓰는 방식을 다양하게 소개한 이유도 이 때문입니다. 이번 장에서 실시한 사례 분석에서는 학습을 위해서 대부분 1개의 식으로 분석을 했습니다. 그러나 이 방식이 유일한 정답은 아닙니다. 다양한 방식을 적용해보면서 자신의 분석 방식을 찾기 바랍니다.

- 넷째, 관심거리를 찾는 능력이 중요합니다.

  데이터 분석과 해석 과정에서 중요한 역량은 사람들의 관심거리를 만들어내는 능력입니다. 저널리즘에는 '뉴스가치'라는 말이 있습니다. 매일 벌어지는 수많은 사건 가운데 뉴스가 될 만한 가치가 있는 사건을 정하는 기준을 의미합니다. 전통적으로는 시의성, 일탈성, 갈등성, 근접성, 저명성, 영향성, 진기성, 인간적 흥미, 선정성을 들고 있습니다. 데이터를 분석하고 해석할 때 상황에 따라 이런 포인트에 초점을 맞추면 관심거리를 찾아낼 가능성이 커집니다. 대표적으로 사회적으로 중요한 이슈가 된 사건과 관련된 데이터를 분석하는 것입니다. 이런 방법은 언론들이 자주 사용합니다. 그리고 스토리텔링 기법을 이용해서 이야기를 풀어나가는 방식으로 분석하면 훌륭한 보고서를 만들 수 있습니다.

뉴스 가치의 종류

- 시의성: 최신의 정보를 중시한다.
- 일탈성: 일상에서 벗어난 사건, 사회질서를 위협하는 사건을 중시한다.
- 갈등성: 다툼과 변화를 중시한다.
- 근접성: 지리적, 심리적으로 가까운 소식일수록 중시한다.
- 저명성: 유명한 사람이나 기관, 장소를 중시한다.
- 영향성: 사람, 사회에 미치는 영향이 클수록 중요하다.
- 진기성: 일반적인 상식에서 벗어난 비정상적인 사건을 중시한다.
- 인간적 흥미: 흥미로운 사건을 중시한다.
- 선정성: 감정을 자극하는 사건을 중시한다.

- 다섯째, 데이터 분석은 R로 수행하기 전에 먼저 머릿속에서 논리로 분석해야 합니다.

  데이터 분석 역량은 논리적 사고에 있습니다. 데이터 분석은 데이터 속에 숨겨진 무궁무진한 사실들을 찾아내서 이야기를 만드는 것입니다. 데이터 자체는 아무것도 보여주지 않습니다. 그런 데이터에서 관심거리를 찾고, 이야기를 만들어내기 위해서는 분석 작업을 머릿속에서 논리적으로 전개하는 능력이 매우 중요합니다. 논리력은 데이터 분석 과정에서도 매우 중요합니다. 분석 문제를 해결하려고 할 때는 우선 분석 문제에 있는 여러 사실들을 하나씩 쪼개고, 하나의 사실마다 1개의 분석 함수를 적용한다고 생각하면 됩니다. 그러면 매우 복잡해 보이던 문제가 쉽게 다가옵니다. 요컨대 R을 시작하기 전에 먼저 논리적으로 분석을 한 후 그에 맞춰 실제 코딩을 하는 것이 효과적이며, 분석 역량을 키울 수 있는 방법입니다.

사례 분석 10-1 서울 미세먼지 분석

1 분석 개요

매년 국민들이 미세먼지로 많은 고통을 받고 있습니다. 서울의 미세먼지에 관한 데이터를 다운받아서 실태를 분석해보겠습니다. 미세먼지는 대기에 있는 눈에 보이지 않을 정도로 작은 먼지입니다. 질산 등 이온성분, 탄소화합물, 중금속 등으로 이루어져 있어서 사람이 장기간 미세먼지에 노출되면 호흡기 질환, 심혈관 질환, 피부질환, 안구질환 등 각종 질병에 걸릴 수 있습니다. 우리나라는 미세먼지를 지름이 10μm 이하인 미세먼지(PM10)와 지름이 2.5μm이하인 초미세먼지(PM2.5)로 구분하고 있습니다. 대기환경보전법 시행령은 하루의 미세먼지, 초미세먼지 현황을 '좋음, 보통, 나쁨, 매우 나쁨'의 4등급으로 분류하고 있습니다.

[표 10-1] 예측 · 발표 등급 기준

물질	단위	농도산정 시간기준	등급 기준			
			좋음	보통	나쁨	매우 나쁨
PM10	㎍/㎥	24시간	0~30	31~80	81~150	151 이상
PM2.5	㎍/㎥	24시간	0~15	16~35	36~75	76 이상

2 분석 데이터

예제파일에 있는 '서울대기오염_2019.xlsx' 파일을 사용합니다. 2019년에 서울의 25개 구에서 매일 측정된 미세먼지, 초미세먼지 등 대기오염 자료가 들어 있습니다. 다음 절차로 직접 다운받을 수 있습니다.

1단계: 서울특별시 대기환경정보 웹사이트(http://cleanair.seoul.go.kr/)에 접속합니다.

2단계: 화면 상단 [대기질 통계] 메뉴에서 [기간별 통계]를 클릭하면 다음과 같은 화면이 나타납니다.

3단계: [일별] 메뉴에 있는 [기간별] 메뉴를 클릭하면 다음과 같은 화면이 나타납니다. [측정기간]에서 조사하고 싶은 기간을 지정하고, 검색을 누른 뒤에 [엑셀다운로드]를 클릭하면 데이터를 다운받을 수 있습니다. 한 번에 2개월간의 자료까지 다운받을 수 있습니다. 1년간 자료는 기간을 분할해서 다운받은 후에 합치면 됩니다.[1]

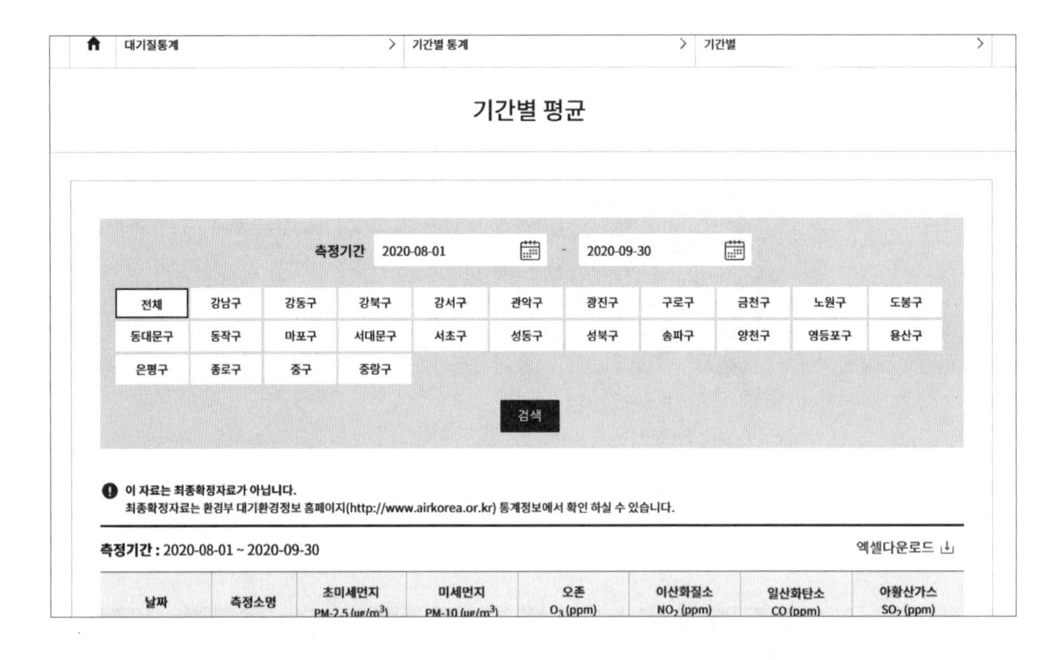

1 2020년 중반까지는 1년 자료를 제공했습니다. 예제파일은 그때 내려받은 자료입니다. 이같이 자료 내려받는 방법이나 화면의 모습은 사이트 개편으로 달라질 수 있습니다.

3 엑셀 파일에서 데이터 구조 보기

'서울대기오염_2019.xlsx'를 열어 데이터 구조를 보겠습니다. 8개 열이 있습니다. 첫 행에는 전체와 평균 자료가 있습니다. 정확한 분석을 위해서는 제거해야 할 데이터입니다. 이런 데이터 처리는 R에서 하도록 하겠습니다.

	A	B	C	D	E	F	G	H
1	날짜	측정소명	미세먼지	초미세먼지	오존	이산화질소 NO2 (ppm)	일산화탄소 CO (ppm)	아황산가스 SO2(ppm)
2	전체	평균	42	25	0.025	0.028	0.5	0.004
3	2019-12-31	평균	26	15	0.022	0.016	0.4	0.003
4	2019-12-31	강남구	22	14	0.025	0.014	0.4	0.003
5	2019-12-31	강동구	27	19	0.019	0.02	0.4	0.003
6	2019-12-31	강북구	31	17	0.022	0.022	0.4	0.002
7	2019-12-31	강서구	29	16	0.022	0.017	0.4	0.004
8	2019-12-31	관악구	36	18	0.026	0.013	0.4	0.003

4 데이터 전처리

1) 분석 파일을 R로 불러오기

먼저 dplyr과 ggplot2 패키지를 설치하고 구동합니다. 설치되어 있으면 구동만 하면 됩니다.

```
install.packages("dplyr")
install.packages("ggplot2")
library(dplyr)
library(ggplot2)
```

예제파일에서 서울대기오염_2019.xlsx를 불러와서 새 객체 seoulair에 입력하고, str( ) 함수로 구조를 살펴봅니다. 엑셀 파일은 read_excel( ) 함수로 불러옵니다. read_ excel( ) 함수는 readxl 패키지에서 제공합니다.

```
install.packages("readxl")
library(readxl)

seoulair <- read_excel("서울대기오염_2019.xlsx")

str(seoulair)
tibble [9,491 x 8] (S3: tbl_df/tbl/data.frame)
 $ 날짜                  : chr [1:9491] "전체" "2019-12-31" "2019-12-31" ...
 $ 측정소명              : chr [1:9491] "평균" "평균" "강남구" "강동구" ...
 $ 미세먼지              : num [1:9491] 42 26 22 27 31 29 36 22 25 23 ...
 $ 초미세먼지            : num [1:9491] 25 15 14 19 17 16 18 10 16 18 ...
 $ 오존                  : num [1:9491] 0.025 0.022 0.025 0.019 0.022 0.022 ...
 $ 이산화질소NO2 (ppm): num [1:9491] 0.028 0.016 0.014 0.02 0.022 0.017 ...
 $ 일산화탄소CO (ppm)  : num [1:9491] 0.5 0.4 0.4 0.4 0.4 0.4 0.4 0.4 0.3 0.4 ...
 $ 아황산가스SO2(ppm)  : num [1:9491] 0.004 0.003 0.003 0.003 0.004 0.003 ...
```

8개 변수에 9491개의 데이터가 있습니다. 날짜와 측정소명 변수는 문자형(chr)이며, 나머지 변수는 실수형(num)입니다.

2) 분석 변수 추출, 변수이름 변경

분석에 필요한 변수는 날짜, 측정소명, 미세먼지, 초미세먼지 등 4개입니다. seoulair에서 4개 변수의 이름만 영어로 바꾼 후에 추출해서 다시 seoulair에 입력하겠습니다. 날짜는 date, 측정소명은 district, 미세먼지는 pm10, 초미세먼지는 pm2.5로 변경합니다.

```
seoulair <- seoulair %>%
 rename(date="날짜",
        district="측정소명",
        pm10="미세먼지",
        pm2.5="초미세먼지") %>%
 select(date, district, pm10, pm2.5)
```

3) 변수의 결측치, 이상치 확인하고 처리하기

(1) 문자형 변수

table( ) 함수로 문자형 변수인 date와 district에서 이상치를 확인하고 처리합니다.

```
table(seoulair$date) #빈도분석으로 date 변수의 이상치 확인
 2019-01-01  2019-01-02  2019-01-03  2019-01-04  2019-01-05  2019-01-06 … 전체
         26          26          26          26          26          26    1

table(seoulair$district) #빈도분석으로 district 변수의 이상치 확인
 강남구    강동구  강북구    강서구  관악구  광진구  구로구  금천구  노원구    도봉구
   365       365     365       365     365     365     365     365     365       365
동대문구   동작구  마포구  서대문구  서초구  성동구  성북구  송파구  양천구  영등포구
   365       365     365       365     365     365     365     365     365       365
 용산구    은평구  종로구      중구  중랑구    평균
   365       365     365       365     365     366
```

table(seoulair$date)에서는 날짜가 이어지다가 마지막에 '전체'라는 문자가 있습니다. table(seoulair$district)에서는 구 이름들의 마지막에 '평균'이라는 문자가 있습니다. 데이터 분석은 개별 데이터를 토대로 하기 때문에 '전체'와 '평균'은 불필요한 데이터입니다. 그대로 두고 분석하면 데이터가 중복 계산되는 경우가 발생하므로 삭제해야 합니다.

```
# seoulair에서 date가 '전체'가 아니고, district가 '평균'이 아닌 데이터만 추출
seoulair <- seoulair %>% filter(date!="전체" & district!="평균")
```

(2) 실수형 변수

실수형 변수의 기본 통계와 결측치, 이상치 여부를 summary( ) 함수로 확인합니다.

```
summary(seoulair$pm10)
 Min.  1st Qu.  Median   Mean  3rd Qu.   Max.  NA's
 3.00   24.00   36.00   41.76   52.00  228.00   213

summary(seoulair$pm2.5)
 Min.  1st Qu.  Median   Mean  3rd Qu.   Max.  NA's
 1.00   14.00   21.00   24.93   30.00  153.00   203
```

pm10의 최솟값은 3, 최댓값은 228이며. 결측치(NA)가 213개 있습니다. pm2.5의 최솟값은 1, 최댓값은 153이며, 결측치는 203개입니다. 두 변수에서 이상치는 없습니다. 결측치는 분석 과정에서 처리하겠습니다.

4) 파생변수 만들기

분석할 자료에 날짜에 관한 데이터가 있으면 일반적으로 시기와 관련된 분석을 하게 됩니다. 미리 date 변수를 이용해서 파생변수를 만들어놓겠습니다.

(1) month, day 만들기

월별, 계절별 분석을 하기 위해서 substr( ) 함수로 date 변수에서 월과 일을 분리해서 새 변수 month와 day에 입력합니다.

str( ) 함수로 seoulair의 구조를 보면 date 변수는 '2019-01-01' 형태로 되어 있습니다. 월은 데이터의 6~7번째, 일은 9~10번째에 있는 숫자입니다.

```
#month 변수 만들기
seoulair$month <- substr(seoulair$date, 6, 7) # 6번째 데이터 시작, 7번째 데이터 끝

#day 변수 만들기
seoulair$day <- substr(seoulair$date, 9, 10) # 9번째 데이터 시작, 10번째 데이터 끝
```

class( )로 month와 day 변수의 유형을 확인하면 문자형(chr)입니다. 파생변수를 만들기 위해서 이것들을 숫자형(num)으로 변환합니다.

```
class(seoulair$month) # month 변수 유형 확인
[1] "character"     # 문자형

class(seoulair$day) # day 변수 유형 확인
[1] "character"     # 문자형

seoulair$month <- as.numeric(seoulair$month) # month 변수를 숫자형으로 변환

seoulair$day <- as.numeric(seoulair$day) # day 변수를 숫자형으로 변환
```

(2) season 변수 만들기

계절별 미세먼지 실태를 분석하기 위해서 month 변수로 파생변수인 계절변수 season을 만듭니다. 계절이름은 spring, summer, autumn, winter로 합니다.

```
seoulair$season <-
  ifelse(seoulair$month%in%c("3","4","5"), "spring",
   ifelse(seoulair$month%in%c(6,7,8),"summer",
     ifelse(seoulair$month%in%c(9,10,11),"autumn","winter")))
```

5) 분석 데이터 최종 확인

```
str(seoulair)
tibble [9,125 x 7] (S3: tbl_df/tbl/data.frame)
 $ date     : Date[1:9125], format: "2019-12-31" "2019-12-31" "2019-12-31" ...
 $ district: chr [1:9125] "강남구" "강동구" "강북구" "강서구" ...
 $ pm10     : num [1:9125] 22 27 31 29 36 22 25 23 22 19 ...
 $ pm2.5    : num [1:9125] 14 19 17 16 18 10 16 18 17 12 ...
 $ month    : num [1:9125] 12 12 12 12 12 12 12 12 12 12 ...
 $ day      : num [1:9125] 31 31 31 31 31 31 31 31 31 31 ...
 $ season   : chr [1:9125] "winter" "winter" "winter" "winter" ...
```

데이터의 개수가 9491개에서 9125개로 줄었습니다. 앞에서 date와 district 변수에서 '전체'와 '평균' 데이터를 삭제했기 때문입니다. 데이터를 분석할 기초 준비가 끝났습니다. 더 필요한 파생변수는 분석하면서 만들면 됩니다.

5 데이터 분석

1) 연간 미세먼지 평균 알아보기

mean( ) 함수로 알아봅니다. 결측치가 있기 때문에 na.rm=T 파라미터를 써야 합니다.

```
mean(seoulair$pm10, na.rm = T) # 미세먼지 평균 구하기
[1] 41.76167
```

미세먼지 평균은 41.8(㎍/㎥)로 '보통' 수준입니다.

2) 미세먼지가 가장 심했던 날짜 알아보기

filter( ) 함수와 max( ) 함수를 조합하면 됩니다. 미세먼지 변수에 결측치가 없는 데이터만 추출한 후에 수치가 가장 높은 날을 찾습니다. 날짜, 구, 미세먼지 수치만 출력하세요.

```
seoulair %>%
 filter(!is.na(pm10)) %>% # 결측치 없는 pm10 자료만 추출
 filter(pm10==max(pm10)) %>% # pm10 최댓값 행 추출
 select(date,district, pm10) # 3개 변수만 출력
       date district  pm10
      <chr>     <chr> <dbl>
1 2019-03-05    강북구   228
```

2019년 3월 5일 강북구의 미세먼지 수치가 228㎍/㎥로 가장 높았습니다.

3) 구별 미세먼지 평균 비교

서울시 25개 구의 1년간 미세먼지 평균을 구해서 평균이 낮은 순으로 5개 구의 이름과 평균만 출력합니다. 미세먼지 변수인 pm10에서 결측치가 없는 데이터만 추출한 후에 구를 기준으로 데이터를 분류하고, 구별로 pm10의 평균을 구합니다. 그리고 평균 기준으로 오름차순으로 정렬하고, 상위 5개 데이터를 출력하면 됩니다.

```
seoulair %>%
 filter(!is.na(pm10)) %>% # pm10이 결측치가 아닌 행만 추출
 group_by(district) %>% # 구를 기준으로 데이터 분류
 summarise(m=mean(pm10)) %>% # 구별로 pm10 평균 구하기
 arrange(m) %>% # 평균을 기준으로 오름차순으로 정렬
 head(5) # 상위 5개 행을 출력

  district   m
  <chr>      <dbl>
1 용산구      34.1
2 중랑구      37.3
3 중구        37.6
4 종로구      37.7
5 도봉구      38.0
```

용산구가 34.1㎍/㎥로 미세먼지 평균 수치가 가장 낮습니다. 다음은 중랑구 37.3㎍/㎥, 중구 37.6㎍/㎥, 종로구 37.7㎍/㎥, 도봉구 38.0㎍/㎥로 모두 강북 지역에 있습니다.

4) 계절별 분석

계절별 미세먼지와 초미세먼지의 평균을 동시에 구해서 오름차순으로 출력합니다. 미세먼지와 초미세먼지에서 결측치가 아닌 데이터만 추출한 후에 계절을 기준으로 분류하고, 미세먼지와 초미세먼지의 평균을 구하면 됩니다.

```
seoulair %>%
  filter(!is.na(pm10) & !is.na(pm2.5)) %>% # pm10과 pm2.5의 결측치 동시 제거
  group_by(season) %>%      # season 변수로 데이터 분류
  summarise(m1=mean(pm10),   # pm10과 pm2.5의 평균 구하기
            m2=mean(pm2.5)) %>%
  arrange(m1)              # pm10 평균을 기준으로 오름차순 정렬

  season    m1      m2
  <chr>     <dbl>   <dbl>
1 summer    26.3    18.1
2 autumn    31.1    15.7
3 spring    54.1    31.6
4 winter    54.7    33.7
```

미세먼지와 초미세먼지의 하루 평균은 여름과 가을이 낮고, 봄과 겨울이 높습니다. 겨울은 여름에 비해 2배 정도 높습니다.

5) 미세먼지 등급 분석

하루의 미세먼지(pm10) 상황은 1일 수치(㎍/㎥)가 0~30이면 '좋음', 31~80이면 '보통', 81~150이면 '나쁨', 151 이상이면 '매우 나쁨'으로 분류됩니다. 이 기준에 따라 1일 미세먼지 상황을 등급화한 새 변수 pm_grade를 만듭니다. 등급 이름은 '좋음'은 good, '보통'은 normal, '나쁨'은 bad, '매우 나쁨'은 worst로 합니다. 그리고 25개 구를 기준으로 전체 등급별 빈도와 비율(백분율, 소수점 한자리)을 알아봅니다.

출력은 등급, 빈도, 백분율만 표시하고, 빈도가 많은 등급부터 출력합니다. 이 과정을 모두 하나의 식으로 만들어봅니다.

```
seoulair %>%
 filter(!is.na(pm10)) %>% # pm10이 결측치가 아닌 데이터만 추출
 mutate(pm_grade=ifelse(pm10<=30, "good",    # pm_grade 변수 만들기
                        ifelse(pm10<=81, "normal",
                               ifelse(pm10<=150, "bad", "worse")))) %>%
 group_by(pm_grade) %>% # pm_grade 변수를 기준으로 분류
 summarise(n=n()) %>% # pm_grade 변수의 등급별 빈도 구하기
 mutate(total=sum(n), # pm_grade 변수의 빈도 총계 구하기
        pct=round(n/total*100,1)) %>% # 등급별 빈도의 백분율을 소수점 한자리까지 구하기
 select(pm_grade, n, pct) %>% # 출력 변수 지정
 arrange(desc(n)) # 빈도 기준으로 내림차순 정렬

pm_grade      n    pct
 <chr>     <int>  <dbl>
1 normal    4842   54.3
2 good      3412   38.3
3 bad        577    6.5
4 worse       81    0.9
```

'보통'이 54.3%이고, '좋음'이 38.3%로 보통 이상이 전체의 92.6%입니다. '나쁨'은 6.5%, '매우 나쁨'은 0.9%로 비교적 적습니다. 미세먼지 실태가 예상보다 나쁘지 않아서 다행입니다.

6) 구별 미세먼지 등급 비교

구별로 미세먼지 등급을 분류한 후에 good의 빈도와 good이 전체 등급에서 차지하는 비율을 구하고 비율이 높은 순으로 5개 구만 출력합니다.

구별로 미세먼지 등급(pm_grade)을 교차 분류하는 것이 분석의 핵심입니다. 한 개의 식으로 분석해봅니다.

```
seoulair %>%
 filter(!is.na(pm10)) %>% # pm10이 결측치가 아닌 데이터만 추출
 mutate(pm_grade=ifelse(pm10<=30, "good", # pm_grade 변수 만들기
                        ifelse(pm10<=81, "normal",
                               ifelse(pm10<=150, "bad", "worse")))) %>%
 group_by(district, pm_grade) %>% # district별로 pm_grade 등급 분류
 summarise(n=n()) %>% # district별로 pm_grade 등급 빈도 구하기
 mutate(total=sum(n), # district별로 빈도 총계 구하기
        pct=round(n/total*100,1))%>% # district별로 pm_grade 등급별 백분율 구하기
 filter(pm_grade=="good") %>% # good 등급 데이터만 추출
 select(district, n, pct) %>% # 3개 변수만 추출
 arrange(desc(pct)) %>% # 백분율 기준으로 내림차순 정렬
 head(5) # 상위 5개 데이터만 추출

district   n      pct
 <chr>     <int>  <dbl>
1 용산구    196    54
2 중구      169    46.3
3 중랑구    151    46.2
4 종로구    163    44.7
5 금천구    161    44.4
```

용산구가 54%로 가장 높습니다. 1년 중 196일이 good 등급입니다. 다음으로 중구, 중랑구, 종로구, 금천구는 모두 40%대입니다.

7) 1년간 미세먼지 추이를 그래프로 그리기

x축을 date, y축을 pm10으로 하는 선그래프를 그립니다.

```
ggplot(data=seoulair, aes(x=date, y=pm10))+geom_line()
```

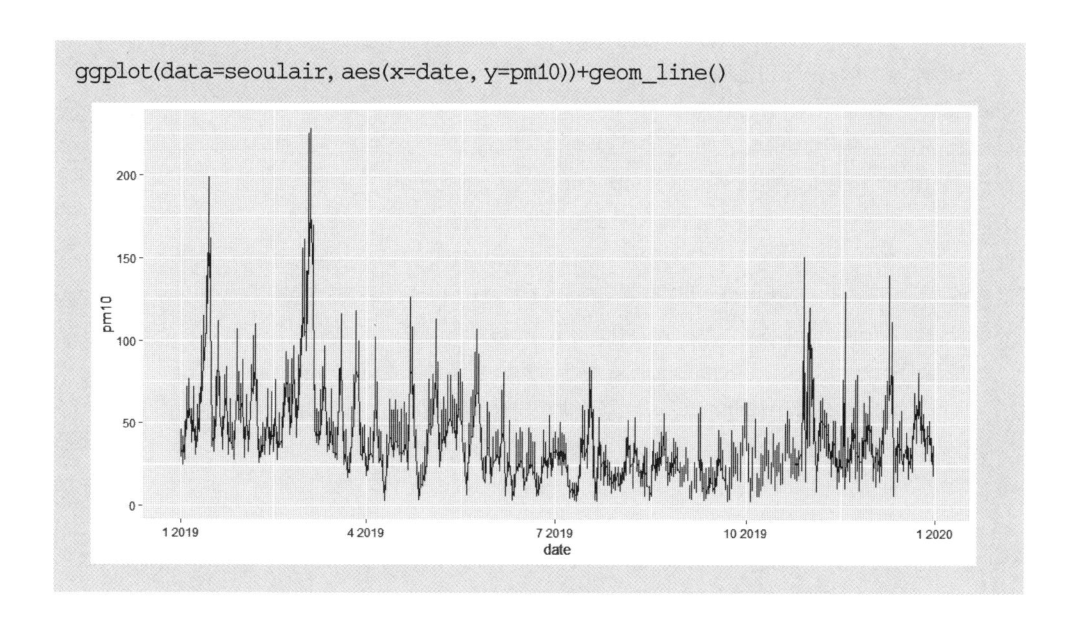

여름과 가을에는 미세먼지량이 적고, 봄과 겨울에는 많은 사실을 한눈에 알 수 있습니다.

8) 계절별 미세먼지 등급 비율 그래프 그리기

앞에서 한 것과 같이, 미세먼지 수치를 4개 등급으로 분류한 pm_grade 변수를 만들고, 계절별로 4개 등급의 비율을 구해서 새 객체 season_grade에 입력합니다. 그리고 season_grade로 막대그래프를 그립니다.

그래프 조건은 다음과 같습니다. 막대그래프는 spring, summer, autumn, winter 순으로 정렬합니다. 계절별로 4개 등급별 막대그래프를 나란하게 그립니다. 그래프의 이름은 '2019년 서울의 계절별 미세먼지 실태', x축 이름은 '계절', y축 이름은 '등급별 비율'입니다.

x축의 막대그래프 순서는 scale_x_discrete(limits=c( )) 함수를 이용하면 임의로 지

정할 수 있습니다. 계절별로 등급 비율을 구분해서 표시할 때는 'fill=pm_grade'를 지정하고, 등급별 막대그래프를 나란하게 그릴 때는 position="dodge" 파라미터를 이용하면 됩니다.

```
# season_grade 객체 만들기
season_grade <- seoulair %>%
 filter(!is.na(pm10)) %>% # pm10이 결측치가 아닌 데이터만 추출
 mutate(pm_grade=ifelse(pm10<=30, "good", # pm_grade 변수 만들기
                         ifelse(pm10<=81, "normal",
                                 ifelse(pm10<=150, "bad", "worse")))) %>%
 group_by(season, pm_grade) %>% # season별로 pm_grade 등급 분류
 summarise(n=n()) %>% # season별로 pm_grade 등급 빈도 구하기
 mutate(total=sum(n), # season별로 pm_grade 등급 빈도 총계 구하기
        pct=round(n/total*100,1)) %>% # season별로 pm_grade 등급 백분율 구하기
 select(season, pm_grade, pct) # 3개 변수만 추출

# 그래프 그리기
ggplot(data=season_grade, aes(x=season, y=pct, fill=pm_grade))+
 geom_col(position="dodge")+
 scale_x_discrete(limits=c("spring","summer","autumn","winter" ))+
 ggtitle("2019년 서울의 계절별 미세먼지 실태")+
 xlab("계절")+
 ylab("등급별 비율")
```

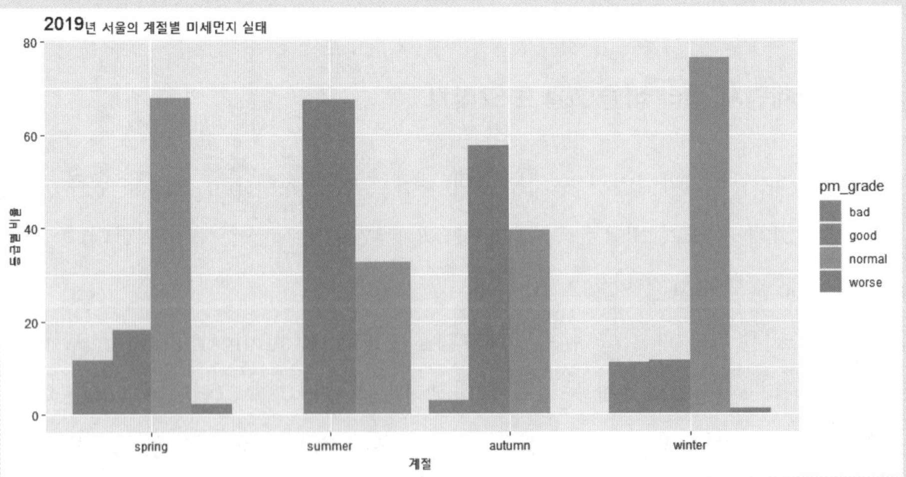

※ 인쇄상 제약으로 실제 결과의 색을 반영하지 못했습니다.

연습문제 10-1

1 2019년 서울의 초미세먼지 평균을 알아봅니다.

2 계절별로 초미세먼지가 가장 심했던 날짜를 찾아서 계절, 날짜, 구, 초미세먼지 데이터만 순서대로 출력하세요. filter( ), group_by( ), max( ), select( ) 함수를 조합해서 분석합니다.

3 25개 구의 연간 초미세먼지 평균을 구하고, 평균의 내림차순으로 막대그래프를 그리세요. 막대그래프를 90도 회전시켜서 y축에 구 이름이 표시되도록 합니다. x축과 y축의 이름은 지정하지 않아도 됩니다.

⇨ 25개 구의 평균 데이터를 구해서 새 객체 district_pm2.5에 입력한 후에 그래프를 그립니다. 막대그래프를 내림차순, 오름차순으로 정렬할 때는 reorder( ) 함수를 이용하고, 막대그래프를 90도 회전할 때는 coord_flip( ) 함수를 이용하면 됩니다.

4 연간 초미세먼지 평균이 가장 높은 구와 낮은 구의 평균이 통계적으로 차이가 있는가를 검정합니다.

⇨ 앞의 3번 문제와 같이 구별 연간 초미세먼지 평균을 구한 후에 최대 구와 최소 구를 동시에 추출하는 방식으로 2개 구의 이름을 확인합니다. 그리고 원본 데이터세트 seoulair에서 2개 구의 데이터만 추출해서 새 객체에 입력한 후에 평균 차이 통계 검정을 합니다.

➲ 해답은 뒤에 (p. 358)

사례 분석 10-2 수도권 지하철 승하차 인원 분석

분석 개요

공공데이터포털에서 제공하는 수도권 지하철의 노선, 역별 이용인원 데이터를 분석해서 유료 승객의 지하철 이용 실태를 알아봅니다.

분석 데이터

예제파일에 있는 subway_202005.csv 파일입니다. 2020년 5월의 수도권 지하철 이용 승객에 관한 데이터로 다음 절차에 따라 내려받을 수 있습니다.

1단계: 공공데이터포털(https://www.data.go.kr/)에 접속해서 검색창에 '지하철 호선별 역별 승하차 인원 정보'를 입력합니다.

2단계: 다음 페이지에서 [서울시 지하철호선별 역별 승하차 인원 정보(월간)] 데이터를 클릭합니다. 교통카드(선후불교통카드, 1회용 교통카드)를 이용한 지하철호선별 역별(서울메트로, 도시철도공사, 한국철도공사, 공항철도, 9호선) 승하차인원 정보가 있는 csv 파일입니다.

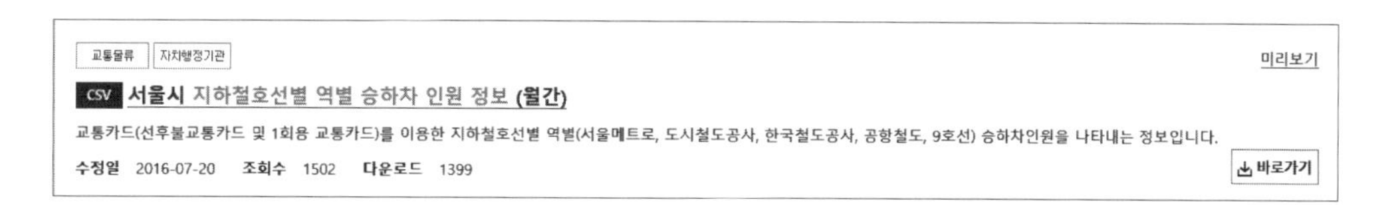

3단계: 사이트가 열리면 [바로가기]를 클릭합니다. 그러면 [파일 내려받기] 사이트가 열립니다. [전체 파일보기]를 클릭한 후에 2020년 5월의 이용승객수 정보가 있는 CARD_SUBWAY_MONTH_202005.csv 파일을 다운로드해서 워킹디렉터리에 저장합니다. 저장할 때 파일 형식을 csv로 지정하고, 이름은 subway_202005.csv로 합니다.

파일내려받기 *파일에 이상이 있는 경우 '오류신고'를 통해 운영자에게 알려주세요. 오류신고

NO	항목	파일명	용량(MB)	수정일	내려받기
1	명세서	CARD_SUBWAY_MONTH_202010.csv	1.1	2020.11.10	
2	명세서	CARD_SUBWAY_MONTH_202009.csv	1.2	2020.10.10	
3	명세서	CARD_SUBWAY_MONTH_202008.csv	1.2	2020.09.10	
4	명세서	CARD_SUBWAY_MONTH_202007.csv	1.2	2020.08.10	
5	명세서	CARD_SUBWAY_MONTH_202006.csv	1.1	2020.07.10	

전체 파일보기

 엑셀 파일에서 데이터 구조 보기

엑셀 파일에서 데이터의 구조를 확인합니다. 사용일자, 노선명, 역명, 승차총승객수, 하차총승객수, 등록일자 등 6개 변수가 있습니다. 이상한 변수는 없습니다.

	A	B	C	D	E	F
1	사용일자	노선명	역명	승차총승객수	하차총승객수	등록일자
2	20200501	중앙선	운길산	1349	1358	20200504
3	20200501	중앙선	팔당	1492	1712	20200504
4	20200501	중앙선	도심	1691	1462	20200504
5	20200501	중앙선	덕소	4303	4233	20200504

4 데이터 전처리

1) 분석 파일을 R로 불러오기

먼저 dplyr과 ggplot2 패키지를 설치하고 구동합니다. 설치되어 있으면 구동만 하면 됩니다.

```
library(dplyr)
library(ggplot2)
```

예제파일에서 subway_2005.csv를 불러와서 새 객체 subway에 입력합니다. 그리고 str( ) 함수로 구조를 알아봅니다.

```
subway <- read.csv("subway_2005.csv", stringsAsFactors = F)
str(subway)
'data.frame':  18327 obs. of 6 variables:
  $ 사용일자      : int 20200501 20200501 20200501 20200501 20200501 ...
  $ 노선명        : chr "중앙선" "중앙선" "중앙선" "중앙선" ...
  $ 역명          : chr "운길산" "팔당" "도심" "덕소" ...
  $ 승차총승객수: int 1349 1492 1691 4303 645 6006 9135 967 5584 4606 ...
  $ 하차총승객수: int 1358 1712 1462 4233 599 5562 9495 992 5317 4431 ...
  $ 등록일자      : int 20200504 20200504 20200504 20200504 20200504 ...
```

➡ 여기서 잠깐!

subway_2005.csv에서 노선명과 역명은 문자입니다. R은 데이터를 불러올 때 문자 변수는 범주형(Factor)으로 반환하도록 설정되어 있습니다. 그런데 모든 문자를 범주형으로 불러오면 데이터를 변환하고 분석할 때 오류가 발생할 가능성이 있습니다. 그래서 문자를 범주로 반환하지 말라는 명령인 'stringsAsFactors = F'를 지정했습니다.

6개 변수에 1만 8327개의 데이터가 있습니다. 변수 유형을 보면 사용일자, 승차총승객수, 하차총객수, 등록일자는 정수형(int)이며, 노선명과 역명은 문자형(chr)입니다.

2) 분석 변수 추출하고 이름 변경

6개 변수 가운데 분석할 변수는 사용일자, 노선명, 역명, 승차총승객수, 하차총승객수 등 5개입니다. 등록일자는 불필요하므로 제거하겠습니다. 그리고 분석할 변수이름을 영어로 변경합니다. 사용일자는 date, 노선명은 line, 역명은 station, 승차총승객수는 on_passenger, 하차총승객수는 off_passenger로 하겠습니다.

먼저 5개 변수를 추출하고 이름을 변경하는 방법과, 이름을 변경하고 5개 변수를 추출하는 방법이 있습니다. 후자가 편할 것 같으므로 이름을 변경하고 변수를 추출하겠습니다.

```
subway <- subway %>%
 rename(date="사용일자",                #분석 변수의 이름 변경
        line="노선명",
        station="역명",
        on_passenger="승차총승객수",
        off_passenger="하차총승객수") %>%
 select(-"등록일자")            #등록일자 변수 빼기
```

3) 변수의 이상치와 결측치 확인하고 처리하기

summary( ) 함수로 5개 변수의 결측치와 이상치를 확인합니다. 5개 변수에 결측치는 없습니다. date 변수는 5월 1일부터 31일까지 있습니다. on_passenger는 1~9009이고, off_passenger는 0~93572입니다. 최솟값이 0이면 내린 사람이 없다는 의미입니다. 고개가 갸우뚱거려지기는 하지만 유료승객을 조사한 것이어서 그럴 수도 있다고 생각하고 넘어가겠습니다. 전체적으로 이상치는 없습니다.

```
summary(subway)
      date               line                station              on_passenger
 Min.    :20200501  Length:18327       Length:18327       Min.    :    1
 1st Qu. :20200508  Class :character  Class :character  1st Qu. : 2958
 Median :20200516  Mode   :character  Mode   :character  Median : 6219
 Mean    :20200516                                         Mean    : 9009
 3rd Qu. :20200524                                         3rd Qu. :11656
 Max.    :20200531                                         Max.    :92741

off_passenger
 Min.    :    0
 1st Qu. : 2866
 Median : 6038
 Mean    : 8978
 3rd Qu. :11566
 Max.    :93572
```

4) 변수를 분석에 맞게 정리하고 파생변수 만들기

(1) date 변수

날짜별 승하차 승객수를 분석하기 위해 date 변수에서 날짜만 분리해서 새로운 변수 day에 입력합니다. str( ) 함수로 subway 변수들의 구조를 보면 date 변수는 '20200501' 형식으로 되어 있습니다. 7,8번째 숫자가 날짜입니다. substr( ) 함수로 분리합니다. 그리고 day 변수의 유형을 확인합니다. 숫자형(chr)이므로 정수형(int)으로 변환합니다.

```
subway$day<-substr(subway$date,7,8) # 새 변수 day 만들기

class(subway$day) # day의 유형 확인
[1] "character" # 정수형

subway$day <-as.integer(subway$day) # 정수형으로 변환
```

(2) line 변수

line의 범주별 빈도를 확인하고 정리합니다.

```
table(subway$line)
  1호선      2호선     3호선       4호선            5호선          6호선
   310       1550      1043         806             1581           1167
  7호선      8호선     9호선     9호선2~3단계        경강선         경부선
  1581        527       775         403              341           1209
 경원선     경의선    경인선       경춘선       공항철도 1호선     과천선
   909        815       620         589              434            248
 분당선     수인선    안산선     우이신설선          일산선         장항선
  1063        403       403         403              310            186
 중앙선
   651
```

9호선과 9호선 2~3단계는 같은 line으로 간주하고, 9호선 2~3단계를 9호선으로 변경해서 9호선과 통합합니다.

```
subway$line<-ifelse(subway$line=="9호선2~3단계","9호선",subway$line)
```

(3) station 변수

table(subway$station)로 역 이름의 빈도수, 이상한 역 이름 여부를 확인합니다. 처음 보는 역 이름도 있습니다. 실제로 있는가를 확인해보니 모두 있습니다.

```
table(subway$station)
           4.19민주묘지                   가능
                     31                     31
               가락시장         가산디지털단지
                     62                     62
                   가양                 가오리
                     31                     31
※ 너무 많아서 일부만 보여줍니다.
```

(4) on_passenger, off_passenger 변수로 전체승객 변수 만들기

두 변수의 값을 합쳐서 전체승객 변수 total_passenger를 만듭니다.

```
subway$total_passenger <- subway$on_passenger+subway$off_passenger
```

5) 분석 데이터 최종 확인

데이터를 분석할 기초 준비가 끝났습니다. 더 필요한 파생변수는 분석하면서 만들면 됩니다.

```
str(subway)
data.frame':    18327 obs. of 8 variables:
 $ date             : int 20200501 20200501 20200501 20200501 20200501
 $ line             : chr "중앙선" "중앙선" "중앙선" "중앙선" ...
 $ station          : chr "운길산" "팔당" "도심" "덕소" ...
 $ on_passenger     : int 1349 1492 1691 4303 645 6006 9135 967 5584 4606 ...
 $ off_passenger    : int 1358 1712 1462 4233 599 5562 9495 992 5317 4431 ...
 $ day              : chr "01" "01" "01" "01" ...
 $ total_passenger: int 2707 3204 3153 8536 1244 11568 18630 1959 10901 9037
```

5 데이터 분석

1) 역의 하루 평균 승차, 하차 승객수

전체 노선에서 1개 역의 하루 평균 승차, 하차 승객수를 알아봅니다.

```
subway %>%
 summarise(on_m=mean(on_passenger), # 하루 평균 승차 승객 구하기
             off_m=mean(off_passenger)) # 하루 평균 하차 승객 구하기
 on_m      off_m
1 9008.591 8977.572
```

2) 승차승객수가 가장 많았던 역의 노선을 찾아보기

승차승객이 가장 많았던 역을 찾아서 요일, 노선, 역 이름, 승차승객수만 출력합니다. 먼저 승차승객의 최댓값을 구합니다. 그런 다음 filter( ) 함수로 승차승객이 최대인 데이터를 구한 후에 select( ) 함수로 date, line, station, on_passenger 변수만 선택합니다.

```
max(subway$on_passenger) # 승차승객의 최댓값 구하기
[1] 92741

subway %>%
 filter(on_passenger==92741) %>% # 승차승객이 최대인 데이터 추출
 select(date, line, station, on_passenger) # 4개 변수만 선택
  date     line station on_passenger
1 20200508 2호선    강남         92741
```

➡ **여기서 잠깐!**

두 과정을 합쳐서 다음과 같이 하면 간편합니다.

```
subway %>%
 filter(on_passenger==max(on_passenger)) %>%
 select(date, line, station, on_passenger)
```

5월 8일에 강남역에서 2호선에 승차한 9만 2741명이 가장 많은 숫자입니다. 전체 역의 하루 평균 승차승객의 10배가 넘습니다.

3) 역별 하루 평균 전체승객수 분석

하루 평균 전체승객수가 많은 역 10곳의 이름과 노선, 하루 평균 전체승객수를 구해서 새 객체 passenger10에 입력합니다. 그리고 상위 3곳을 알아봅니다. 먼저 group_by( ) 함수로 station별로 분류한 후에 summarise( ) 함수와 mean( ) 함수를 이용해서 station별 하루 평균 전체승객수를 구합니다. 다음에는 arrange( ) 함수로 전체승객수를 기준으로 내림차순으로 정렬하고, head( ) 함수로 상위 10개만을 추출해서 passenger10에 입력합니다.

```
passenger10 <- subway %>%
  group_by(station)%>%  # 역별로 분류
  summarise(m=mean(total_passenger)) %>% # 역별로 전체이용승객 평균 구하기
  arrange(desc(m)) %>% # 전체이용승객 평균을 기준으로 내림차순 정렬
  head(10)  # 상위 10개 데이터 출력

head(passenger10, 3) # 상위 3개 행 보기
  station            m
1 강남          138946.
2 신림          105798.
3 구로디지털단지  95262.
```

강남역이 13만 8946명으로 가장 많고, 다음으로 신림역이 10만 5798명, 구로디지털단지역이 9만 5262명입니다. 수도권 지하철역에서는 강남역이 가장 번화한 곳이네요.

4) 역별 하루 평균 전체승객수가 많은 10개 역을 막대그래프로 그리기

passenger10 데이터세트를 이용해서 막대그래프를 그립니다. 역 이름은 reorder( ) 함수를 이용해서 전체승객수가 많은 역부터 이름이 출력되는 내림차순으로 정렬합니다. 역 이름이 많으므로 coord_flip( ) 함수를 이용해서 역이름이 y축에 가도록 막대를 90도 회전시킵니다.

```
ggplot(data=passenger10, aes(x=reorder(station, m), y=m))+
 geom_col()+
 coord_flip()
```

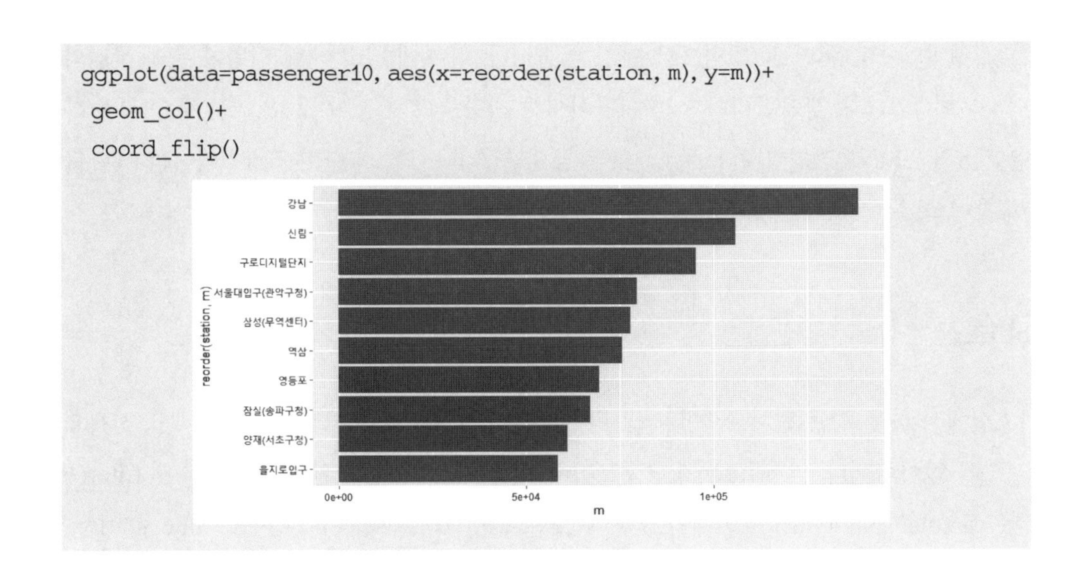

5) 날짜별 전체승객 분석

5월 중에 전체승객이 가장 많았던 날짜를 3개 찾아서 날짜와 전체승객수만 출력합니다. group_by( ) 함수로 date별로 분류한 후에 summarise( ) 함수와 sum( ) 함수를 이용해서 date별로 전체승객을 합친 총승객을 구합니다. 다음에는 arrange( ) 함수를 이용해서 date별 총승객수를 기준으로 내림차순으로 정렬하고, head( ) 함수로 상위 3개 데이터를 출력합니다.

```
subway %>%
 group_by(date)%>% # date별로 분류
 summarise(total=sum(total_passenger)) %>% # date별로 총승객수 구하기
 arrange(desc(total)) %>% # 총승객수 기준 내림차순 정렬
 head(3)

  date     total
  <int>    <int>
1 20200508 13585022
2 20200529 13358885
3 20200522 13356365
```

5월 8일이 1358만 5022명으로 가장 많습니다. 하루에 타고 내린 인원이 우리 국민의 약 4분의 1입니다. 상당합니다. 어버이날이어서 사람들의 이동이 많았던 것 같습니다. 다음은 5월 29일과 22일입니다. 두 날 모두 금요일입니다. 5월 후반의 금요일이어서 사람들이 많이 외출한 것으로 해석됩니다.

6) 1호선 분석

1호선에서 하루 평균 전체승객이 가장 많았던 역과 요일, 승차승객수, 하차승객수, 전체승객수를 알아봅니다. 먼저 filter( ) 함수로 line 변수에서 1호선을 선택한 후에 다시 filter( ) 함수로 total_passenger가 최대인 날을 추출합니다. 그리고 select( ) 함수로 date, station, on_passenger, off_passenger, total_passenger 변수를 선택합니다.

```
subway %>%
 filter(line=="1호선") %>%
 filter(total_passenger==max(total_passenger)) %>% # 전체이용승객 최대 행 추출
 select(date, station, on_passenger, off_passenger, total_passenger)# 5개변수
선택

     date  station on_passenger off_passenger total_passenger
1 20200508     서울역          49277            47873                97150
```

1호선에서는 5월 8일에 서울역에서 가장 많은 9만 7150명이 이용했습니다. 승차승객(4만 9277명)이 하차승객(4만 7873명)보다 많습니다. 버스나 택시 등 다른 교통수단으로 서울역 부근에 왔다가 지하철을 타고 이동하는 사람들이 많은 것 같습니다.

7) 주중과 휴일의 전체승객 비교

주중과 휴일의 전체승객이 통계적으로 차이가 있는가를 알아봅니다. 2020년 5월에는 2, 3, 5, 9, 10, 16, 17, 23, 24, 30, 31일이 주말과 공휴일(5일)이었습니다. 5일도 주말로 간주합니다. day 변수를 이용해서 주중(weekday)과 주말(weekend) 범주를 가진 새 변수 week를 만들고, 독립표본 t검정으로 주중과 주말의 전체승객 평균 차이 검정을 합니다. 전체승객이 종속변수이고, 주중 및 주말이 독립변수입니다.

```
subway$week <- ifelse(subway$day%in%c(2,3,5,9,10,16,17,23,24,30,31),
        "weekend","weekday") # week 변수 만들기

t.test(data=subway, total_passenger~week)

        Welch Two Sample t-test
data: total_passenger by week
t = 38.314, df = 18238, p-value < 2.2e-16 ①
alternative hypothesis: true difference in means is not equal to 0
95 percent confidence interval:
 8850.746 9805.159
sample estimates:
mean in group weekday mean in group weekend ②
            21295.00              11967.05
```

①을 보면 p-value < 2.2e-16으로 유의수준이 0.05보다 작기 때문에 주중과 휴일의 전체승객수는 통계적으로 차이가 있습니다. ②를 보면 주중 평균 전체승객수는 2만 1295명이고, 주말 평균 전체승객수는 1만 1967.05명입니다. 주중 전체승객수가 주말보다 9327.95명 많습니다.

8) 노선별 전체승객 비율 비교

전체 지하철 노선에서 전체승객 비율이 높은 노선을 알아봅니다. 노선별 전체승객 비율을 구해서 새 객체 line_pct에 입력한 후에 이용승객 비율이 상위 3위인 노선만 출력합니다. 비율은 백분율로 소수점 한자리까지 구합니다.

group_by( ) 함수로 line별로 분류한 후에 summarise( ) 함수와 sum( ) 함수를 이용해서 line별 전체승객수를 구합니다. 그리고 mutate( ) 함수로 모든 지하철 이용승객수와 line별 이용비율을 구하면 됩니다.

```
line_pct <-subway %>%
 group_by(line)%>% #line별로 분류
 summarise(total=sum(total_passenger)) %>% # line별로 이용승객 총계 구하기
 mutate(all=sum(total),       #전체 line의 이용승객 총계 구하기
         pct=round(total/all*100,2)) # line별 이용승객 비율 구하기

 line_pct %>%
 arrange(desc(pct)) %>% #내림차순 정렬
 head(3) #상위 3개 행 출력

  line   total       all   pct
  <fct>   <int>     <int> <dbl>
1 2호선  66416505 329632420  20.2
2 7호선  33342484 329632420  10.1
3 5호선  28570030 329632420  8.67
```

5월에 지하철을 이용한 전체승객은 연인원으로 3억 2963만 2420명이었습니다. 2호선이 20.2%를 수송해서 가장 많았습니다. 2호선이 수도권 지하철의 허브인 것 같습니다. 다음으로 7호선 10.1%, 5호선 8.67%이었습니다.

9) 지하철 전체승객 비율 막대그래프 그리기

앞에서 구한 line_pct 데이터를 이용해서 지하철 1~9호선, 분당선의 이용승객 운행 비율을 소수점 한자리까지 구하고, 막대그래프로 그립니다. 조건은 비율이 높은 순부터 내림차순으로 정렬하고, 노선을 그래프의 y축으로 합니다. 그래프의 제목은 '서울지하철 노선 이용비율', x축 제목은 '이용비율', y축 제목은 '노선'입니다.

line_pct에서 지하철 1~9호선, 분당선의 자료만 추출해서 새 객체 line_pct10에 입력합니다. 그런 다음 그래프를 그립니다. 노선을 그래프의 y축에 놓기 위해서는 coord_flip( ) 함수를 이용합니다.

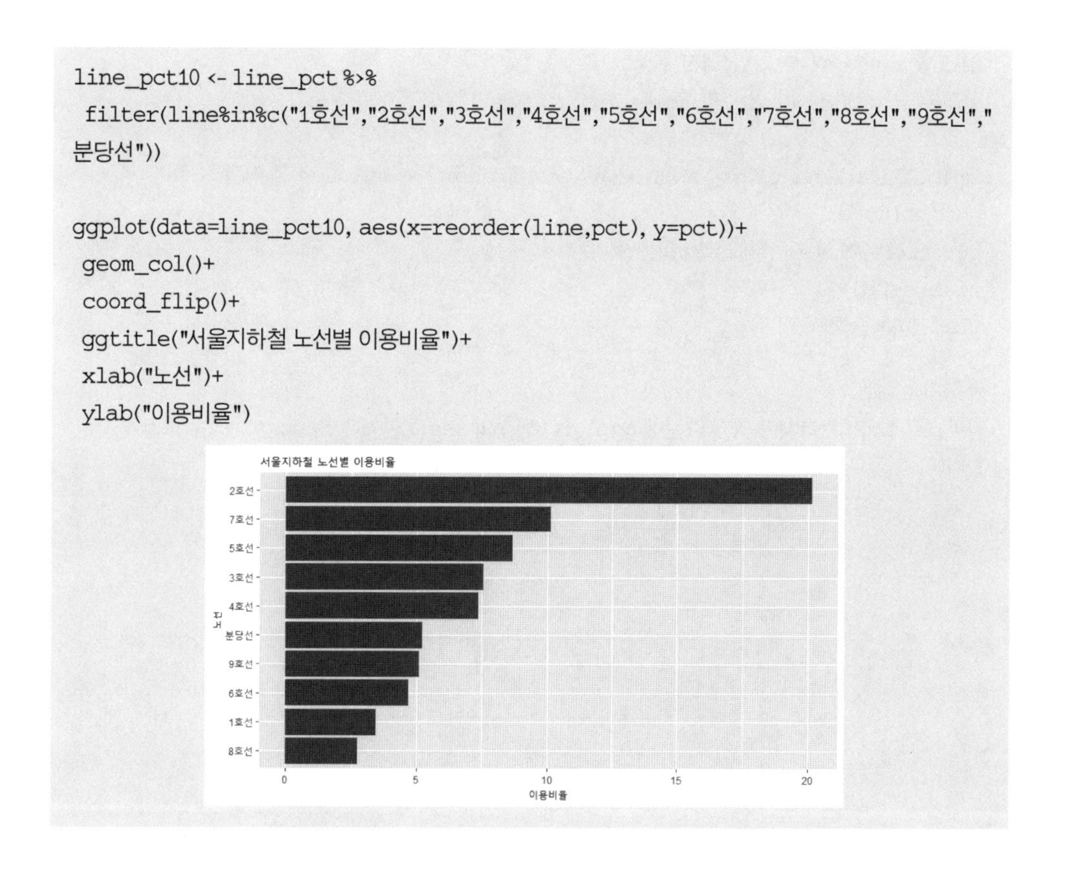

```
line_pct10 <- line_pct %>%
 filter(line%in%c("1호선","2호선","3호선","4호선","5호선","6호선","7호선","8호선","9호선","
분당선"))

ggplot(data=line_pct10, aes(x=reorder(line,pct), y=pct))+
 geom_col()+
 coord_flip()+
 ggtitle("서울지하철 노선별 이용비율")+
 xlab("노선")+
 ylab("이용비율")
```


위의 그래프를 보면 지하철 노선별 승객 비율을 한눈에 알 수 있습니다. 2호선이 압도적으로 높습니다. 7호선은 10%를 약간 넘고, 5호선, 3호선, 4호선, 분당선, 9호선은 5~10% 사이입니다. 그러나 6호선, 1호선, 8호선은 5% 미만입니다.

10) 날짜별 전체승객 선그래프 그리기

날짜(day)별 전체승객수를 선그래프로 그립니다. x축은 요일, y축은 전체승객입니다. 그래프의 제목은 '수도권 지하철 요일별 이용승객수', x축 제목은 '요일', y축 제목은 '이용승객'으로 합니다.

group_by( ) 함수로 day별로 분류하고, summarise( ) 함수로 날짜별 전체승객을 합쳐서 새 객체 day_graph에 입력합니다. 그리고 ggplot( )+geom_line( )으로 그래프를 그립니다.

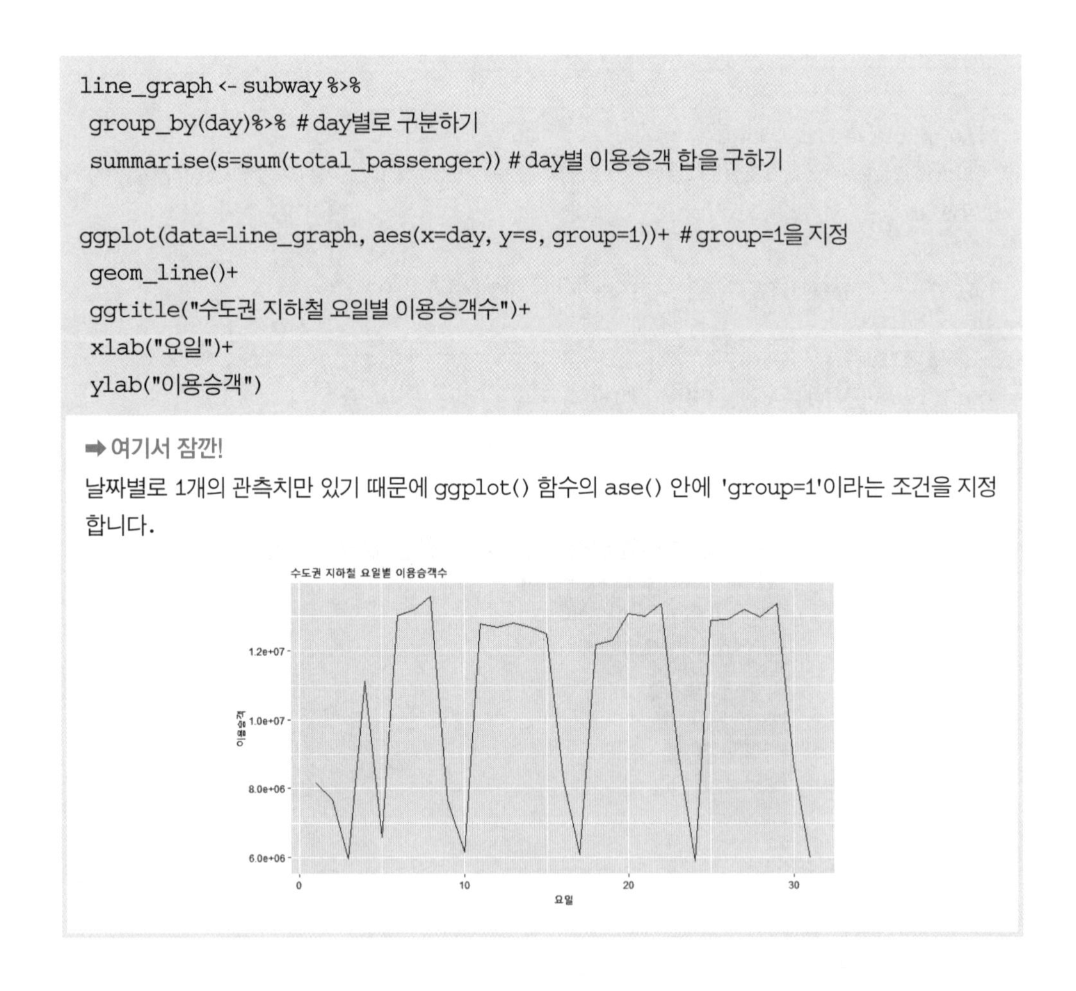

```
line_graph <- subway %>%
 group_by(day)%>% #day별로 구분하기
 summarise(s=sum(total_passenger)) #day별 이용승객 합을 구하기

ggplot(data=line_graph, aes(x=day, y=s, group=1))+ #group=1을 지정
 geom_line()+
 ggtitle("수도권 지하철 요일별 이용승객수")+
 xlab("요일")+
 ylab("이용승객")
```

➡ 여기서 잠깐!
날짜별로 1개의 관측치만 있기 때문에 ggplot() 함수의 ase() 안에 'group=1'이라는 조건을 지정합니다.

날짜별 전체승객 선그래프를 보면 높은 산봉우리들이 이어져 있는 형태입니다. 주중에는 그래프가 올라가고, 주말에는 내려가 있습니다.

연습문제 10-2

1 4호선 혜화역의 하루 평균 승차객수, 하차객수, 전체승객수를 알아보겠습니다.

2 5월 5일은 어린이날입니다. 이날 롯데월드가 있는 잠실역의 전체승객수를 구해봅니다. 잠실역의 이름은 '잠실(송파구청)'로 되어 있습니다. 출력은 line, station, on_passenger, off_passenger, total_passenger만 합니다.

3 서울역에는 1호선, 4호선, 경부선, 경의선, 공항철도 1호선 등 5개 노선이 있습니다. 1호선과 4호선 서울역의 하루 평균 전체승객수를 구하고, 통계적으로 차이가 있는가를 검정하세요.

4 매월 1~10일은 초순, 11~20일은 중순, 21일 이후는 하순입니다. 초순, 중순, 하순별로 1개 역의 하루 평균 전체승객수를 구해서 새 객체 period_passenger에 입력한 후에 내림차순으로 출력합니다.

⇨ day 변수를 이용해서 날을 초순, 중순, 하순으로 구분한 새 변수 period를 만듭니다. 초순은 first, 중순은 second, 하순은 third로 합니다.

5 앞에서 구한 분석 결과를 막대그래프로 그립니다. x축의 시기는 초순, 중순, 하순 순으로 출력하세요.

해답은 뒤에 (p. 361)

사례 분석 10-3 한국인의 정신건강 분석

1 분석 개요

현대사회는 물질적으로 매우 풍요로운 사회가 되었지만 정신적으로는 여러 가지 문제점들이 드러나고 있습니다. 스스로 목숨을 끊는 사람들이 늘어나고 있는 점은 이를 방증합니다. 한국행정연구원의 〈사회통합실태조사〉 자료를 이용해서 자살충동에 영향을 주는 요인들을 알아보고, 우리 국민의 정신건강을 증진하는 방안을 찾아보려 합니다. 이런 분석은 논문 작성과 같은 연구 목적으로 하는 형태입니다. 먼저 연구문제를 정합니다.

자살 요인은 여러 가지가 있겠지만, 사람들이 자신의 삶에 만족한다면 자살충동을 적게 느낄 것이고, 외롭고 힘들면 자살충동을 자주 느낄 것이라고 가정할 수 있습니다. 또 삶의 만족도와 외로움에는 가족 관계, 경제력, 건강상태 등이 영향을 미치는데, 이는 모든 사람에게 동일하게 작용하지는 않으며 성별이나 나이 등에 따라 차이가 있을 것입니다. 이런 가정 아래 다음과 같은 연구문제를 설정했습니다.

- **연구문제 1:** 삶의 만족도와 외로움이 자살충동에 주는 영향을 알아봅니다.
- **연구문제 2:** 삶의 만족도와 외로움의 상관관계를 알아봅니다.
- **연구문제 3:** 가족신뢰도, 경제적 안정, 건강상태가 삶의 만족도와 외로움에 주는 영향을 알아봅니다.
- **연구 문제 4:** 성, 연령, 지역에 따라 삶의 만족도에 차이가 있는가를 알아봅니다.

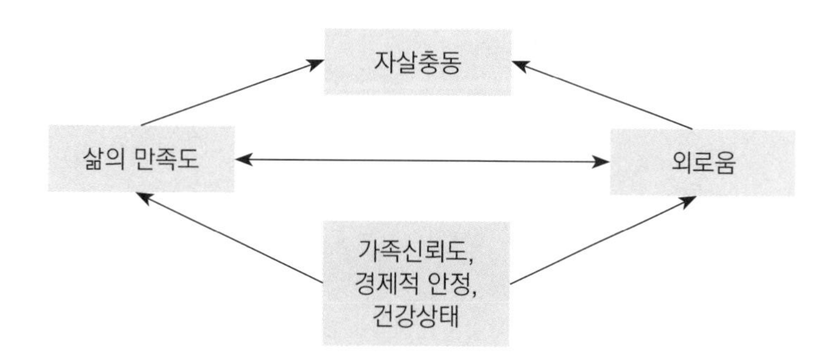

2 분석 데이터

예제파일에 있는 '한국행정연구원_사회통합실태조사_데이터_2019.sav'를 분석 데이터로 사용합니다. 한국행정연구원은 2013년부터 매년 우리 사회의 통합 수준과 문제, 원인을 파악하고 처방책을 찾기 위해 국민 8000명을 설문조사하고 있습니다. 그리고 분석보고서와 설문조사 데이터 자료를 홈페이지에 공개하고 있습니다. 국가승인통계입니다. 우리가 분석하는 자료는 2019년에 조사한 것입니다. 한국행정연구원 홈페이지에서 신청해 받았으며, 한국행정연구원의 연구자료관리규칙에 따라 사용허가를 받았습니다. 다음의 절차로 해당 파일을 내려받을 수 있습니다.

1단계: 한국행정연구원의 홈페이지(www.kipa.re.kr)에 접속합니다. 그리고 상단 메뉴에서 [정보공개]를 클릭합니다.

2단계: [정보공개] 화면에서 [DB활용신청] 메뉴를 클릭하면 [이용안내] 화면이 나타납니다. 그러면 데이터 이용절차에 대한 상세한 안내문이 나옵니다. 이를 확인하고 하단에 있는 [데이터 신청 바로가기]를 클릭해서 절차대로 진행하면 손쉽게 데이터를 신청하고 받을 수 있습니다.

3단계: 자료를 신청합니다. 신청하는 자료는 '2019 사회통합실태조사'입니다. 신청이 승인되면 내려받습니다. 파일이름은 '한국행정연구원_사회통합실태조사_데이터_2019.sav'이고, 형태는 spss 파일입니다.

설문지는 첨부되어 있지 않으며 별도로 내려받아야 합니다. 2단계의 [정보공개] 화면에서 왼쪽 하단에 있는 [통계DB] 메뉴의 '사회통합실태조사'를 클릭하면 설문지를 내려받을 수 있습니다.

3 데이터 전처리

1) 분석 파일을 R로 불러오기

먼저 install.packages( )와 library( ) 함수로 dplyr과 ggplot2 패키지를 설치하고 구동합니다. 이미 설치되어 있으면 구동만 하면 됩니다.

```
library(dplyr)
library(ggplot2)
```

예제파일에서 '한국행정연구원_사회통합실태조사_데이터_2019.sav'를 불러와 새 객체 mental에 입력합니다. spss 파일을 불러오기 위해서는 read.spss( ) 함수를 이용해야 합니다. read_spss( ) 함수는 foreign 패키지를 설치하고 구동하면 이용할 수 있습니다.

R로 spss 파일을 불러오면 리스트 형태로 입력되기 때문에 데이터프레임 형태로 변경해야 합니다.

```
install.packages("foreign") # foreign 패키지 설치
library(foreign) # foreign 패키지 구동

mental <- read.spss("한국행정연구원_사회통합실태조사_데이터_2019.sav")

class(mental) # 객체 유형 확인
[1] "list" # 리스트
mental <- as.data.frame(mental) # 데이터프레임으로 변환하기

class(mental) # 객체 유형 확인
[1] "data.frame"
```

➡ 여기서 잠깐!

예제파일에서 불러올 때 'to.data.frame=T'를 써도 됩니다.

```
mental<-read.spss("한국행정연구원_사회통합실태조사_데이터_2019.sav", to.data.frame=T)
```

2) 분석 변수 추출하고 이름 변경

str( ) 함수로 mental의 구조를 알아봅니다. 276개 변수에 8000개의 데이터가 있습니다. mental에서 연구문제에 맞는 분석 변수만 추출해서 다시 mental에 입력한 후에 변수이름을 영어로 변경합니다. 추출 변수는 자살충동과 관련된 변수와 인구사회적 변수입니다. 변경하려는 영어 이름은 분석 변수 옆에 적었습니다.

```
# 추출 변수 (변수 설명, 척도 범위) : 영어 변수이름
q32_2(자살하고 싶은 생각이 드는 정도, 4점 척도) : suicide
q1_4(요즘 느끼는 삶에 대한 만족도, 등현등간척도, 11점)  : satisfaction
q32_1(외롭다고 느끼는 정도, 4점 척도)           : loneliness
q34_1(본인의 가족에 대한 신뢰도, 4점 척도)       : family_belief
q52(본인 경제상황의 안정도, 등현등간척도, 0~10점) : wealth
d17(건강상태, 5점 척도)                        : health
d1(성별)                                      : sex
d2(연령대, 5등 등급)                           : age
ara(지역)                                     : area

<척도 값>
4점 척도: 1=전혀 아니다, 2=별로 아니다, 3=약간 그렇다, 4=매우 그렇다
5점 척도: 1=매우 나쁘다, 2=나쁘다, 3=보통이다, 4=좋다, 5=매우 좋다
등현등간척도: 0~10점으로 구성, 5점(보통)보다 낮을수록 부정적이고 높을수록 긍정적
```

➡ 여기서 잠깐!

모든 조사문항의 응답순서는 숫자가 커질수록 좋게 평가하는 것으로 구성되어 있습니다. 이런 경우에는 문제가 없습니다. 그러나 어떤 조사문항은 숫자가 커질수록 나쁘게 평가하는 식으로 구성되기도 합니다. 이런 조사문항의 응답을 그대로 분석하면 결과가 엉뚱하게 나옵니다. 이런 경우는 응답순서를 거꾸로 바꾸는 역코딩 작업을 한 후에 분석해야 합니다.

```
#변수 추출 후 이름 변경
mental <- mental %>%
 select(q32_2, q1_4, q32_1, q34_1, q52, d17, ,d1, d2, ara) %>% #변수 추출
 rename(suicide=q32_2,                #변수이름 변경
        satisfaction=q1_4,
        loneliness=q32_1,
        family_belief=q34_1,
        wealth=q52,
        health=d17,
        sex=d1,
        age=d2,
        area=ara)
```

3) 변수 유형 변경과 정리

str( ) 함수로 mental의 구조를 보면 변수의 유형이 모두 Factor(범주형)입니다.

```
str(mental)
'data.frame':    8000 obs. of 9 variables:
 $ suicide      : Factor w/ 4 levels "전혀 그렇지 않다",..: 2 2 2 1 1 2 3 3 1 2 ...
 $ satisfaction : Factor w/ 12 levels "0점 전혀 만족하지 않는다",..: 5 5 5 4 7 ...
 $ loneliness   : Factor w/ 4 levels "전혀 그렇지 않다",..: 2 2 2 2 1 2 3 3 1 2 ...
 $ family_belief: Factor w/ 4 levels "전혀 신뢰하지 않는다",..: 3 3 2 2 4 2 3 ...
 $ wealth       : Factor w/ 11 levels "0점 전혀 안정적이지 않다",..: 4 7 6 4 6 ...
 $ health       : Factor w/ 5 levels "매우 나쁘다",..: 4 3 4 4 4 4 4 4 4 4 ...
 $ sex          : Factor w/ 2 levels "남성","여성": 2 2 1 2 1 2 2 1 2 1 ...
 $ age          : Factor w/ 5 levels "20대","30대",..: 5 5 4 4 3 3 1 5 5 3 ...
 $ area         : Factor w/ 17 levels "서울","부산",..: 1 1 1 1 1 1 1 1 1 1 ...
```

자살충동과 관련해서 분석할 6개 변수는 4점 척도(suicide, loneliness, family_belief), 5점 척도(health), 11점 척도(0~10점: satisfaction, wealth)로 조사된 변수입니다. 그런데 응답 항목을 "1= 전혀 그렇지 않다"와 같은 방식으로 제시하고 번호를 선택하도록 했기 때문에 변수 유형이 범주형이 되었습니다. 또 satisfaction의 범주수는 11개가 아니라 12개입니다. 그 이유가 궁금합니다. 4점, 5점, 11점 척도별로 응답 빈도를 알아보겠습니다.

```
table(mental$suicide) # suicide의 빈도 확인
전혀 그렇지 않다   별로 그렇지 않다    약간 그렇다    매우 그렇다
       5592              1862             479            67

table(mental$health) # health의 빈도 확인
매우 나쁘다  나쁜 편이다  보통이다  좋은 편이다  매우 좋다
     87          509        2413       3730       1261

table(mental$satisfaction) # satisfaction의 빈도 확인
0점 전혀 만족하지 않는다                     1점          2점
                     49                      79          170
                    3점                     4점     5점 보통
                    302                     440         2053
                    6점                     7점          8점
                   1611                    1761         1040
                    9점    10점 매우 만족한다    모름/무응답
                    321                     174            0
```

satisfaction 변수에는 0~10점 척도의 마지막에 "모름/무응답" 항목이 있습니다. satisfaction의 범주수가 12개로 출력된 것은 이 때문입니다. 응답자가 있으면 결측치로 처리해야 할 텐데, 없으니까 그러지 않아도 될 것 같습니다.

6개 변수 간 관계를 분석하기 위해서는 6개 범주이름을 문자에서 숫자로 변환해야 합니다. 어렵지 않습니다. 변수 유형을 정수형이나 실수형으로 변환하면 제시된 문항 순서대로 1, 2, 3, 4…로 변환됩니다. 6개 변수를 모두 정수형으로 변환한 후에 앞에서 본 3개 변수의 응답 빈도를 확인하겠습니다.

```
mental$suicide <- as.integer(mental$suicide)
mental$satisfaction <- as.integer(mental$satisfaction)
mental$loneliness <- as.integer(mental$loneliness)
mental$family_belief <- as.integer(mental$family_belief)
mental$wealth <- as.integer(mental$wealth)
mental$health <- as.integer(mental$health)

table(mental$suicide) # suicide의 빈도 확인
   1    2   3  4
5592 1862 479 67

table(mental$health) # health의 빈도 확인
 1   2    3    4    5
87 509 2413 3730 1261

table(mental$satisfaction) # satisfaction의 빈도 확인
 1  2   3   4   5    6    7    8    9  10  11
49 79 170 302 440 2053 1611 1761 1040 321 174
```

suicide, health 변수는 범주형 응답 빈도와 정수형 응답 빈도가 같아서 변환에 문제가 없습니다. 그런데 satisfaction 변수의 변환된 정수를 보면 1부터 11까지 있습니다. 이 변수는 등현등간척도이므로 0~10점으로 조사되었는데, 1점씩 올라갔습니다. 정수형 변수로 변환되면서 첫 번째 문항을 1로 시작했기 때문입니다. 그대로 분석을 하면 응답내용이 실제보다 1점씩 부풀려지는 오류가 발생합니다. 따라서 등현등간척도 변수인 satisfaction과 wealth에서는 변수의 범주 숫자에서 1점씩 빼는 보정작업을 해야 합니다.

```
mental$satisfaction<-mental$satisfaction-1 #범주 숫자 보정작업
mental$wealth <-mental$wealth-1

table(mental$satisfaction)
 0  1   2   3   4    5    6    7    8   9  10
49 79 170 302 440 2053 1611 1761 1040 321 174
```

다음으로 sex, age, area의 유형을 범주형에서 문자형(character)으로 변경합니다. 범주형으로 분석하면 오류가 발생할 수 있기 때문입니다. 그리고 3개 변수의 범주와 빈도를 알아봅니다.

```
mental$age <- as.character(mental$age)
mental$sex <- as.character(mental$sex)
mental$area <- as.character(mental$area)
table(mental$sex) # sex의 범주별 빈도 구하기
 남성  여성
4011 3989

table(mental$age)  # age의 범주별 빈도 구하기
19~29세   30대   40대   50대  60~69세
   1542   1516   1769   1821     1352

table(mental$area) # area의 범주별 빈도 구하기
강원  경기  경남  경북  광주  대구  대전  부산  서울  세종  울산  인천  전남  전북  제주  충남  충북
 388 1103  527  466  353  464  356   539  965  162  324  522  395   381  267  425   363
```

이상한 범주는 없습니다. 다만 age 변수의 범주에 '19~29세'와 '60~69세'가 있습니다. 다른 범주의 이름과 같이 20대, 60대로 변경하는 것이 연령대별로 분석하는 데 편할 것 같습니다.

```
mental$age <- ifelse(mental$age == "19~29세","20대",
          ifelse(mental$age=="60~69세", "60대", mental$age))
```

4) 결측치, 이상치 확인하기

summary(mental)를 하면 결측치를 확인할 수 있습니다. 모든 변수에서 결측치가 없습니다. 이상치는 suicide, satisfaction, loneliness, family_belief, wealth, health 변수에서 최솟값과 최댓값이 조사 척도의 범위 안에 있는가를 확인하면 알 수 있습니다. 이상치가 없습니다.

```
summary(mental)
   suicide    satisfaction  loneliness  family_belief    wealth
Min.   :1.000 Min.   : 0.000 Min.   :1.000 Min.   :1.000 Min.   : 0.000
1st Qu.:1.000 1st Qu.: 5.000 1st Qu.:1.000 1st Qu.:3.000 1st Qu.: 4.000
Median:1.000 Median: 6.000 Median:2.000 Median:4.000 Median: 5.000
Mean   :1.378 Mean   : 6.037 Mean   :1.795 Mean   :3.576 Mean   : 4.985
3rd Qu.:2.000 3rd Qu.: 7.000 3rd Qu.:2.000 3rd Qu.:4.000 3rd Qu.: 6.000
Max.   :4.000 Max.   :10.000 Max.   :4.000 Max.   :4.000 Max.   :10.000
    health          sex                 age                area
Min.   :1.000 Length :8000       Length :8000       Length :8000
1st Qu.:3.000 Class  :character Class  :character Class  :character
Median:4.000 Mode   :character Mode   :character Mode   :character
Mean   :3.696
3rd Qu.:4.000
Max.   :5.000
```

4 데이터 분석

1) 빈도분석

연구할 때는 우선 인구사회적 변수의 빈도분석을 합니다. 성과 연령대의 빈도와 비율을 알아보겠습니다. 통상 비율은 백분율로 소수점 한자리까지 구합니다. 지역별 분포는 중요하지 않으므로 분석하지 않겠습니다.

```
#성별 빈도분석
mental %>%
 group_by(sex) %>% #sex 변수로 분류
 summarise(n=n()) %>% #sex 변수의 범주별 빈도 구하기
 mutate(total=sum(n), #sex 변수의 빈도총계 구하기
        pct=round(n/total*100,1)) #sex 변수의 범주별 비율 구하기
```

```
   sex       n  total    pct
  <chr>  <int>  <int>  <dbl>
1  남성    4011   8000   50.1
2  여성    3989   8000   49.9

#연령대별 빈도분석
mental %>%
 group_by(age) %>% #age 변수의 범주로 분류
 summarise(n=n()) %>% #age 변수의 범주별 빈도 구하기
 mutate(total=sum(n), #age 변수의 빈도총계 구하기
        pct=round(n/total*100,1)) #age 변수의 범주별 비율 구하기

   age       n  total    pct
  <chr>  <int>  <int>  <dbl>
1  20대   1542   8000   19.3
2  30대   1516   8000   18.9
3  40대   1769   8000   22.1
4  50대   1821   8000   22.8
5  60대   1352   8000   16.9
```

성별로 보면 남성이 50.1%(4011명), 여성이 49.9%(3989명)로 비슷합니다. 연령대는 60대가 16.9%(1352명)로 다소 적지만, 20대, 30대, 40대, 50대는 19.3~22.8%로 고르게 분포되어 있습니다.

2) 교차분석

성별로 연령대가 고르게 분포되어 있는가를 알아봅니다. 성과 연령대 변수로 교차분석을 해서 남성과 여성의 연령대별 빈도와 비율을 알아보고, 빈도와 비율이 들어간 교차표를 만들어봅니다. 비율은 남성과 여성별로 각각 100%를 기준으로 분석해야 성에 따른 연령대 분포 비율을 비교할 수 있습니다. 백분율은 소수점 한자리까지 구합니다. 그리고 chisq.test( ) 함수로 비율에 의미 있는 차이가 있는가를 검정합니다.

```
# 성과 연령대의 교차 빈도 구하기
table(mental$sex, mental$age)
      20대 30대 40대 50대 60대
 남성 822  745  900  891  653
 여성 720  771  869  930  699
```

```
# 성과 연령대의 교차 백분율 구하기. 행별로 100% 기준. 소수점 한자리
round(prop.table(table(mental$sex, mental$age),1)*100, 1)
      20대 30대 40대 50대 60대
 남성 20.5 18.6 22.4 22.2 16.3
 여성 18.0 19.3 21.8 23.3 17.5
```

➡ 앞의 숫자 1은 행별로 비율의 총합이 1이 되도록 계산하라는 명령이고, 뒤의 숫자 1은 소수점 한자리까지 구하라는 명령이다.

		20대	30대	40대	50대	60대	전체
남성	빈도	822	745	900	891	653	4011
	비율(%)	20.5	18.6	22.4	22.2	16.3	100
여성	빈도	720	771	869	930	699	3989
	비율(%)	18.0	19.3	21.8	23.3	17.5	100

```
# 교차분석 검정
 chisq.test(mental$sex, mental$age)

        Pearson's Chi-squared test
data: mental$sex and mental$age
X-squared = 10.076, df = 4, p-value = 0.03916 ①
```

①을 보면 유의수준이 0.03916으로 $p < .05$입니다. 따라서 남성과 여성의 연령대 분포 비율은 다소 차이가 있다고 할 수 있습니다. 남성에서는 40대와 50대의 비율이 높고, 여성에서는 50대의 비율이 가장 높습니다. 남성은 20대, 40대, 50대의 비율이 높은 반면 여성은 40대와 50대가 높습니다. 여성보다는 남성의 연령대별 비율이 좀 더 고르게 분포되어 있습니다.

3) 평균 분석

suicide, satisfaction, loneliness, family_belief, wealth, health 변수의 평균을 분석합니다.

```
mental %>%
  summarise(m1=mean(suicide), m2=mean(satisfaction), m3=mean(loneliness),
            m4=mean(family_belief), m5=mean(wealth), m6=mean(health))
   m1       m2     m3     m4       m5        m6
 1.377625 6.0365 1.795 3.576375 4.985125 3.696125
```

- 자살충동(suicide): 4점 척도에서 1.38점으로 '아니다~별로 아니다'에 있습니다.
- 삶의 만족도(satisfaction): 0~10점 척도에서 6.04점입니다. 보통(5점)보다 위에 있지만 높은 수준은 아닙니다.
- 외로움(loneliness): 4점 척도에서 1.8점으로 비교적 낮은 수준입니다.
- 가족신뢰도(family_belief): 4점 척도에서 3.58점으로 높은 수준입니다.
- 경제안정도(wealth): 0~10점 척도에서 4.99점으로 보통(5점)보다 조금 낮은 수준입니다.
- 건강상태(health): 5점 척도에서 3.7점으로 좋은 수준입니다.

4) 연구문제 1 : 삶의 만족도와 외로움이 자살충동에 미치는 영향

삶의 만족도와 외로움을 독립변수로 하고, 자살충동을 종속변수로 하는 다중회귀분석을 수행합니다.

```
RA <- lm(data = mental, suicide ~ satisfaction + loneliness) #다중회귀분석
summary(RA) #분석 결과 상세히 보기

Call:
lm(formula = suicide ~ satisfaction + loneliness, data = mental)
Residuals:
    Min       1Q   Median      3Q     Max
-1.50517 -0.40228 -0.03487 0.17773 3.07029
```

```
Coefficients: ②
              Estimate   Std. Error  t value  Pr(>|t|)
(Intercept)    1.035551   0.029823    34.72    <2e-16 ***
satisfaction -0.052583   0.003614   -14.55    <2e-16 ***
loneliness     0.367405   0.007987    46.00    <2e-16 ***
---
Signif. codes: 0 '***' 0.001 '**' 0.01 '*' 0.05 '.' 0.1 ' ' 1

Residual standard error: 0.5451 on 7997 degrees of freedom
Multiple R-squared: 0.2668,    Adjusted R-squared: 0.2666 ③
F-statistic: 1455 on 2 and 7997 DF, p-value: < 2.2e-16 ①
```

summary(RA)로 출력된 회귀분석 결과를 살펴봅니다. 먼저 ①을 보면 이 회귀식의 회귀모델은 $p < .001$로 적합합니다. ②에서 2개 독립변수의 회귀계수(Estimate: β)를 보면 satisfaction은 –0.052583이고, loneliness는 0.367405입니다. Pr(>|t|)에서 유의수준(p)은 모두 0.001보다 작습니다. '***'은 $p < .001$을 뜻합니다.

회귀식은 다음과 같습니다.

$$suicide = 1.035551 - 0.052583 \times satisfaction + 0.367405 \times loneliness$$

삶의 만족도가 1단위 높아지면 자살충동이 –0.052583단위 감소하고, 외로움이 1단위 높아지면 자살충동은 0.367405단위 증가합니다. 삶의 만족도는 자살충동을 줄이는데 긍정적인 영향을 미치지만 외로움은 부정적인 영향을 훨씬 더 크게 미칩니다. 자살충동을 줄이는 데는 외로움을 줄이는 것이 더 효과적입니다. 절편인 1.088134는 의미가 없습니다. ③을 보면 이 회귀식의 수정된 설명력(Adjusted R-squared)은 0.2666입니다.

5) 연구문제 2: 삶의 만족도와 외로움의 상관관계

삶의 만족도와 외로움은 자살충동에 상반된 영향을 주었습니다. 두 변수가 상관관계가 있는지를 알아보겠습니다.

```
cor.test(mental$satisfaction, mental$loneliness)

        Pearson's product-moment correlation

data:  mental$satisfaction and mental$loneliness
t = -25.374, df = 7998, p-value < 2.2e-16 ①
alternative hypothesis: true correlation is not equal to 0
95 percent confidence interval:
 -0.2931116 -0.2525481
sample estimates: ②
       cor
-0.2729512
```

①을 보면 유의수준(p)은 0.001보다 작기 때문에 통계적으로 유의미합니다. ②를 보면 상관계수(r)는 –0.27입니다. 따라서 삶의 만족도와 외로움은 약한 수준에서 부적인 상관관계에 있습니다. 삶의 만족도가 높아지면 외로움이 약간 줄어드는 관계입니다.

6) 연구문제 3: 가족신뢰도, 경제안정도, 건강상태가 삶의 만족도와 외로움에 미치는 영향

가족신뢰도, 경제안정도, 건강상태를 독립변수로 하고, 삶의 만족도를 종속변수로 하는 다중회귀분석을 합니다. 같은 방법으로 외로움을 종속변수로 해서 다중회귀분석을 실시합니다.

(1) 3개 독립변수가 삶의 만족도에 미치는 영향

```
RA <- lm(data=mental, satisfaction~family_belief+wealth+health) # 다중회귀분석

summary(RA) # 분석 결과 상세히 보기
Call:
lm(formula = satisfaction ~ family_belief + wealth + health,
  data = mental)
```

```
Residuals:
   Min      1Q  Median      3Q     Max
-6.8274 -0.9431 -0.0425 1.0569 6.1986

Coefficients:
              Estimate  Std. Error  t value  Pr(>|t|) ②
(Intercept)    2.07613    0.13765    15.08    <2e-16 ***
family_belief  0.36851    0.03196    11.53    <2e-16 ***
wealth         0.26016    0.01089    23.88    <2e-16 ***
health         0.36403    0.02206    16.50    <2e-16 ***
---
Signif. codes: 0 '***' 0.001 '**' 0.01 '*' 0.05 '.' 0.1 ' ' 1

Residual standard error: 1.627 on 7996 degrees of freedom
Multiple R-squared: 0.1386,    Adjusted R-squared: 0.1383 ③
F-statistic: 428.8 on 3 and 7996 DF,  p-value: < 2.2e-16 ①
```

①을 보면 이 회귀식의 회귀모델은 $p < .001$로 적합합니다. ②에서 3개 독립변수의 회귀계수(Estimate: β)를 보면 family_belief는 0.36851, wealth는 0.26016, health는 0.36403입니다. 유의수준을 보면 3개 모두 '***'입니다. $p <. 001$이라는 뜻입니다. 따라서 3개 독립변수가 종속변수에 미치는 영향력은 모두 통계적으로 유의합니다.

회귀식은 다음과 같습니다.

$$\text{satisfaction} = 2.07613 + 0.36851 \times \text{family\_belief} + 0.26016 \times \text{wealth} + 0.36403 \times \text{health}$$

가족신뢰도, 경제안정도, 건강상태가 좋아질수록 삶의 만족도가 높아집니다. 그러나 영향력은 차이가 있습니다. 가족신뢰도 > 건강상태 > 경제안정도의 순으로 영향력이 큽니다. ③을 보면 이 회귀식의 수정된 설명력(Adjusted R-squared)은 0.1383입니다.

(2) 3개 독립변수가 외로움에 미치는 영향

```
RA <- lm(data=mental, loneliness~family_belief+wealth+health) #다중회귀분석
summary(RA) #분석 결과 상세히 보기

Call:
lm(formula = loneliness ~ family_belief + wealth + health, data = mental)

Residuals:
    Min       1Q  Median      3Q     Max
-2.24066 -0.64247  0.01863 0.43022 2.83959

Coefficients:
               Estimate  Std. Error  t value  Pr(>|t|)  ②
(Intercept)    3.652247    0.063109    57.87   <2e-16 ***
family_belief -0.220274    0.014654   -15.03   <2e-16 ***
wealth        -0.072686    0.004995   -14.55   <2e-16 ***
health        -0.191313    0.010116   -18.91   <2e-16 ***
---
Signif. codes: 0 '***' 0.001 '**' 0.01 '*' 0.05 '.' 0.1 ' ' 1

Residual standard error: 0.746 on 7996 degrees of freedom
Multiple R-squared: 0.1157,    Adjusted R-squared: 0.1154 ③
F-statistic: 348.9 on 3 and 7996 DF, p-value: < 2.2e-16 ①
```

①을 보면 이 회귀식의 회귀모델은 $p < .001$로 적합합니다. ②에서 3개 독립변수의 회귀계수(Estimate: β)를 보면 family_belief는 −0.220274, wealth는 −0.072686, health는 −0.191313입니다. 유의수준을 보면 3개 모두 $p < .001$이어서 3개 독립변수가 종속변수에 미치는 영향력은 통계적으로 유의미합니다.

회귀식은 다음과 같습니다.

$$loneliness = 3.652247 - 0.220274 \times family\_belief - 0.072686 \times wealth - 0.191313 \times health$$

가족신뢰도, 경제안정도, 건강상태가 나빠지면 외로움이 커집니다. 그러나 영향력은 차이가 있습니다. 가족신뢰도 > 건강상태 > 경제안정도의 순으로 영향력이 큽니다. ③을

보면 이 회귀식의 수정된 설명력(Adjusted R-squared)은 0.1154입니다.

결론적으로, 3개 독립변수가 삶의 만족도와 외로움에 미치는 영향력을 보면 공통점이 있습니다. 가족신뢰도가 가장 큰 영향을 주고, 다음으로는 건강입니다. 경제안정도 인식도 영향을 주지만 가장 작습니다. 삶의 만족도와 외로움은 자살충동에 영향을 줍니다. 자살률을 줄이는 데는 가족 간 신뢰를 회복하는 것이 가장 중요하다는 것을 알 수 있습니다.

7) 연구문제 4: 성, 연령, 지역별 삶의 만족도 차이

(1) 성별 삶의 만족도 차이

성별로 삶의 만족도에서 차이가 있는가를 독립표본 t검정으로 알아봅니다.

```
t.test(data=mental, satisfaction~sex)

        Welch Two Sample t-test
data:  satisfaction by sex
t = -3.7719, df = 7997.6, p-value = 0.0001632  ①
alternative hypothesis: true difference in means is not equal to 0
95 percent confidence interval:
 -0.22446298 -0.07094075
sample estimates:  ②
mean in group 남성  mean in group 여성
        5.962852             6.110554
```

①을 보면 유의수준(p)이 0.001보다 작기 때문에 이 통계 결과는 유의미합니다. ②를 보면 남성 평균은 5.96이며, 여성 평균은 6.11입니다. 여성의 만족도가 남성보다 높다고 할 수 있습니다.

(2) 연령대별 삶의 만족도 차이

연령대는 5개로 분류되어 있기 때문에 평균만 알아보겠습니다.

```
mental %>%
 group_by(age) %>% # age 변수를 범주별로 분류
 summarise(m=mean(satisfaction)) %>% # age 범주별 평균 구하기
 arrange(desc(m)) # 평균값을 내림차순으로 정렬

   age      m
 <chr> <dbl>
1 30대   6.13
2 50대   6.08
3 40대   6.05
4 20대   6.04
5 60대   5.84
```

30대가 6.13점으로 가장 높습니다. 60대를 제외한 연령대는 6점대이지만, 60대는 5.84점입니다. 60대가 되면 삶의 만족도가 낮아지는 것으로 나타났습니다.

(3) 지역별 삶의 만족도 분석과 그래프 그리기

지역별로 삶의 만족도 평균을 구해서 새 객체 area_satisfaction에 입력한 후에 지역별 만족도를 막대그래프로 그립니다. 그래프는 reorder( ) 함수를 이용해서 만족도가 높은 순으로 내림차순으로 그립니다. 지역이 많기 때문에 coord_flip( ) 함수를 이용해서 지역 이름을 y축에 놓고 막대를 x축과 수평으로 그립니다. 제주, 강원, 세종 지역의 만족도가 높고, 부산, 대구, 인천이 낮습니다.

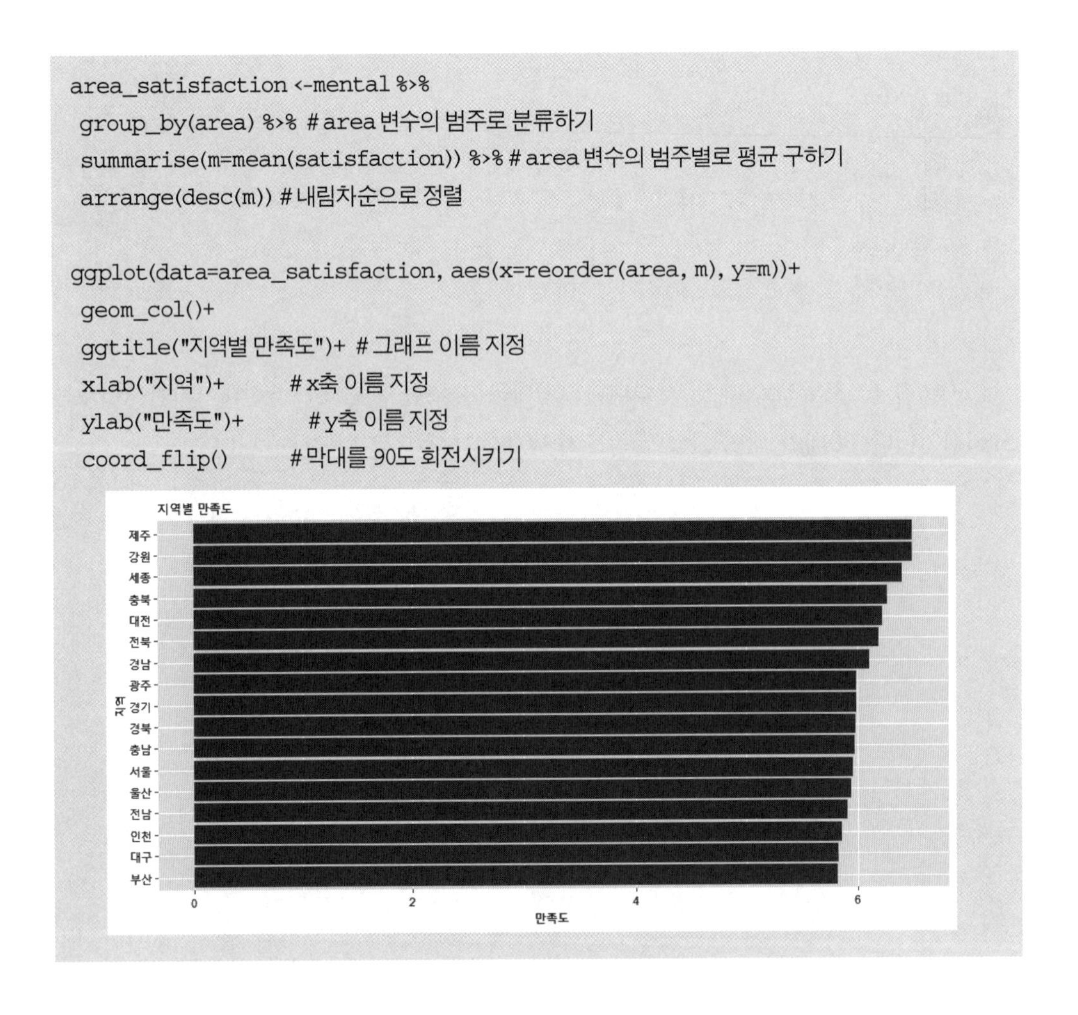

```
area_satisfaction <-mental %>%
 group_by(area) %>% #area 변수의 범주로 분류하기
 summarise(m=mean(satisfaction)) %>% #area 변수의 범주별로 평균 구하기
 arrange(desc(m)) #내림차순으로 정렬

ggplot(data=area_satisfaction, aes(x=reorder(area, m), y=m))+
 geom_col()+
 ggtitle("지역별 만족도")+ #그래프 이름 지정
 xlab("지역")+         #x축 이름 지정
 ylab("만족도")+        #y축 이름 지정
 coord_flip()         #막대를 90도 회전시키기
```

연습문제 10-3

1 앞에서 성별, 연령대별 삶의 만족도를 각각 분석했습니다. 연령대별로 남녀로 분류해서 삶의 만족도 평균을 분석하고, 평균이 높은 상위 4개 집단을 출력합니다.

2 지역, 연령대, 성별로 분류해서 삶의 만족도 평균을 분석하고, 평균이 높은 상위 5개 집단을 출력합니다. 3개 변수를 교차해서 분류하고 분석하는 문제입니다.

3 앞에서 분석한 연령대별 삶의 만족도 평균을 보면 30대가 가장 높고, 60대가 가장 낮았습니다. 30대와 60대의 만족도가 통계적으로 차이가 있는가를 검정해봅니다.

4 앞에서 가족신뢰도, 경제안정도, 건강상태가 삶의 만족도와 외로움에 직접적인 영향을 주는 것으로 확인되었습니다. 그런데 가족신뢰도, 경제안정도, 건강상태는 자살충동에 직접적인 영향을 줄 수도 있습니다. 이를 확인하기 바랍니다.

➡ 해답은 뒤에 (p.364)

사례 분석 10-4 서울의 음식점 현황 분석

1 분석 개요

퇴직 후에 음식점을 개업하는 사람들이 많습니다. 그러나 쉽지만은 않습니다. 그동안 얼마나 많은 음식점이 개업을 하고, 아직도 영업을 하고 있을까요? 우리나라가 수립된 1948년 8월 15일부터 2020년 12월 31일까지 서울에서 개업한 음식점의 영업, 폐업 실태를 분석해서 상황을 알아봅니다.

2 분석 데이터

예제파일에 있는 '6110000_서울특별시_07_24_04_P_일반음식점.csv' 파일로 분석합니다. 2020년까지 서울에서 과거에 인허가를 받은 일반음식점에 관한 데이터입니다. 다음 절차로 내려받을 수 있으니 직접 해보기 바랍니다.

1단계: 지방행정인허가데이터개방(LOCALDATA) 사이트(http://www.localdata.kr/)에 접속합니다. 전국 17개 시와 도의 지방자치단체에서 내준 인허가 관련 데이터를 제공하는 사이트입니다.

2단계: 상단 메뉴에서 [데이터받기]를 클릭한 후에 [데이터 다운로드]를 클릭합니다. 그런 다음 오른쪽의 [지역 다운로드]를 클릭합니다.

3단계: 지역별 이름이 나옵니다. 가장 앞에 있는 서울의 csv를 클릭하면 서울시가 제공하는 각종 데이터 파일을 내려받을 수 있습니다. 다운로드한 파일을 보면 업종별로 인허가 현황을 수록한 많은 파일들이 있습니다. 이 가운데 '6110000_서울특별시_07_24_04_P_일반음식점.csv' 파일이 분석 대상입니다.[2]

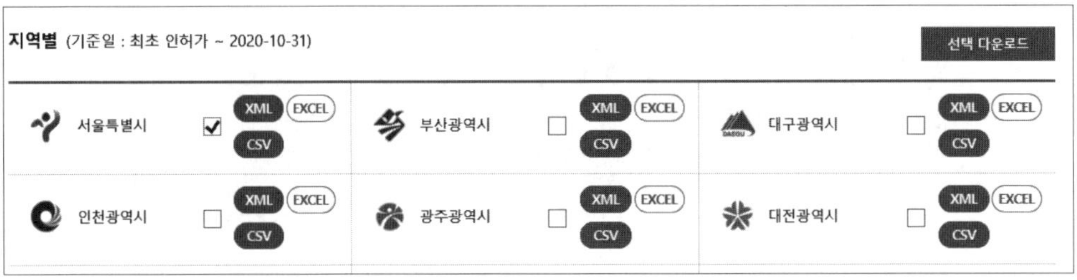

지역별 (기준일 : 최초 인허가 ~ 2020-10-31) 선택 다운로드

서울특별시 ☑ XML EXCEL CSV	부산광역시 ☐ XML EXCEL CSV	대구광역시 ☐ XML EXCEL CSV
인천광역시 ☐ XML EXCEL CSV	광주광역시 ☐ XML EXCEL CSV	대전광역시 ☐ XML EXCEL CSV

3 엑셀 파일에서 데이터 구조 보기

'6110000_서울특별시_07_24_04_P_일반음식점.csv'를 열어서 구조를 보겠습니다. 열이 매우 많고 복잡합니다. 분석에 필요한 열을 파악합니다. 내용이 없는 빈 셀도 많습니다. 분석에 필요한 열을 추출하고 정리하는 데이터 전처리는 R에서 하겠습니다.

	A	B	C	D	E	F	G	H	I	J	K	L	M
1	번호	개방서비스	개방서비스	개방자치단	관리번호	인허가일자	인허가취소	영업상태구	영업상태명	상세영업상	상세영업상	폐업일자	휴업시작일
2	1	일반음식점	07_24_04_I	3150000	3150000-1	20200803		1	영업/정상	1	영업		
3	2	일반음식점	07_24_04_I	3150000	3150000-1	20200803		1	영업/정상	1	영업		
4	3	일반음식점	07_24_04_I	3220000	3220000-1	20200803		1	영업/정상	1	영업		
5	4	일반음식점	07_24_04_I	3220000	3220000-1	20200803		1	영업/정상	1	영업		
6	5	일반음식점	07_24_04_I	3220000	3220000-1	20200803		1	영업/정상	1	영업		
7	6	일반음식점	07_24_04_I	3220000	3220000-1	20200803		1	영업/정상	1	영업		
8	7	일반음식점	07_24_04_I	3220000	3220000-1	20200803		1	영업/정상	1	영업		

	N	O	P	Q	R	S	T	U	V	W	X	Y	Z
1	휴업종료일	재개업일자	소재지전화	소재지면적	소재지우편	소재지전체	도로명전체	도로명우편	사업장명	최종수정시	데이터갱신	데이터갱신	업태구
2				35.19	157210	서울특별시	서울특별시	7788	혼밥대왕 (	2.02E+13	U	40:00.0	한식
3			2.64E+08	50.37	157900	서울특별시	서울특별시	7740	꾸어가게	2.02E+13	U	40:00.0	한식
4				13.65	135918	서울특별시	서울특별시	6211	인생갈비	2.02E+13	I	23:26.0	한식
5				13.81	135880	서울특별시	서울특별시	6168	할랄가이즈	2.02E+13	I	23:26.0	경양식
6				123.3	135840	서울특별시	서울특별시	6197	놀부 공유	2.02E+13	I	23:26.0	한식
7				141	135812	서울특별시	서울특별시	6040	라스푸틴	2.02E+13	U	40:00.0	경양식
8			053 255 7	8.26	135730	서울특별시	서울특별시	6164	온기정	2.02E+13	I	23:26.0	일식

2 인허가는 계속 추가되므로 시간이 흐를수록 예제파일에서 제공하는 내용과 차이가 있을 수 있습니다.

4 데이터 전처리

1) 분석 파일을 R로 불러오기

먼저 dplyr과 ggplot2 패키지를 설치하고 구동합니다. 설치되어 있으면 구동만 하면 됩니다.

```
library(dplyr)
library(ggplot2)
```

예제파일에서 '6110000_서울특별시_07_24_04_P_일반음식점.csv'를 새 객체 foodshop으로 불러옵니다. 앞에서 엑셀 파일로 내용을 보았을 때 비어 있는 셀이 있었습니다. 파일을 불러올 때 na="" 파라미터를 이용해서 비어 있는 셀을 결측치(NA)로 처리하면 분석할 때 편리합니다. ""은 공란이라는 뜻입니다. str( ) 함수로 foodshop의 구조를 보면 47개 변수에 45만 8263개의 데이터가 있습니다. 업체별로 인허가일자, 상세영업상태 등 모든 정보가 담겨 있습니다.

```
# 엑셀 파일 불러오기. 공란은 결측치로 처리.
foodshop <- read.csv("6110000_서울특별시_07_24_04_P_일반음식점.csv", na="",
stringsAsFactors = F) # 'stringsAsFactors =F' 파라미터로 문자형으로 변환

str(foodshop) # 구조 확인
'data.frame':  458263 obs. of 47 variables:
 $ 번호          : int 1 2 3 4 5 6 7 8 9 10 ...
 $ 개방서비스명   : chr "일반음식점" "일반음식점" "일반음식점" "일반음식점" ...

(이하 생략)
```

2) 분석 변수 추출, 변수이름 변경

47개 변수에서 분석할 변수를 추출해서 foodshop에 다시 입력하고, 변수를 정리합니다. 음식점의 영업 상태를 분석하는 것이 목적이므로 분석할 변수는 인허가일자, 상세영업상태명, 폐업일자, 사업장명, 업태구분명, 소재지전체주소 등 6개입니다. 인허가일자는 영업을 허가받은 날짜, 상세영업상태는 영업중 또는 폐업 상태 정보, 업태구분명은 업종에 관한 정보입니다.

먼저 추출할 변수이름을 영어로 변경합니다. 사업장명은 name, 업태구분명은 type, 상세영업상태명은 status, 인허가날짜는 open_date, 폐업일자는 close_date, 소재지전체주소는 address로 합니다. 그리고 분석할 때 데이터를 보기 쉽도록 변수 순서를 name, type, status, open_date, close_date, address 순으로 정해서 추출합니다.

```
# foodshop에서 분석할 변수이름 변경하고 추출하기(먼저 추출하고 이름을 변경해도 됨)
foodshop <- foodshop %>%
 rename(open_date=인허가일자,   # 추출한 변수이름 변경
          status=상세영업상태명,
          close_date=폐업일자,
          name=사업장명,
          type=업태구분명,
          address=소재지전체주소) %>%
 select("name","type","status","open_date","close_date","address") # 분석 변수 추출

str(foodshop)
'data.frame':  453526 obs. of 6 variables:
 $ name       : chr "혼밥대왕 마곡점" "꾸어가게생선구이화곡점" "인생갈비탕" ...
 $ type       : chr "한식" "한식" "한식" "경양식" ...
 $ status     : chr "영업" "영업" "영업" "영업" ...
 $ open_date  : int 20200803 20200803 20200803 20200803 20200803 ...
 $ close_date: chr NA NA NA NA ...
 $ address    : chr "서울특별시 강서구 마곡동 757 두산더랜드파크 B동 207호" ...
```

변수의 유형을 보니 name, type, status, address 변수는 문자형(chr)이며, open_date 변수는 정수형(int)이어서 문제가 없습니다. 그런데 close_date 변수는 문자형(chr)입니다.

연도별 폐업 숫자를 분석하기 위해서는 close_date 변수를 정수형(int)으로 바꿔야 합니다.

```
foodshop$close_date <- as.integer(foodshop$close_date) #정수형으로 변환
```

3) 변수의 결측치 확인

summary( ) 함수와 is.na( ) 함수를 이용해서 전체 변수들의 결측치 여부를 한꺼번에 확인합니다. type, close_date, address에 결측치가 있습니다. 결측치는 비어 있는 데이터입니다. 폐업하지 않았으면 당연히 폐업일이 없겠지요. 이런 데이터는 분석할 때 제외하고 하겠습니다.

```
summary(is.na(foodshop))
  name     type       status      open_date     close_date
Mode :logical  Mode :logical  Mode :logical  Mode :logical  Mode :logical
FALSE:458263   FALSE:458243   FALSE:458263   FALSE:458263   FALSE:335187
               TRUE :20                                     TRUE :123076
 address
 Mode :logical
 FALSE:458025
 TRUE :238
```

4) 변수를 분석에 맞게 정리하고 파생변수 만들기

(1) type 변수

table(foodshop$type)로 업종별 빈도를 확인하고 업종이름을 정리합니다. 업종이름을 보면 '회집', '횟집'과 같이 유사한 이름도 있고, '193959.1505'와 같이 이상한 이름도 있습니다. 유사한 이름은 통합하고 복잡한 이름은 단순하게 정리하고, 이상한 이름은 결측치로 처리합니다.

'까페, 다방, 라이브카페, 커피숍'은 '카페'로, '통닭(치킨), 호프/통닭'은 '치킨'으로, '일식, 회집, 횟집'은 '회집'으로, '경양식, 패밀리레스트랑'은 '레스토랑'으로, '정종/대포집/소

주방'은 '소주방'으로 통일합니다. '외국음식전문점(인도,태국등)'은 '외국음식전문점'으로 수정합니다. '기타, 193959.1505'는 결측치로 처리합니다.

```
foodshop$type<-ifelse(foodshop$type%in%c("까페","다방","라이브카페","커피숍"),
                      "카페",foodshop$type)
foodshop$type<-ifelse(foodshop$type%in%c("통닭(치킨)","호프/통닭"),
                      "치킨",foodshop$type)
foodshop$type<-ifelse(foodshop$type%in%c("일식","회집","횟집"),
                      "회집",foodshop$type)
foodshop$type<-ifelse(foodshop$type%in%c("경양식","패밀리레스트랑"),
                      "레스토랑",foodshop$type)
foodshop$type<-ifelse(foodshop$type=="정종/대포집/소주방",
                      "소주방",foodshop$type)
foodshop$type<-ifelse(foodshop$type=="외국음식전문점(인도,태국등)",
                      "외국음식전문점",foodshop$type)
foodshop$type<-ifelse(foodshop$type%in%c("기타","193959.1505"),
                      NA,foodshop$type)
```

(2) status 변수

빈도를 알아보니 영업과 폐업으로만 구분되어 있어 문제가 없습니다.

```
table(foodshop$status)
  영업   폐업
123075 335188
```

(3) open_date 변수

이상한 날짜가 있는지를 확인하고, 있으면 결측치(NA)로 처리합니다.

range(foodshop$open_date)로 범위를 보면 11981207~39920706입니다. 1198년과 3992년은 잘못된 날짜입니다. 1948년 8월 15일부터 2020년 12월 31일까지의 데이터를 분석하므로 이 범위를 벗어난 데이터는 결측치로 처리합니다. 그리고 연도별 개업 현황을 알아보기 위해 substr( ) 함수로 open_date 변수에서 앞의 4자리를 분리해서 연도만 있는 새 변수 open_year에 입력합니다.

```
range(foodshop$open_date) # open_date의 범위 확인
[1] 11981207 39920706

foodshop$open_date <- ifelse(foodshop$open_date <19480815 | # 이상치 처리
        foodshop$open_date>20201231 ,NA, foodshop$open_date)

table(is.na(foodshop$open_date)) # 결측치 빈도 확인
 FALSE  TRUE
 458123    140

foodshop$open_year <- substr(foodshop$open_date, 1, 4) # open_year 변수 만들기
```

(4) close_date 변수

open_date와 마찬가지로, 범위를 벗어난 날짜는 결측치로 처리합니다. range( ) 함수로 범위를 알아봅니다. 결측치가 있어서 'na.rm=T'를 지정해야 합니다. 날짜 범위가 20723~50080306입니다. 1948년 8월 15일 이전과 2020년 12월 31일 이후의 자료는 결측치로 처리합니다. 그리고 연도별 폐업 현황을 알아보기 위해 substr( ) 함수로 close_date 변수의 앞의 4자리를 분리해서 새 변수 close_year에 입력합니다.

```
range(foodshop$close_date, na.rm=T)  # 범위 구하기, na.rm=T를 지정.
[1]  20723 50080306

foodshop$close_date <- ifelse(foodshop$close_date <19480815 | # 이상치 처리
        foodshop$close_date>20201231,NA, foodshop$close_date)

table(is.na(foodshop$close_date)) # 결측치 빈도 확인
 FALSE   TRUE
334265 123998

foodshop$close_year <- substr(foodshop$close_date, 1, 4) # close_year 변수 만들기
```

(5) address 변수

서울에는 25개 구가 있습니다. 지역별 음식점 분포를 분석하기 위해서 substr( ) 함수로 address 변수에서 구를 분리해서 구 이름이 들어간 새 변수 district에 입력합니다.

address 변수는 '서울특별시 강서구 마곡동…' 형태로 되어 있습니다. 구의 이름은 7자리부터 시작합니다. 구 이름은 중구, 강남구, 서대문구와 같이 2~4글자이기 때문에 address 변수의 7~9번 문자를 분리해서 만들겠습니다. 7~10으로 4글자를 불러오면, 구 이름이 중구와 같이 두 글자인 경우에는 구 이름 다음에 있는 동 이름의 첫 글자가 구 이름 변수에 입력되기 때문에 세 글자만 불러옵니다. 그러고 나서 district 변수의 빈도를 확인하니, 25개 구 이외에도 이상한 이름들이 많이 있습니다. 부산에 있는 수영구의 데이터 1개도 있습니다. 25개 구 이외의 이름은 모두 결측치로 처리합니다.

```
foodshop$district <- substr(foodshop$address, 7, 9)
table(foodshop$district)
강남구 강동구 강북구 강서구 관악구 광진구 구로구 금천구 노원구 도 제 도봉구 동대문 동작구
 42617  20620  15072  19338  19741 15745  17241  11983 13984     1  10774  19421  12866
마포구 번지 서대문 서초구 성동구 성북구 송파구 수영구 시 분 시 수 시 원 시 일 양천구
 23700    1  15938  24054 12277  15787  25955      1     1     1     1     2  15694
영등포 용산구 은평구 종로구   중구 중랑구
23432  13339  15148  18257 19418  15616

foodshop$district <-
 ifelse(foodshop$district%in%c("도 제","번지 ","수영구","시 분","시 수","시 원","시 일"),
        NA, foodshop$district)
```

➡ 여기서 잠깐!

"번지 "는 문자 뒤에 공백이 있는 점을 주의하세요.

5) 분석 데이터 최종 확인

str(foodshop)로 최종 확인합니다. open_year 변수와 close_year 변수의 유형이 문자형(chr)입니다. 두 변수의 유형을 정수형(int)으로 변경합니다.

```
str(foodshop)
'data.frame':  458263 obs. of 9 variables:
 $ name        : chr "혼밥대왕 마곡점" "꾸어가게생선구이화곡점" "인생갈비탕" .
 $ type        : chr "한식" "한식" "한식" "레스토랑" ...
 $ status      : chr "영업" "영업" "영업" "영업" ...
 $ open_date : int 20200803 20200803 20200803 20200803 20200803 ...
 $ close_date: int NA NA NA NA NA NA NA NA NA NA ...
 $ address     : chr "서울특별시 강서구 마곡동 757 두산더랜드파크 B동 207호" ...
 $ open_year : chr "2020" "2020" "2020" "2020" ...
 $ close_year: chr NA NA NA NA ...
 $ district    : chr "강서구" "강서구" "강남구" "강남구" ...

foodshop$open_year <- as.integer(foodshop$open_year)
foodshop$close_year <- as.integer(foodshop$close_year)
```

5 데이터 분석

1) 오래된 음식점 찾아보기

(1) 가장 오래 영업 중인 음식점

영업 중인 음식점 가운데 가장 오래된 곳을 찾아서 name, type, open_date, address만 출력합니다. 결측치가 없는 open_date 중에서 status가 "영업"인 데이터를 추출한 후에 open_date의 숫자가 가장 적은 데이터를 찾으면 됩니다.

```
foodshop %>%
 filter(!is.na(open_date) & status=="영업")%>% # 결측치 제거, 영업 데이터 추출
 filter(open_date==min(open_date)) %>% # 개업일이 가장 빠른 데이터 추출
 select(name, type, open_date, address) # 4개 변수 추출

  name type open_date address
1 혜심정  한식     19630422 서울특별시 강북구 우이동 300번지
```

인터넷에서 '혜심정'을 검색하면 이 음식점이 아직 영업 중인 것을 확인할 수 있습니다.[3]

(2) 주요 업종별로 가장 오래 영업 중인 음식점

한식을 제외하고 분식, 치킨, 레스토랑, 회집, 중국식, 패스트푸드, 카페 업종에서 가장 오래된 곳을 찾아 개업연도가 빠른 순으로 name, type, open_date, address만 출력합니다.

먼저 결측치가 없는 open_date 중에서 status가 "영업"인 데이터를 추출합니다. 그리고 type 변수에서 조사하려는 업종을 선택하고, type별로 데이터를 분류한 후에 type별로 open_date가 최소인 데이터를 추출합니다. 그런 다음 추출된 데이터를 open_date 기준으로 오름차순으로 정렬합니다.

```
foodshop %>%
 filter(!is.na(open_date) & status=="영업") %>% # 결측치 제거, 영업 데이터 추출
 filter(type%in%c("분식","레스토랑","치킨","회집","중국식","카페","패스트푸드"))%>%
 group_by(type) %>% # 업종별 분류
 filter(open_date==min(open_date)) %>% # 업종별로 개업일이 가장 빠른 데이터 추출
 arrange(open_date) %>% # 개업일 기준 오름차순 정렬
 select(type, name,open_date, address) # 4개 변수 추출

      type                name open_date address
     <chr>               <chr>     <int> <chr>
1     카페 커핀그루나루 대학로점  19650208 서울특별시 종로구 명륜4가 88-2번지
2   레스토랑                사카  19651010 서울특별시 중구 초동 40-4번지
3    중국식              태화관  19651010 서울특별시 용산구 후암동 244-60번지(지상1,2층)
4     회집          교동 전선생  19660806 서울특별시 중구 회현동1가 92-1번지
5     분식          동명삼계탕  19670127 서울특별시 종로구 중학동 91-0번지
6     치킨   또봉이통닭 대학로점  19670327 서울특별시 종로구 명륜4가 46-1
7 패스트푸드             59피자  19791119 서울특별시 강서구 등촌동 513-1번지(지상 1층) 4호
```

3 이 데이터는 대한민국 건국 후에 개업한 음식점을 대상으로 분석한 것이므로 엄밀하게는 가장 오래된 음식점이라고 단정할 수 없습니다. 그 전에 개업한 음식점도 있을 겁니다. 궁금하다면 데이터 전처리 과정에서 open_date 변수의 결측치를 만들 때 날짜 기준을 '19480815' 이전으로 변경한 후에 분석해보면 됩니다.

2) 개업, 영업, 폐업 현황 알아보기

(1) 업종별 개업 비율

개업한 전체 음식점에서 업종별 비율을 알아보겠습니다. open_date를 기준으로 type 변수의 업종별 숫자와 비율을 구해서 상위 10개 업종을 출력합니다. open_date, type, city, district에서 결측치로 처리된 데이터를 제외하고 분석해야 합니다.

```
foodshop %>%
 filter(!is.na(open_date) & !is.na(type) & !is.na(district)) %>% # 결측치 제외
 group_by(type) %>% # type 변수의 범주별로 분류
 summarise(n=n()) %>% # 범주별 빈도 구하기
 mutate(total=sum(n), # 범주의 빈도 총계 구하기
         pct=round(n/total*100,1)) %>% # 범주별 비율 구하기
 arrange(desc(n)) %>% # 내림차순으로 정렬
 head(10) # 상위 10개 데이터를 출력

       type      n  total   pct
      <chr>  <int>  <int> <dbl>
1      한식 194289 429273  45.3
2      분식  78203 429273  18.2
3  레스토랑  46766 429273  10.9
4      치킨  43558 429273  10.1
5      회집  18066 429273   4.2
6    중국식  14187 429273   3.3
7    소주방  12740 429273     3
8      카페   8155 429273   1.9
9  패스트푸드   3923 429273   0.9
10   뷔페식   2755 429273   0.6
```

한식이 전체 42만 9273개 중 45.3%인 19만 4289개로 압도적으로 많습니다. 다음은 분식 18.2%, 레스토랑 10.9%, 치킨 10.1%, 회집 4.2%입니다. 한식, 분식, 레스토랑, 치킨 등 4개 업종이 전체의 84.5%로 개업 음식점의 주류입니다.

(2) 영업 중인 음식점의 업종별 비율

영업 중인 음식점의 업종별 비율을 알아보겠습니다. status 변수의 범주에서 '영업'인 데이터를 추출한 후에 type 변수의 범주별 숫자와 비율을 구해서 상위 5개 업종을 출력합니다. open_date, type, city, district에서 결측치는 제외하고 분석해야 합니다.

```
foodshop %>%
 filter(!is.na(open_date) & !is.na(type) &!is.na(district)) %>% # 결측치 제거
 filter(status=="영업") %>% # status 변수에서 '영업' 범주만 추출
 group_by(type) %>% # type 변수의 범주로 분류
 summarise(n=n()) %>% # type 변수의 범주별 빈도 구하기
 mutate(total=sum(n), # type 변수의 빈도 총계 구하기
        pct=round(n/total*100,1)) %>% # type 변수의 범주별 비율 구하기
 arrange(desc(pct)) %>% # 내림차순으로 정렬
 head(5) # 상위 5개 행 출력

      type     n  total   pct
     <chr> <int>  <int> <dbl>
1     한식 53520 106855  50.1
2     치킨 13872 106855    13
3     분식  9678 106855   9.1
4 레스토랑  9241 106855   8.6
5     회집  6394 106855     6
```

영업 중인 전체 음식점은 10만 6855개입니다. 이 중 한식이 50.1%로 가장 많습니다. 다음으로 치킨 13.0%, 분식 9.1%, 레스토랑 8.6%, 회집 6.0%의 순입니다. 개업 비율에 비해 한식, 치킨, 회집의 영업 비율은 높아졌고, 분식 및 레스토랑의 영업 비율은 떨어졌습니다.

(3) 전체 음식점의 영업과 폐업 비율 알아보기

개업한 음식점 가운데 영업 중인 음식점과 폐업한 음식점의 비율을 알아보겠습니다. status 변수를 기준으로 영업과 폐업의 빈도와 비율을 구하는 문제입니다. open_date, type, city, district에서 결측치를 제외하고 분석해야 합니다.

```
foodshop %>%
 filter(!is.na(open_date) & !is.na(type) & !is.na(district)) %>%
 group_by(status) %>% # status 변수의 범주로 분류
 summarise(n=n())%>% # status 변수의 범주별 빈도 구하기
 mutate(total=sum(n), # status 변수의 빈도 총계 구하기
    pct=round(n/total*100,1)) # status 변수의 범주별 비율 구하기

 status   n total  pct
 <chr>  <int> <int> <dbl>
1 영업  106855 429273  24.9
2 폐업  322418 429273  75.1
```

개업한 42만 9273개 음식점 가운데 75.1%가 폐업하고, 24.9%만이 영업 중입니다. 음식점의 생존율은 높지 않은 것 같습니다.

(4) 주요 업종별 영업과 폐업 비율 알아보기

한식, 분식, 레스토랑, 치킨, 회집, 카페의 영업률과 폐업률을 알아보겠습니다. type 변수에서 분석 업종을 선택한 후에 type별로 status를 분류해서 분석합니다. 교차해서 분류한 집단별로 빈도와 비율을 구한 후에 '영업' 범주의 데이터만 추출해서 상위 5개 업종을 출력하면 됩니다.

```
foodshop %>%
 filter(!is.na(open_date) & !is.na(type) & !is.na(district)) %>% # 결측치 제거
 filter(type%in%c("한식","분식", "레스토랑", "치킨", "회집","카페")) %>% # type 선택
 group_by(type, status) %>% # type과 status 변수 범주로 교차 분류
 summarise(n=n())%>% # 분류 집단별 빈도 구하기
 mutate(total=sum(n), # type 변수의 빈도 총계 구하기
        pct=round(n/total*100,1)) %>% # type 변수별로 status 범주 비율 구하기
 filter(status=="영업") %>% # status 변수에서 "영업" 범주만 추출
 arrange(desc(pct)) # 비율을 기준으로 내림차순으로 정렬
```

```
      type  status      n  total   pct
     <chr>   <chr>  <int>  <int> <dbl>
1     회집    영업   6394  18066  35.4
2     카페    영업   2615   8155  32.1
3     치킨    영업  13872  43558  31.8
4     한식    영업  53520 194289  27.5
5 레스토랑    영업   9241  46766  19.8
6     분식    영업   9678  78203  12.4
```

회집의 영업률이 35.4%로 가장 높습니다. 카페(32.1%)와 치킨(31.8%)도 높은 편입니다. 한식(27.5%)은 평균 수준입니다. 그러나 분식은 12.4%로 매우 낮습니다.

3) 연도별 분석

(1) 개업이 많았던 연도

open_year 변수를 이용해서 연도별 개업 음식점수의 빈도를 구한 후에 상위 5개 연도를 출력합니다. open_date, city, district 변수의 결측치는 제외하고 분석합니다.

```
foodshop %>%
  filter(!is.na(open_date) & !is.na(district)) %>% # 결측치 제거
  group_by(open_year) %>% # open_year 변수로 분류
  summarise(n=n()) %>% # open_year 변수별 빈도 구하기
  arrange(desc(n)) %>% # 빈도 기준으로 내림차순 정렬
  head(5) # 5개 추출

  open_year     n
      <int> <int>
1      2001 18854
2      1994 18061
3      1999 17921
4      2000 16274
5      1993 16210
```

1999년~2001년과 1993~1994년에 많이 개업했습니다. 1999년~2001년은 우리나라가 1997년 11월 외환 부족으로 국제통화기금(IMF) 사태가 발생하고 얼마 지나지 않은 때입니다. 이때 많은 기업들이 무너지고 실직자가 급증했습니다. 그 여파로 1999년~2001년에 음식점 개업이 증가했다는 해석이 가능할 것 같습니다. 1993~1994년에는 우리나라에서 음식점 프랜차이즈 사업이 확장되면서 증가한 것 같습니다.

(2) 폐업이 많았던 연도

close_year 변수를 이용해서 연도별 폐업 음식점수의 빈도를 구한 후에 상위 5개 연도를 출력합니다. close_date, city, district 변수의 결측치는 제외하고 분석합니다.

```
foodshop %>%
 filter(!is.na(close_date) & !is.na(district)) %>% # 결측치가 없는 데이터만 추출
 group_by(close_year) %>% # close_year로 분류
 summarise(n=n()) %>% # close_year별 빈도 구하기
 arrange(desc(n)) %>% # 빈도 기준으로 내림차순 정렬
 head(5)

  close_year     n
       <int> <int>
1       1999 15868
2       2000 15782
3       2005 14945
4       2002 14137
5       2001 13637
```

1999년부터 2005년 사이에 폐업이 가장 많았습니다. 1997년 외환위기 이후 음식점 개업과 폐업 사태가 많이 발생한 것으로 해석됩니다.

(3) 개업 음식점수와 폐업 음식점수를 그래프로 그리기

① 연도별 개업 음식점수 그래프

개업 현황과 폐업 현황을 시각적으로 알아보기 위해 연도별 현황을 막대그래프로 그리겠습니다. foodshop에서 open_year 변수를 기준으로 연도별 개업 음식점수를 구

해서 새 객체 open_trend를 만듭니다. open_date, city, district 변수의 결측치는 제외하고 분석합니다. 업종별 분석이 아니므로 type 변수의 결측치는 제외하지 않습니다.

연도별로 빈도수가 정해져 있으므로 geom_col( ) 함수로 막대그래프를 그립니다. 그래프를 통해 1990년대 후반에서 2000년대 초반에 개업한 음식점들이 많은 것을 알 수 있습니다.

```
# 연도별 개업 음식점수 구하기
open_trend <- foodshop %>%
 filter(!is.na(open_date) & !is.na(district)) %>% # 결측치 제거
 group_by(open_year) %>% # open_year 변수의 범주로 분류
 summarise(open_n=n())  # open_year 변수의 범주별 빈도 구하기

# open_trend의 구조 보기
str(open_trend)
tibble [66 x 2] (S3: tbl_df/tbl/data.frame)
 $ open_year: int [1:66] 1951 1953 1954 1955 1957 1958 1960 1962 1963 1964 ...
 $ open_n    : int [1:66] 1 1 2 2 1 1 3 1 1 3 ...

# 연도별 개업 음식점수 막대그래프 그리기
ggplot(data=open_trend, aes(x=open_year, y=open_n))+
 geom_col()+
 xlab("연도")+       # x축 이름 붙이기
 ylab("개업수")      # y축 이름 붙이기
```

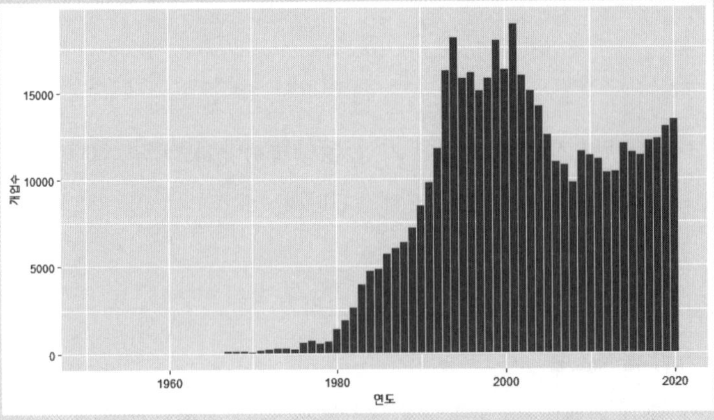

15000
10000
5000
0
개업수
1960
1980
2000
2020
연도

② 연도별 폐업 음식점수 그래프

같은 방법으로 close_year 변수를 기준으로 연도별 폐업 음식점수를 구해서 새 객체 close_trend에 입력하고 막대그래프를 그립니다. 연도별로 빈도수가 정해져 있으므로 geom_col( ) 함수로 막대그래프를 그립니다. close_date, city, district 변수의 결측치는 제외하고 분석합니다. 개업과 비슷하게 1990년대 후반에서 2000년대 초반에 폐업한 음식점들이 많습니다.

```
# 연도별 폐업 음식점수 구하기
close_trend <- foodshop %>%
 filter(!is.na(close_date) & !is.na(district)) %>% # 결측치 제거
 group_by(close_year) %>% # close_year 변수의 범주로 분류
 summarise(close_n=n()) # close_year 변수의 범주별 빈도 구하기

# close_trend의 구조 보기
str(close_trend)
tibble [47 x 2] (S3: tbl_df/tbl/data.frame)
 $ close_year: int [1:47] 1963 1965 1975 1976 1977 1978 1980 1981 1982 1983 ...
 $ close_n    : int [1:47] 1 1 1 4 1 1 1 2 3 13 ...

# 연도별 폐업 음식점수 막대그래프 그리기
ggplot(data=close_trend, aes(x=close_year, y=close_n))+
 geom_col()+
 xlab("연도")+ # x축 이름 붙이기
 ylab("폐업수") # y축 이름 붙이기
```

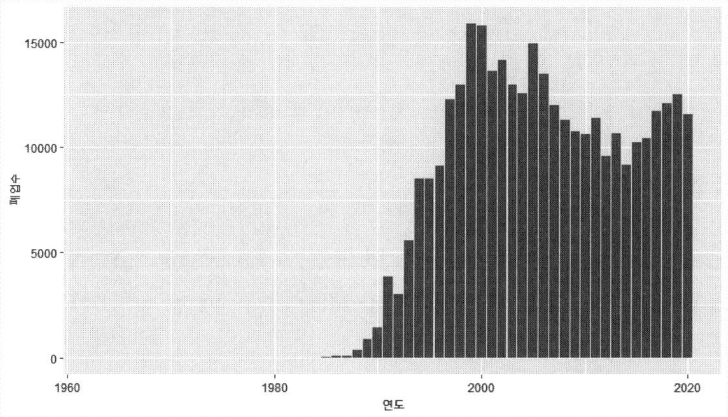

③ 개업과 폐업 음식점수를 통합해서 그리기

위의 두 그래프를 보면 개업 음식점수와 폐업 음식점수의 추이가 비슷합니다. 개업 음식점수와 폐업 음식점수의 그래프를 한 그래프 영역에 겹쳐서 그리면 추세를 비교하기 쉬울 것 같습니다. 2개의 그래프를 그리기 위해 open_trend와 close_trend를 통합합니다.

open_trend에는 open_year, open_n 변수가 있고, close_trend에는 close_year, close_n 변수가 있으므로 연도를 기준으로 통합 데이터세트를 만듭니다. 먼저 두 객체의 연도이름을 year로 변경해서 새 데이터세트 open_trend1과 close_trend1에 입력합니다. 그리고 left_join( ) 함수를 이용해서 year 변수를 기준으로 open_trend1에다 close_trend1을 합칩니다. 통합 데이터세트의 이름은 open_close_trend로 하겠습니다.

open_close_trend를 이용해서 연도별 개업 음식점수와 폐업 음식점수를 하나의 그래프 영역에 선그래프로 그립니다. 통합 그래프는 ggplot( ) 함수로 그래프 배경을 만든 후에 2개의 geom_line( )을 연결해서 그립니다. 2개의 그래프는 데이터가 다르기 때문에 각각의 그래프에 관한 데이터 내용을 geom_line( ) 안에 넣습니다. 개업과 폐업 그래프를 구별하기 위해서 폐업 그래프에는 'color=red' 파라미터를 넣어 그래프 색상을 붉은색으로 변경했습니다. 통합 그래프를 그리니 개업과 폐업 현황의 차이를 쉽게 비교할 수 있습니다.

```
open_trend1 <-rename(open_trend, year=open_year) # 연도이름 변경
close_trend1 <- rename(close_trend, year=close_year) # 연도이름 변경

open_close_trend <- left_join(open_trend1, close_trend1, by="year") # 통합

# 통합 그래프 그리기
ggplot()+
 geom_line(data=open_close_trend, aes(year, open_n))+ # 개업 그래프
 geom_line(data=open_close_trend, aes(year, close_n, color="red"))+ # 폐업 그래프
 xlab("연도")+ # x축 이름 붙이기
 ylab("개수") # y축 이름 붙이기
```

➡ 여기서 잠깐!

다음과 같이 해도 됩니다.

```
ggplot(data=open_close_trend)+
 geom_line(aes(year, open_n))+
 geom_line(aes(year, close_n, color="red"))+
 xlab("연도")+
 ylab("개수")
```

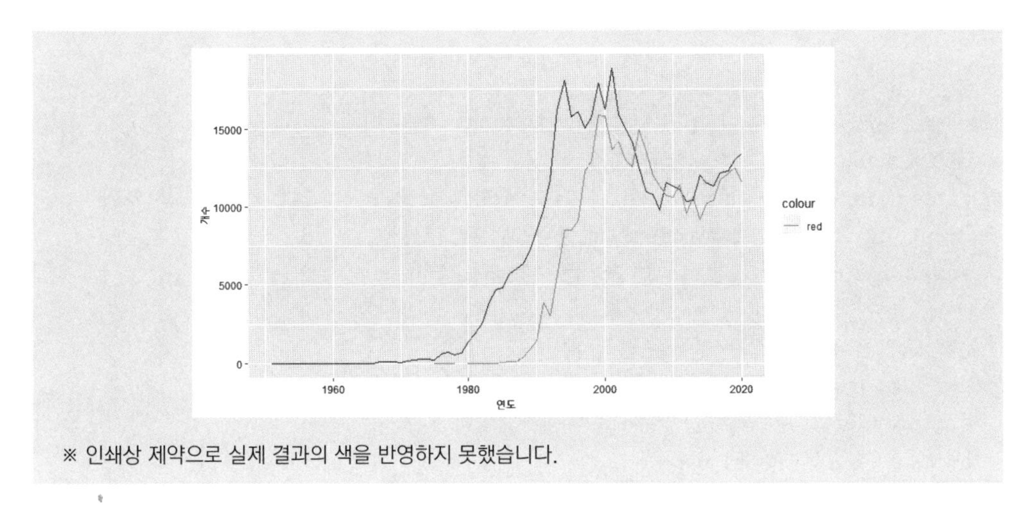

※ 인쇄상 제약으로 실제 결과의 색을 반영하지 못했습니다.

④ 폐업 음식점수가 개업 음식점수보다 많았던 기간 확인하기

앞의 그래프를 보면 폐업 그래프가 개업 그래프의 위에 그려진 기간이 있습니다. open_close_trend 데이터세트를 이용해서 그 시기를 알아봅니다. close_n(폐업수)이 open_n(개업수)보다 많은 데이터를 추출하면 됩니다. 총 6개년이 있습니다. 음식점 업종에서는 이 시기가 유달리 어려웠던 때였던 것 같습니다.

```
open_close_trend %>% filter(close_n>open_n) # 폐업수가 개업수보다 많은 연도 추출
  year  open_n  close_n
 <int>   <int>    <int>
1 2005   12504    14945
2 2006   10967    13472
3 2007   10790    12000
4 2008    9797    11305
5 2011   11109    11403
6 2013   10361    10629
```

4) 지역별 분석

(1) 영업 중인 음식점수가 가장 많은 5개 구를 알아보기

우선 open_date와 district 변수에서 결측치가 없는 데이터만을 추출하고, status 변수에서 영업 중인 데이터를 추출합니다. 그리고 구별로 분류한 후 구별로 빈도를 계산해서 새로운 객체 district_business에 넣습니다. district_business를 내림차순으로 정렬해서 상위 5개 데이터를 출력합니다.

```
#구별로 영업 중인 음식점 빈도를 구해서 새 객체 만들기
district_business <- foodshop %>%
 filter(!is.na(open_date) & !is.na(district) & status=="영업") %>% #결측치 제거
 group_by(district) %>% #district 변수의 범주별 분류
 summarise(n=n()) #district 변수의 범주별 빈도 구하기

#영업 중인 음식점수가 많은 5개 구를 출력하기
district_business %>%
 arrange(desc(n)) %>% #빈도 기준으로 내림차순 정렬
 head(5) #상위 5개 데이터 구하기

  district      n
     <chr>  <int>
1    강남구  11933
2    마포구   7996
3    종로구   7094
4    송파구   6991
5    영등포   6486
```

강남구가 1만 1933개로 가장 많습니다. 강남구는 25개 구 가운데 유일하게 1만 개가 넘어서 가장 번화한 지역인 것으로 확인되었습니다. 다음으로 마포구가 7996개, 종로구가 7094개입니다. 강남구와는 큰 차이가 있습니다.

(2) 25개 구의 음식점수를 막대그래프로 그리기

25개 구의 음식점수를 그립니다. 조건은 reorder( ) 함수를 이용해서 빈도수가 많은 구부터 정렬하고, coord_flip( ) 함수로 막대를 90도 오른쪽으로 회전시켜 구 이름이 y축에 있게 합니다. 그려진 그래프를 보면 구별로 큰 차이가 있는 것을 한눈에 알 수 있습니다.

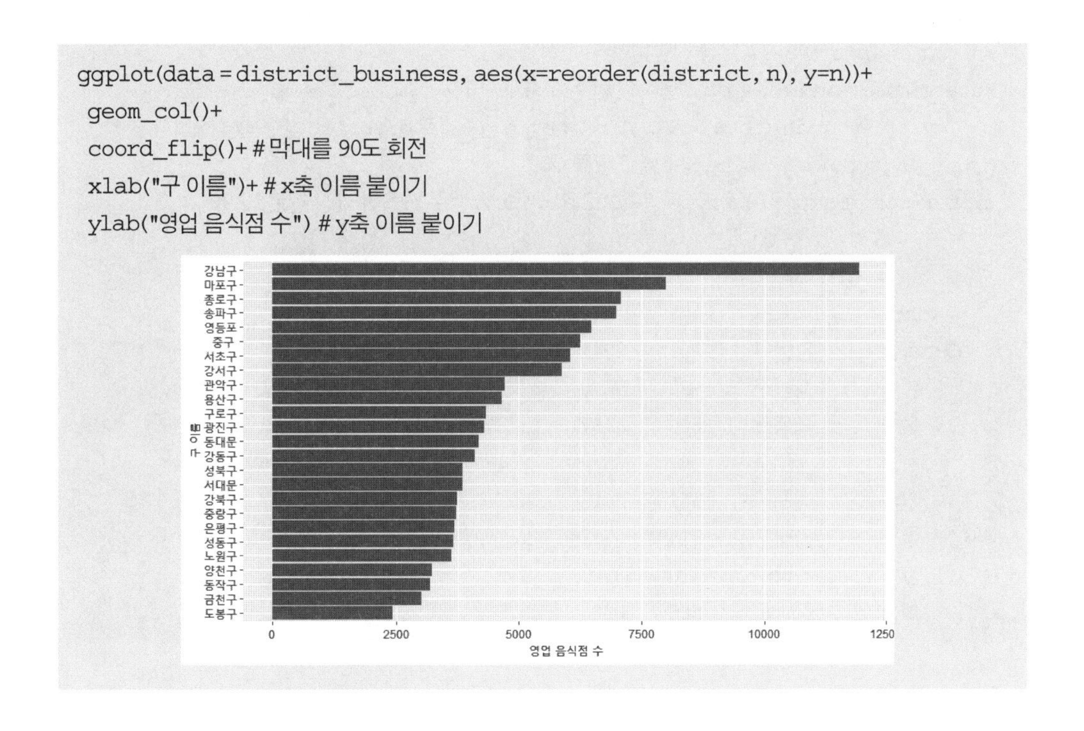

```
ggplot(data = district_business, aes(x=reorder(district, n), y=n))+
  geom_col()+
  coord_flip()+ # 막대를 90도 회전
  xlab("구 이름")+ # x축 이름 붙이기
  ylab("영업 음식점 수") # y축 이름 붙이기
```


(3) 주요 업종별로 가장 많은 구를 알아보기

한식, 분식, 치킨, 레스토랑, 회집, 중국식, 카페, 패스트푸드가 어느 구에서 가장 많이 영업하고 있는지를 알아봅니다.

우선 open_date와 district 변수에서 결측치를 제거합니다. 그리고 type 변수에서 8개 업종을 추출하고, status 변수에서 영업 범주만을 추출합니다. type 변수와 district 변수를 교차 분류한 후에 분류 집단별로 빈도를 구합니다. 그런 다음 type 변수별로 총계를 구한 후에 type 범주별로 district 비율을 계산합니다. 다음으로 업종별로 음식점이 가장 많은 구를 알기 위해 다시 type으로 분류한 후, type 범주별로 비율이 가장 많은 데이터를 추출합니다.

```
foodshop %>%
 filter(!is.na(open_date) & !is.na(district)) %>% # 결측치 제거
  filter(type%in%c("한식","분식","치킨","레스토랑","회집","중국식","카페","패스트푸드"))
%>% # type 변수에서 업종 선택
 filter(status=="영업")%>% # status 변수에서 영업 범주 선택
 group_by(type, district) %>% # type 변수와 district 변수 교차 분류
 summarise(n=n()) %>% # 분류 집단별 빈도 구하기
 mutate(total=sum(n), # type 변수의 범주별 총계 구하기
          pct=round(n/total*100,1)) %>% # type 범주별로 district 범주 비율 구하기
 group_by(type) %>% # type 범주별로 분류
 filter(pct==max(pct)) # type 범주별로 district 범주 비율이 가장 높은 데이터 추출

       type  district      n  total    pct
      <chr>     <chr>  <int>  <int>  <dbl>
1  레스토랑    강남구   2251   9241   24.4
2      분식    강남구    935   9678    9.7
3    중국식    영등포    500   4437   11.3
4      치킨    구로구    882  13872    6.4
5      카페    마포구    541   2615   20.7
6 패스트푸드   강남구    213    797   26.7
7      한식    강남구   4830  53520      9
8      회집    강남구    865   6394   13.5
```

레스토랑, 분식, 패스트푸드, 한식, 회집은 강남구에 가장 많습니다. 중국식은 영등포구에, 치킨은 구로구에, 카페는 마포구에 가장 많습니다.

연습문제 10-4

1 조선시대부터 음식점이 많았던 종로구에서 현재 영업하고 있는 업종의 비율을 상위 5위까지 알아보세요. 개업일(open_date), 업종(type), 지역(district)에서 결측치가 아닌 데이터만으로 분석합니다.

2 2020년은 코로나19로 경제가 매우 어려웠습니다. 이런 상황에서 2020년에 개업한 음식점수와 영업, 폐업의 비율을 알아보세요. 개업일(open_date), 업종(type), 지역(district)에서 결측치가 아닌 데이터만으로 분석합니다.

3 2020년에 개업한 음식점 가운데 비율이 높은 5개 업종의 음식점수와 비율을 구해보세요. 개업일(open_date), 업종(type), 지역(district)에서 결측치가 아닌 데이터만으로 분석합니다.

4 매년 음식점을 많이 개업하는 시기를 알아봅니다. 월별로 개업 음식점수를 입력한 새 객체 monthly_open을 만듭니다. 그리고 월별로 많이 개업한 순서대로 월과 개업 음식점수만 출력하세요.

⇨ open_date 변수에서 월 숫자를 분리해서 월 변수를 만듭니다. 월 변수이름은 open_month로 합니다. 그리고 open_month 변수를 토대로 새 객체 monthly_open을 만듭니다.

5 monthly_open으로 월별 개업수를 선그래프로 그립니다. x축의 이름은 '월', y축의 이름은 '개업 음식점수'로 합니다.

6 음식점이 어느 계절에 많이 개업하는가를 알아봅니다. 계절별로 개업한 음식점수를 구해서 새 객체 seasonal_open에 입력합니다. seasonal_open에서 개업 음식점수를 내림차순으로 출력하고, 막대그래프를 내림차순으로 그립니다.

⇨ foodshop에서 open_month를 토대로 새로운 계절변수 open_season을 만듭니다. 계절 이름은 봄은 spring, 여름은 summer, 가을은 autumn, 겨울은 winter로 합니다. 그리고 season을 기준으로 음식점수를 분석해서 seasonal_open에 입력합니다. open_month, district, type이 결측치인 데이터를 제외하고 분석합니다.

해답은 뒤에 (p.367)

사례 분석 10-5 한국인의 급여 실태 분석

분석 개요

한국복지패널(Korea Welfare Panel Study)에서 제공하는 데이터를 토대로 우리 국민의 2019년 급여 실태에 관해 분석합니다. 한국보건사회연구원과 서울대학교 사회복지연구소가 공동 운영하는 한국복지패널은 2006년부터 매년 전국에서 약 7000가구와 가구원을 대상으로 소득, 복지실태, 연금, 생활실태, 사회보험 등 사회실태를 조사하고 있습니다.

2 분석 데이터

예제파일에 있는 koweps_hpwc14_2019_beta1.sav 파일입니다. 2019년에 조사한 데이터로 spss 파일에 담겨 있습니다. 다음 절차로 내려받을 수 있습니다.

1단계: 한국복지패널 홈페이지(https://www.koweps.re.kr:442/main.do)에 접속해서 회원 가입을 한 후에 상단의 [데이터 & 설문지] 메뉴를 클릭합니다.

2단계: 2006년부터 조사된 데이터가 모두 공개되고 있습니다. 가장 최근에 조사된 2019년 데이터를 14차 웨이브에서 내려받습니다. 데이터는 3개 종류의 파일로 공개되고 있는데, spss 파일을 선택하겠습니다.

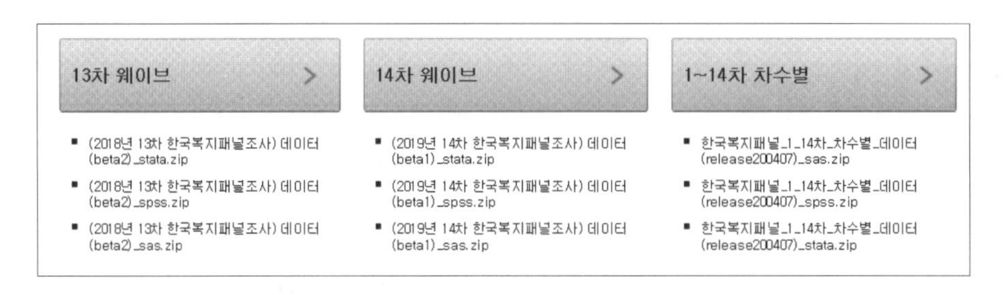

3단계: 내려받을 파일을 클릭하면 간단한 조사지가 나옵니다. 응답하고 [작성완료]를 클릭하면 내려받을 수 있습니다.

다운되는 파일은 koweps_h14_2019_beta1.sav(가구용), koweps_p14_2019_beta1.sav(가구원용), koweps_wc14_2019_beta1.sav(복지인식용), koweps_hpwc14_2019_beta1.sav(가구·가구원 결합용) 등 4개입니다. 분석에 사용할 파일은 koweps_hpwc14_2019_beta1.sav입니다.

4단계: 같은 방법으로 [데이터 & 설문지] 메뉴에서 설문지, 유저가이드, 코딩북을 모두 내려받습니다. 유저가이드에는 설문조사 방법, 설문 내용, 데이터 활용 방법 등 데이터에 관한 설명이 상세히 적혀 있습니다. 코딩북은 데이터 코딩 방법이 적혀 있는 조사설계서이며, 엑셀 파일에 있습니다. 데이터 분석을 할 때 필수적으로 활용됩니다. 코딩북도 4개가 있습니다. 이 가운데 분석에 활용하는 코딩북은 (2019년 14차 한국복지패널조사) 조사설계서-가구용(beta1).xlsx과 14차 머지데이터_변수명_200422.xlsx 등 2개입니다.

3 R로 불러와서 분석 객체 만들기

1) R로 불러오기

spss 파일이므로 R로 불러와서 데이터를 사전 정리하겠습니다. R을 시작해 dplyr과 ggplot2 패키지를 구동합니다.

```
library(dplyr)
library(ggplot2)
```

예제파일에서 koweps_hpwc14_2019_beta1.sav를 불러와서 새 객체 koweps19에 입력합니다. spss 파일은 read.spss( ) 함수로 불러옵니다. read.spss( ) 함수는 foreign 패키지를 설치하고 구동한 후 이용합니다. R로 spss 파일을 불러오면 리스트 형태로 입력되므로 as.data.frame( ) 함수를 이용해서 koweps19를 데이터프레임 형태로 변경합니다.

```
install.packages("foreign") # foreign 패키지 설치
library(foreign) # foreign 패키지 구동

koweps19 <- read.spss("koweps_hpwc14_2019_beta1.sav") # 파일 불러오기
koweps19 <-as.data.frame(koweps19) # 데이터프레임 형태로 변환
```

➡ 여기서 잠깐!

한 번에 할 때는 아래와 같이 입력합니다.

```
koweps19 <- read.spss("koweps_hpwc14_2019_beta1.sav", to.data.frame=T)
```

2) 분석 변수 추출과 이름 변경

str( ) 함수로 koweps19의 구조를 알아봅니다. 830개 변수에 1만 4418개의 관측치가 있습니다. 분석할 변수만 추출해서 새 객체 welfare19에 입력하겠습니다.

추출할 변수는 h14_g3(성별), h14_g4(태어난 연도), h14_g6(교육수준1), h14_reg5(5개 권역별 지역구분), h14_eco9(직종), h14_inc2(상용 근로자 연간 총급여액), h14_inc3(임시 일용 연간 총급여액) 등 7개 변수입니다.

변수에 관한 설명은 예제파일에 있는 2개의 엑셀파일 '(2019년 14차 한국복지패널조사) 조사설계서-가구용(beta1)', '14차 머지데이터_변수명_200422'를 보면 알 수 있습니다.

분석 변수 설명

- 성별: 남녀 구분입니다. 1번은 남성, 2번은 여성입니다.
- 태어난 연도: 실제 연도로 기록되어 있습니다.
- 교육수준1: 교육수준1의 조사 항목은 1 미취학(만7세 미만), 2 무학(만7세 이상), 3 초등학교, 4 중학교, 5 고등학교, 6 전문대학, 7 대학교, 8 대학원(석사), 9 대학원(박사)입니다. 교육수준2는 재학, 휴학, 중퇴, 수료 등을 조사했지만 교육수준1 변수로만 분석합니다.
- 5개 권역별 지역구분: 1 서울, 2 광역시, 3 시, 4 군, 5 도농복합군입니다. 도농복합군은 도시와 농촌을 묶어서 설치한 지역입니다.
- 직종: 산업분류에서 소분류 기준입니다. 코드 번호로 입력되어 있습니다. 예를 들어 0111은 '의회 의원·고위 공무원 및 공공단체 임원'입니다.
- 상용 근로자와 임시 일용의 연간 총급여액: 단위는 만원입니다.

가구일반사항	성별	h14_g3
	태어난 연도	h14_g4
	교육수준1	h14_g6
	교육수준2	h14_g7
	장애종류	h14_g8
	장애등급	h14_g9
	-	
	혼인상태	h14_g10
	종교	h14_g11

성별	1.남 2여
태어난 연도	년
교육수준	1.미취학(만7세미만) 2.무학(만7세이상) 3.초등학교 4.중학교 5.고등학교 6.전문대학 7.대학교 8대학원(석사) 9대학원(박사)

7개 변수를 추출해서 새 객체 welfare19에 입력합니다. 그리고 변수이름을 영어로 변경합니다. 먼저 이름을 변경하고 추출해도 됩니다. h14_g3은 sex, h14_g4는 birth, h14_g6은 edu, h14_reg5는 region, h14_eco9는 job_code, h14_inc2는 p_salary, h14_inc3은 t_salary로 하겠습니다. p는 permanent, t는 temporary를 의미합니다.

```
#분석할 변수 추출해서 새 객체에 입력
welfare19 <- koweps19 %>%
   select(h14_g3, h14_g4, h14_g6, h14_reg5, h14_eco9, h14_inc2, h14_inc3)

#welfare19의 변수이름 변경
welfare19 <- welfare19 %>%
 rename(sex=h14_g3,
         birth=h14_g4,
         edu=h14_g6,
         region=h14_reg5,
         job_code=h14_eco9,
         p_salary=h14_inc2,
         t_salary=h14_inc3)
```

4 데이터 전처리

1) 변수 유형 확인하기

str( ) 함수로 변수의 유형을 확인합니다. 7개 변수가 모두 실수형(num)으로 되어 있습니다. sex, edu, region은 범주형인데, 실수형으로 되어 있습니다. 그러나 분석하는 데는 문제가 없기 때문에 굳이 범주형으로 변경할 필요는 없습니다.

```
str(welfare19)
'data.frame':  14418 obs. of 7 variables:
 $ sex      : num 2 1 1 1 2 2 1 2 2 2 ...
 $ birth    : num 1945 1948 1942 1962 1963 ...
 $ edu      : num 4 3 7 6 5 4 4 4 3 5 ...
 $ region   : num 1 1 1 1 1 1 1 1 3 1 ...
 $ job_code: num NA NA 762 855 NA NA NA 941 999 NA ...
 $ p_salary: num NA NA NA 2304 NA ...
 $ t_salary: num NA NA 1284 NA NA ...
```

2) 결측치, 이상치 확인하기

summary( ) 함수로 7개 변수의 결측치, 이상치를 확인합니다.

```
summary(welfare19)
      sex            birth            edu             region          job_code
 Min.   :1.000  Min.   :1907  Min.   :1.000  Min.   :1.000  Min.   : 111.0
 1st Qu. :1.000  1st Qu. :1948  1st Qu. :3.000  1st Qu. :2.000  1st Qu. : 313.0
 Median :2.000  Median :1968  Median :5.000  Median :3.000  Median : 611.0
 Mean   :1.549  Mean   :1969  Mean   :4.565  Mean   :2.659  Mean   : 587.5
 3rd Qu. :2.000  3rd Qu. :1990  3rd Qu. :6.000  3rd Qu. :3.000  3rd Qu. : 873.0
 Max.   :2.000  Max.   :2018  Max.   :9.000  Max.   :5.000  Max.   :1009.0
                                                                NA's   :7540
   p_salary       t_salary
 Min.   :    0  Min.   :    0.0
 1st Qu. : 2448  1st Qu. :  391.5
 Median : 3540  Median : 1116.0
 Mean   : 4141  Mean   : 1389.4
 3rd Qu. : 5378  3rd Qu. : 2040.0
 Max.   :22700  Max.   :11500.0
 NA's   :11759  NA's   :11087
```

sex, edu, region 변수의 수치는 모두 범주 범위 안에 있으므로 이상치가 없습니다. birth를 보면 태어난 연도가 1907년부터 2018년으로 문제가 없습니다. job_code, p_salary, t_salary에는 결측치가 있지만 극단치는 없는 것 같습니다. 상용직 근로자의 총급여액 최대치는 2억 2700만원이며, 일용직 근로자의 총급여액 최대치는 1억 1500만원입니다. 그러나 총급여액이 0원이라는 것은 납득하기 어려우므로 결측치로 처리하겠습니다.

```
#상용직, 일용직 근로자의 총급여가 0이면 결측치로 처리
welfare19$p_salary<-ifelse(welfare19$p_salary==0, NA, welfare19$p_salary)
welfare19$t_salary<-ifelse(welfare19$t_salary==0, NA, welfare19$t_salary)

#결측치 숫자 확인
table(is.na(welfare19$p_salary))
FALSE TRUE          #결측치 6개 증가
  2653 11765
table(is.na(welfare19$t_salary))
FALSE  TRUE  #결측치 1개 증가
  3330 11088
```

3) 변수 기초 정리

(1) 성별 변수

범주이름이 숫자 1, 2로 되어 있어서 분석을 할 때 불편합니다. 1번은 male, 2번은 female로 변경합니다.

```
table(welfare19$sex) #sex 범주별 빈도 확인
   1    2
6506 7912

welfare19$sex <- ifelse(welfare19$sex==1, "male", "female") #범주이름 변경

table(welfare19$sex) #이름 변경 확인
female  male
   7912  6506
```

(2) 출생연도 변수

출생연도는 태어난 연도로 되어 있습니다. 연도에서 연령을 구해 age 변수에 입력하겠습니다. 2019년에 조사했으므로 연령은 '2019 – 태어난 연도 + 1'로 구하면 됩니다.

```
welfare19$age <- 2019 - welfare19$birth + 1 # age 변수 만들기

range(welfare19$age) # 연령 범위 확인
[1]  2 113
```

연령 범위는 2세부터 113세까지입니다. 초고령자도 있지만, 가능한 연령이므로 이상치라고 단정할 수는 없습니다.

(3) 교육수준 변수

교육수준은 9등급으로 구분되어 있습니다. 교육수준별 총급여 격차를 알아보려고 하는데 등급이 너무 세분화되어 있습니다. 1~4는 '중학 이하', 5는 '고교', 6은 '전문대', 7~9는 '대학 이상'으로 재분류해서 새 변수 edu_grade에 입력하겠습니다.

```
# 교육수준 등급 재분류
welfare19$edu_grade <-ifelse(welfare19$edu%in%c(1,2,3,4), "중학 이하",
                        ifelse(welfare19$edu==5, "고교",
                               ifelse(welfare19$edu==6,"전문대","대학 이상")))

# 교육수준 등급별 빈도 보기
table(welfare19$edu_grade)
 고교  대학 이상  전문대  중학 이하
 3849      2728     1317       6524
```

교육수준 등급을 재분류하니 중학 이하 6524명, 고교 3849명, 대학 이상 2728명, 전문대 1317명입니다.

(4) 권역 변수

5개 권역별로 지역을 구분한 변수입니다. 그런데 범주이름이 1~5까지 숫자로 되어 있습니다. '1 서울, 2 광역시, 3 시, 4 군, 5 도농복합군'입니다. 범주이름이 숫자이면 분석하면서 매우 불편합니다. 숫자에 맞춰 지역구분 이름이 들어간 새 변수 region1을 만들겠습니다. ifelse( ) 함수를 이용해서 만들 수 있지만 범주가 많으면 식이 길어져 불편할 수 있습니다. 숫자와 지역구분 이름 변수로 구성된 새 데이터프레임을 만든 후에 left_join( ) 함수로 welfare19와 결합하면 됩니다. 새 데이터프레임 이름은 region_name으로 하겠습니다. region_name을 만들 때는 결합의 기준이 되는 변수이름을 welfare19에도 있는 region으로 해야 합니다.

```
#region_name 만들기
region_name <- data.frame(region=c(1,2,3,4,5),
                          region1=c("서울","광역시","시","구","도농복합군"))
#welfare19에 region_name을 결합
welfare19 <- left_join(welfare19, region_name, id= "region")
```

(5) 직종 변수

직종 변수 job_code는 숫자로 되어 있습니다. 직종별 이름이 적힌 변수가 필요합니다. 직종은 종류가 매우 많아서 데이터프레임을 만들기가 매우 힘듭니다. 다행히 코드북은 직종별 이름을 제공하고 있습니다.

예제파일에 있는 '(2019년 14차 한국복지패널조사) 조사설계서-가구용(beta1).xlsx' 파일을 열어보면 6번째 시트에 직종코드와 직종이름이 있습니다. 5번 시트는 원자료입니다. 이것을 이용하기 쉽게 6번으로 정리했습니다. 6번 시트를 별도 객체로 불러온 후에 left_join( ) 함수로 welfare19에 결합하면 됩니다. 별도 객체 이름은 job_name으로 하겠습니다.

이 파일을 불러오기 위해서는 readxl 패키지를 구동하고, read_excel( ) 함수를 이용해야 합니다.

```
library(readxl) # readxl 패키지 구동

# job_name 객체 만들기
job_name <- read_excel("(2019년 14차 한국복지패널조사) 조사설계서-가구용(beta1).
xlsx", sheet=6) # 6번째 sheet를 불러오는 파라미터 지정

str(job_name) # 객체 구조 확인
tibble [156 x 2] (S3: tbl_df/tbl/data.frame)
 $ job_code: num [1:156] 111 112 121 122 131 132 133 134 135 139 ...
 $ job      : chr [1:156] "의회 의원<U+2219>고위 공무원 및 공공단체 임원" ...

# welfare19에 job_name을 결합
welfare19 <- left_join(welfare19, job_name, id="job_code")
```

데이터 전처리 과정을 마쳤습니다. str( ) 함수로 welfare19 데이터세트의 구조를 확인하겠습니다. 모든 변수가 잘 정리되었습니다. 이제 불필요한 변수는 삭제하고, 변수의 순서를 보기 좋게 변경하면 됩니다. sex, age, edu, edu_grade, region1, job, p_salary, t_salary 변수만 welfare19에 순서대로 입력하겠습니다. 그 밖에 필요한 새 파생변수는 분석하면서 만들면 됩니다.

```
str(welfare19)
'data.frame':  14418 obs. of 11 variables:
 $ sex       : chr "female" "male" "male" "male" ...
 $ birth     : num 1945 1948 1942 1962 1963 ...
 $ edu       : num 4 3 7 6 5 4 4 4 3 5 ...
 $ region    : num 1 1 1 1 1 1 1 1 3 1 ...
 $ job_code  : num NA NA 762 855 NA NA NA 941 999 NA ...
 $ p_salary  : num NA NA NA 2304 NA ...
 $ t_salary  : num NA NA 1284 NA NA ...
 $ age        : num 75 72 78 58 57 17 93 86 80 50 ...
 $ edu_grade: chr "중학 이하" "중학 이하" "대학 이상" "전문대" ...
 $ region1   : chr "서울" "서울" "서울" "서울" ...
 $ job        : chr NA NA "전기공" "금속기계 부품 조립원" ...

# 분석 변수만 순서대로 정리
welfare19 <- welfare19 %>%select(sex, age, edu, edu_grade, region1, job, p_
salary, t_salary)
```

5 분석하기

1) 상용직과 일용직의 평균 총급여 비교

상용직과 일용직의 평균 총급여를 알아보겠습니다.

```
mean(welfare19$p_salary, na.rm=T) # 상용직 평균
[1] 4150.747
mean(welfare19$t_salary, na.rm=T) # 일용직 평균
[1] 1389.858
```

상용직 평균은 4150.7만원, 일용직 평균은 1389.9만원입니다. 상용직이 일용직의 약 3배입니다. 상용직과 일용직의 총급여 격차가 매우 큽니다.

2) 성별 평균 총급여 차이 검정

상용직 근로자의 평균 총급여가 성별에 따라 차이가 있는지를 독립표본 t검정으로 알아보겠습니다.

```
# 상용직 남녀 평균 총급여 차이 통계 분석
t.test(data=welfare19, p_salary~sex)

        Welch Two Sample t-test

data: p_salary by sex
t = -21.912, df = 2650.7, p-value < 2.2e-16  ①
alternative hypothesis: true difference in means is not equal to 0
95 percent confidence interval:
 -2079.007 -1737.475
sample estimates:  ②
mean in group female  mean in group male
            2979.045            4887.286
```

①을 보면 유의수준이 p <. 001이어서 이 통계 검정의 결과는 유의미합니다. ②를 보면 남성 평균은 4887.3만원이며, 여성 평균은 2979만원입니다. 남성이 여성보다 약 64% 더 많이 받습니다. 차이가 매우 큽니다.

3) 최대 총급여 상용직 근로자 찾기

상용직 근로자 가운데 총급여가 가장 많은 사람을 남성과 여성별로 알아보겠습니다. 데이터를 성별로 분류한 후에 성별로 t_salary가 최대인 데이터를 추출하면 됩니다. 출력은 sex, age, edu, edu_grade, region1, job, p_salary만 합니다.

```
welfare19 %>%
 filter(!is.na(p_salary)) %>% # 결측치가 아닌 p_salary 데이터만 추출
 group_by(sex) %>% # 성별로 분류
 filter(p_salary==max(p_salary))%>% # 성별로 p_salary가 최대인 데이터 추출
 select(sex, age, edu, edu_grade, region1, job, p_salary) # 7개 변수만 출력

  sex    age   edu edu_grade region1 job                       p_salary
  <chr>  <dbl> <dbl>   <chr>   <fct>   <chr>                     <dbl>
1 male     48     7   대학 이상  광역시   기계·로봇공학 기술자 및 시험원  22700
2 female   52     5      고교      시   보험 및 금융 관리자            12096
```

남성에서는 광역시의 기계·로봇공학 기술자 및 시험원 직종에서 일하는 48세 대졸자가 2억 2700만원으로 가장 많이 받았습니다. 여성에서는 시의 보험 및 금융관리 직종에서 일하는 52세 고졸자가 1억 2096만원으로 최대였습니다.

4) 연령별 평균 총급여

상용직을 대상으로 연령별 평균 총급여를 구해서 새 객체 age_salary1에 넣겠습니다. 그리고 가장 많이 받는 연령을 3개 추출해보겠습니다.

```
# age_salary1 만들기
age_salary1 <- welfare19 %>%
 filter(!is.na(p_salary)) %>%  # p_salary 변수에서 결측치가 아닌 데이터 추출
 group_by(age) %>%  # age 변수로 데이터 분류
 summarise(m=mean(p_salary))  # age 변수별 평균 총급여 구하기

# 상위 3개 데이터 추출
age_salary1 %>%
 arrange(desc(m)) %>% # 평균 총급여 기준 내림차순 정렬
 head(3)
   age     m
 <dbl> <dbl>
1    58  5586.
2    53  5558.
3    57  5387.
```

58세가 5586만원, 53세가 5558만원, 57세가 5387만원입니다. 50대 중반과 후반에 가장 많은 급여를 받습니다.

5) 연령별 평균 총급여 그래프 그리기

age_salary1로 연령별 평균 총급여를 선그래프로 그리겠습니다. x축 이름은 '연령', y축 이름은 '총급여'로 합니다.

```
ggplot(data=age_salary1, aes(x=age, y=m))+
geom_line()+
xlab("연령")+
ylab("총급여")
```

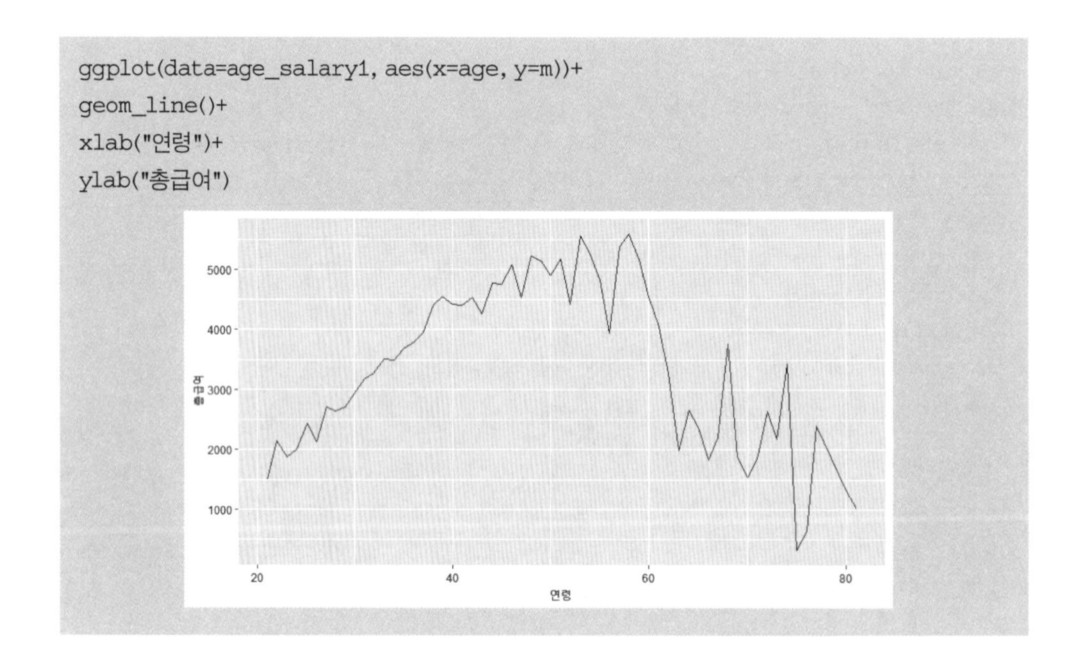

연령별 평균 총급여 그래프를 보면 50대 중반까지 오르다가 50대 후반에 급격하게 내려가는 것을 알 수 있습니다.

6) 연령별 남녀 평균 총급여 그래프 그리기

연령별로 남녀 평균 총급여를 구해서 새 객체 age_salary2에 입력합니다. 그리고 age_salary2를 이용해서 연령별로 남성과 여성의 평균 총급여를 선그래프로 그립니다.

```
#age_salary2 만들기
age_salary2 <- welfare19 %>%
 filter(!is.na(p_salary)) %>%  #p_salary 변수에서 결측치가 아닌 데이터 추출
 group_by(age, sex) %>%  #age 변수와 sex 변수로 교차 분류
 summarise(m=mean(p_salary))  #분류된 집단별로 평균 총급여 구하기

#연령별로 남성과 여성의 평균 총급여 선그래프 그리기
ggplot(data=age_salary2, aes(x=age, y=m, col=sex))+ # 'col='은 sex별로 그래프 그리기
geom_line()+
xlab("연령")+
ylab("총급여")
```

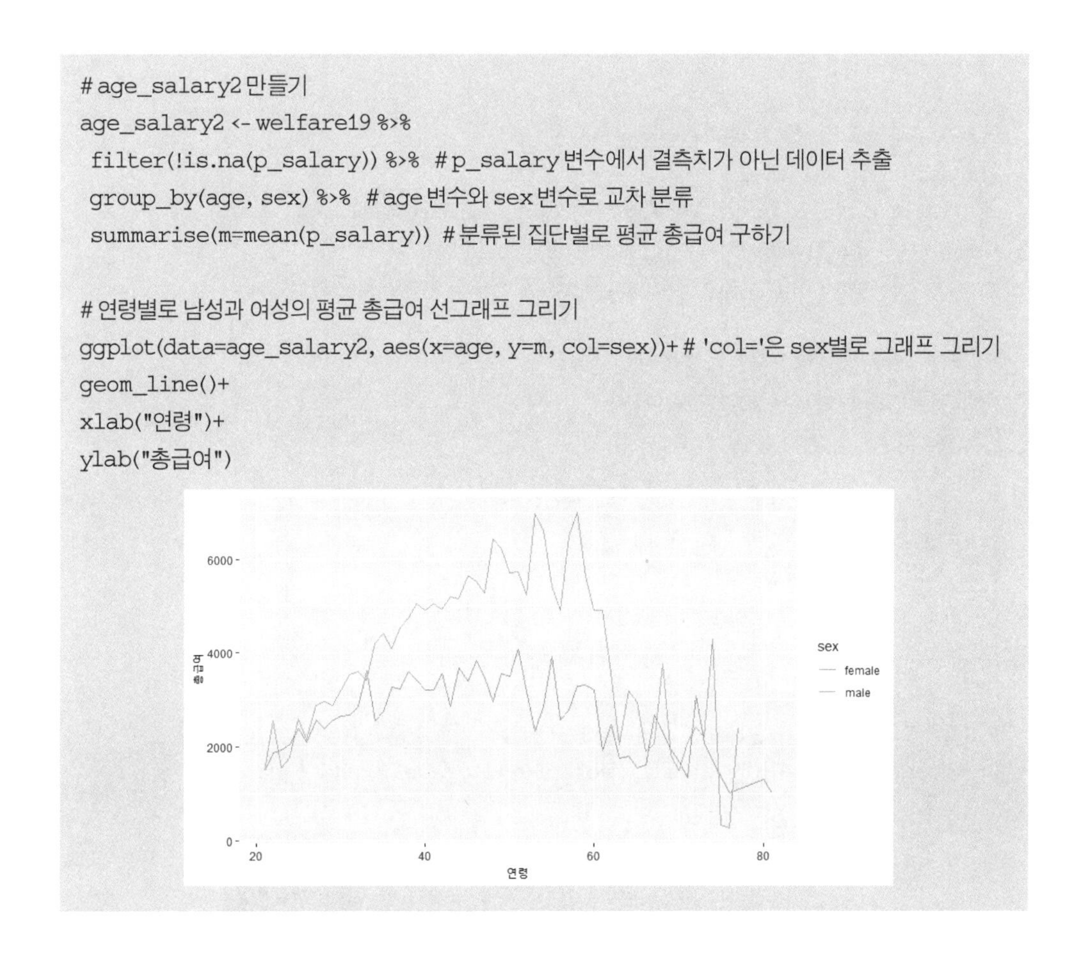

남성 평균은 30대 중반부터 4000만원을 넘은 후 30대 후반부터 60세까지는 5000만원 이상입니다. 그러나 여성 평균은 대부분의 연령에서 남성 평균보다 적은 데다 4000만원을 넘은 적이 거의 없습니다. 남성과 여성의 총급여 격차는 모든 연령에서 큽니다.

7) 교육수준별 상용직 평균 총급여 비교

교육수준별로 상용직 근로자의 평균 총급여를 알아보겠습니다. 교육수준별 평균 총급여액을 새 변수 edu_salary1에 입력하고 급여가 많은 순서부터 출력합니다. 그리고 금액이 올라가는 순서로 막대그래프를 그립니다.

```
# 교육수준별 상용직 근로자 평균 총급여 구하기
edu_salary1<- welfare19 %>%
 filter(!is.na(p_salary)) %>% # 결측치가 아닌 p_salary 데이터 추출
 group_by(edu_grade) %>% # edu_grade 변수의 범주별 분류
 summarise(m=mean(p_salary)) # edu_grade 변수의 범주별 평균 총급여 구하기

# 교육수준별 상용직 평균 총급여 기준 내림차순 정렬
edu_salary1 %>% arrange(desc(m))

 edu_grade    m
 <chr>       <dbl>
1 대학 이상   4889.
2 고교       3670.
3 전문대     3640.
4 중학 이하   2672.

# 그래프 그리기. edu_grade 변수의 범주별 평균 총급여 기준 오름차순 정렬
ggplot(data=edu_salary1, aes(x=reorder(edu_grade, m), y=m))+geom_col()
```

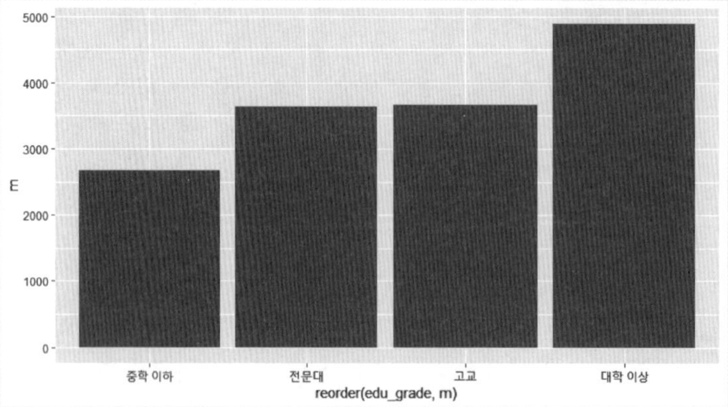

대학 이상이 4889만원으로 가장 많습니다. 다음은 고교가 3670만원으로 전문대 3640만원보다 약간 많습니다. 중학 이하가 2672만원으로 가장 적습니다. 대학 이상은 고교보다 33%, 전문대보다 34%, 중학 이하보다 83% 많아 교육수준에 따른 총급여 격차가 크다는 것을 알 수 있습니다.

8) 상용직 근로자의 교육수준과 성에 따른 총급여 분석

상용직 근로자의 교육수준별, 남녀별 총급여 격차를 알아보겠습니다. 교육수준과 성별로 구분한 평균 총급여를 구해서 edu_salary2에 입력하고, 평균 총급여를 기준으로 내림차순으로 출력합니다. 그리고 교육수준을 기준으로 남녀 총급여를 나란히 그린 막대그래프를 학력 기준 오름차순(중학 이하, 고교, 전문대, 대학 이상)으로 그립니다.

```
#상용직 근로자의 교육수준별, 성별 총급여 구하기
edu_salary2<- welfare19 %>%
 filter(!is.na(p_salary)) %>% #결측치가 아닌 p_salary 데이터 추출
 group_by(edu_grade, sex) %>% #교육수준별, 성별 분류
 summarise(m=mean(p_salary)) #교육수준별, 성별 평균 총급여 구하기

#총급여 기준 내림차순 정렬
edu_salary2 %>% arrange(desc(m))

 edu_grade  sex     m
 <chr>      <chr>   <dbl>
1 대학 이상  male    5632.
2 전문대     male    4382.
3 고교       male    4345.
4 대학 이상  female  3547.
5 중학 이하  male    3129.
6 전문대     female  2666.
7 고교       female  2631.
8 중학 이하  female  1996.
```

```
#막대그래프 그리기
ggplot(data=edu_salary2, aes(x=edu_grade, y=m, fill=sex)) + #sex별 막대 구분
  geom_col(position="dodge") + #position="dodge"는 sex별로 별도 막대 그리기
  scale_x_discrete(limits=c("중학 이하","고교","전문대","대학 이상" )) #막대 순서 지정
```

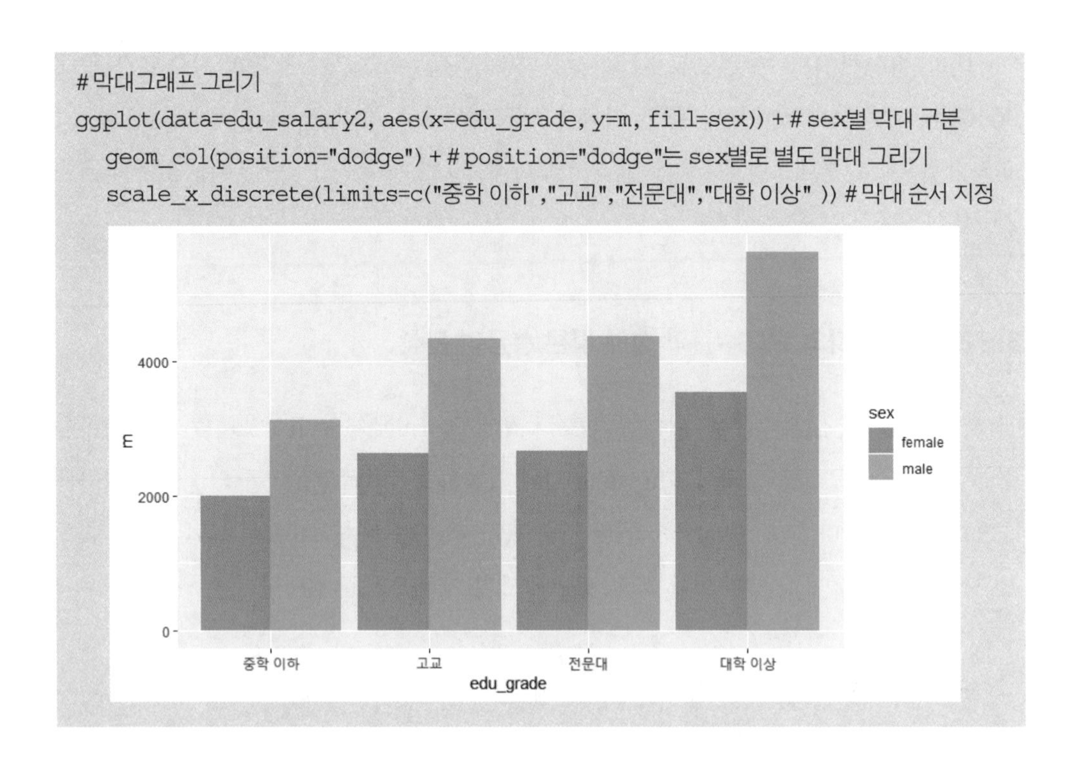

대학 이상 남성이 5632만원으로 가장 많고, 중학 이하 여성이 1996만원으로 가장 적습니다. 2.8배로 격차가 매우 큽니다. 상위 3위가 모두 남성입니다. 대학 이상 여성의 평균(3547만원)은 고교 남성 평균(4345만원)의 82%입니다. 그래프를 보면 모든 교육수준에서 남성이 여성보다 훨씬 많이 받는다는 사실이 뚜렷하게 나타납니다. 급여가 교육수준보다는 성별에 더 큰 영향을 받는 것 같습니다.

9) 권역별 평균 총급여 비교

권역별로 상용직 근로자의 평균 총급여를 알아보겠습니다. 평균을 구해서 새 변수 region_salary에 입력하고 출력합니다. 그리고 평균 총급여 기준으로 내림차순으로 막대 그래프를 그립니다.

```
#권역별 상용직 근로자 평균 총급여 구하기
region_salary<- welfare19 %>%
 filter(!is.na(p_salary)) %>% #결측치가 아닌 p_salary 데이터 추출
 group_by(region1) %>% #region1 변수의 범주로 분류
 summarise(m=mean(p_salary)) #범주별 평균 총급여 구하기

#총급여 기준 내림차순 정렬
region_salary %>% arrange(desc(m))
 region1      m
 <fct>      <dbl>
1 도농복합군  4634.
2 서울       4371.
3 시         4163.
4 광역시      4070.
5 군         3702.

#총급여 기준 내림차순으로 막대그래프 그리기
ggplot(data=region_salary1, aes(x=reorder(region1, -m), y=m))+geom_col()
```

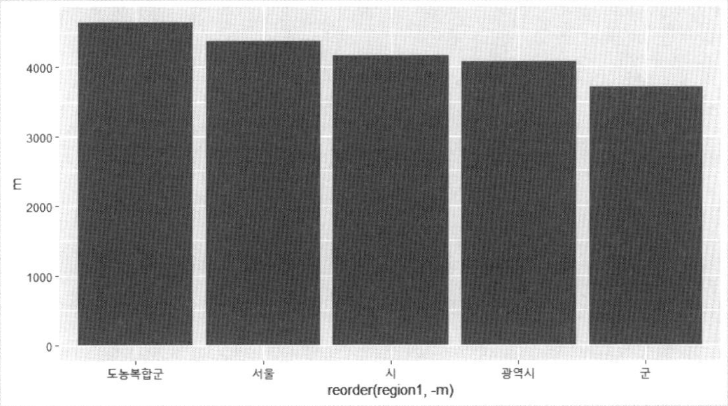

5개 권역 가운데 도농복합군이 4634만원으로 가장 많습니다. 도시 주변의 농촌지역이 개발되어 시 지역에 편입되고 공기업들이 많이 이전하면서 생긴 현상으로 풀이됩니다. 서울은 4371만원으로 두 번째입니다. 군 지역이 3702만원으로 가장 적습니다.

10) 직종별 평균 총급여 구하기

직종별로 상용직의 평균 총급여를 구해서 새 객체 job_salary에 입력합니다. 그리고 총급여가 가장 많은 직종 10개를 출력합니다. 또 총급여가 많은 직종 20개를 막대그래프로 그립니다. 총급여를 기준으로 내림차순으로 그리고, 직종 이름이 y축에 가도록 합니다.

```
# job_salary 만들기
job_salary <- welfare19 %>%
 filter(!is.na(p_salary)) %>% # 결측치가 아닌 p_salary 데이터 추출
 group_by(job) %>% # job 변수의 범주별 분류
 summarise(m=mean(p_salary)) # 범주별 평균 총급여 구하기

# 총급여 10위 내림차순 출력
job_salary %>%
 arrange(desc(m)) %>%
 head(10)

  job                              m
  <chr>                            <dbl>
 1 보험 및 금융 관리자              9876.
 2 법률 전문가                      9416.
 3 행정 및 경영 지원 관리자         9306.
 4 의료 진료 전문가                 9237.
 5 기업 고위 임원                   8622.
 6 기계·로봇공학 기술자 및 시험원   8283.
 7 재활용 처리 및 소각로 조작원     8261.
 8 컴퓨터 하드웨어 및 통신공학 전문가 8211.
 9 대학교수 및 강사                 7976.
10 건설·전기 및 생산 관련 관리자    7892.
```

```
#그래프 그리기
job_salary20 <- job_salary %>% #새 객체 만들기
 arrange(desc(m)) %>%
 head(20)

ggplot(data=job_salary20, aes(x=reorder(job,m), y=m))+ #오름차순 정렬
 geom_col()+
 coord_flip()  #막대그래프 수평으로 만들기
```

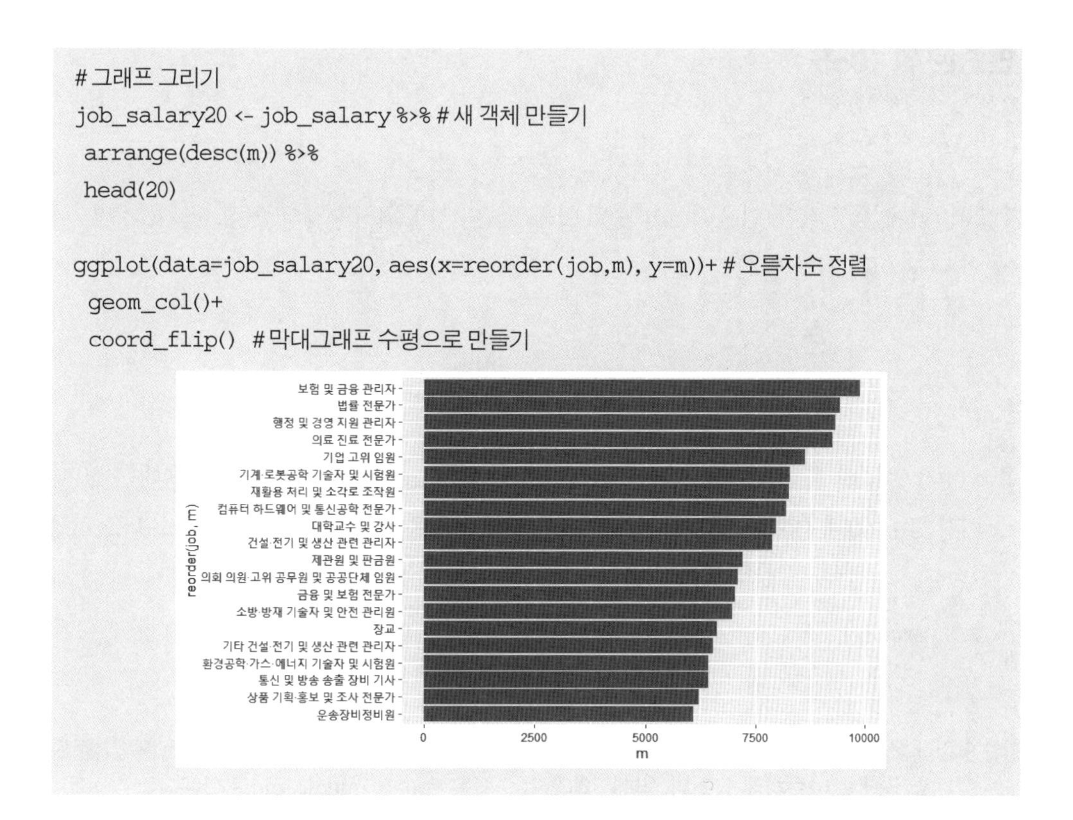

보험과 금융 직종이 9876만원으로 가장 많고, 다음으로 법률, 경영지원, 의료 분야와 기업 고위직이 상위 5위에 있습니다. 기계, 컴퓨터, 건설, 전기 등 공학계열도 10위 안에 있지만 최고는 아닙니다. 대학입시에서 왜 상경, 법학, 의료 분야가 인기인지를 알게 해주는 데이터입니다.

연습문제 10-5

1 2019년에 상용직과 일용직에서 총급여를 받은 남녀 최고령자의 연령, 학력, 지역, 직업, 총급여를 각각 알아봅니다.

2 연령을 기준으로 연령대를 만든 새로운 변수 age_grade를 만듭니다. 연령대는 30세 이상, 30~60세 미만, 60세 이상으로 분류하고, 범주이름은 각각 young, middle, old로 합니다. 그리고 연령대별로 남녀 상용직 근로자의 평균 총급여를 구해서 새 객체 age_grade_salary에 입력한 후에 연령대, 성별 평균 총급여를 내림차순으로 출력하세요.

⇨ 연령대를 x축, 평균 총급여를 y축으로 하는 막대그래프를 그립니다. x축에는 연령대를 기준으로 성별 막대를 나란하게 그리며, 막대그래프의 순서는 young, middle, old로 합니다.

3 age_grade_salary를 토대로 연령대가 x축, 평균 총급여가 y축인 막대그래프를 그립니다. 연령대 막대를 그릴 때는 남녀를 구분한 막대를 나란하게 그리며, 연령대 순서는 young, middle, old로 그립니다.

4 예제파일 'koweps_hpwc14_2019_beta1.sav'에는 업종 코드(h14_eco8)가 있습니다. 업종은 산업분류에서 중분류 기준입니다. 예제파일에 있는 코드북 파일 '(2019년 14차 한국복지패널조사) 조사설계서-가구용(beta1).xlsx'의 4번째 시트에는 업종별 코드와 이름이 있습니다. 3번째 시트가 원본이며, 4번째 시트는 R로 불러오기 위해 정리한 것입니다.

먼저 업종코드(h14_eco8)와 상용직 총급여(h14_inc2)만 있는 새 객체 industry_salary를 만듭니다. 변수이름을 h14_eco8은 industry_code, h14_inc2는 p_salary로 변경하고, 업종별 코드별로 업종이름을 붙입니다. 그리고 업종별 평균 총급여를 구한 후에 상위 10개를 내림차순으로 정렬해서 새 객체 industry_salary_top10에 입력하고 출력합니다.

⇨ 새 객체 industry_salary에 업종코드별로 업종이름을 붙이는 것이 관건입니다. 코드북 파일을 이용해서 업종코드와 업종이름이 있는 새 객체 industry_name을 만든 후에 industry_name을 industry_salary와 결합하면 됩니다.

5 industry_salary_top10을 막대그래프로 그립니다. 업종이름이 y축으로 가도록 하고, 평균 총급여 막대를 내림차순으로 정렬합니다.

➜ 해답은 뒤에 (p.372)

부록

연습문제 해답

3장

1번 풀이

```
#방법1
student <- c("A","B","C")
height <- c(175, 160, 180)
weight <-c(70, 55, 77)
df <- data.frame(student, height, weight)

#방법2
df <- data.frame(student=c("A","B","C"),
                 height=c(175, 160, 180),
                 weight=c(70, 55, 77))
#df 출력
 df
  student  height  weight
1       A     175      70
2       B     160      55
3       C     180      77
```

2번 풀이

```
1) df[1,3]
  [1] 70

2) df[3,2]
 [1] 180
```

```
3) df[2,c(2,3)]
  height weight
2    160     55

4) df[ ,2]
 [1] 175 160 180

5) df[c(1,2),] 또는 df[-3, ]
  student  height  weight
1       A     175      70
2       B     160      55
```

3번 풀이

```
sex <- c("male", "female", "male") # sex 변수 만들기
df1 <- data.frame(df, sex)  # df에 sex 변수를 추가하기
df1             # df1 출력
  student  height  weight     sex
1       A     175      70    male
2       B     160      55  female
3       C     180      77    male
```

4번 풀이

```
df1$student
[1] "A" "B" "C"
```

5번 풀이

```
class(df1$student)
[1] "character"
class(df1$height)
[1] "numeric"
student는 문자형이며, height는 실수형입니다.
```

6번 풀이

```
df2 <- "Good"  # df2 만들기
list1 <- list(df1, df2)  # list1 만들기

list1  # list1 출력
[[1]]
  student  height  weight     sex
1       A     175      70    male
2       B     160      55  female
3       C     180      77    male

[[2]]
[1] "Good"
```

5장

1번 풀이

```
mean(iris$Petal.Width) # 평균
[1] 1.199333
max(iris$Petal.Width) # 최댓값
[1] 2.5
min(iris$Petal.Width) # 최솟값
[1] 0.1
```

2번 풀이

```
library(ggplot2)
# class의 빈도 구하기
a <- table(mpg$class)
a
```

```
2seater  compact  midsize  minivan  pickup  subcompact  suv
      5       47       41       11      33          35   62

# class의 빈도별 비율 구하기
round(prop.table(a)*100, 1) # 100을 곱하고, round() 함수로 소수점 한자리까지 구함
2seater  compact  midsize  minivan  pickup  subcompact  suv
    2.1     20.1     17.5      4.7    14.1        15.0 26.5
```

3번 풀이

```
# 교차분석으로 class별 drv의 빈도를 구하기
b<- table(mpg$class, mpg$drv) # 빈도 구해서 객체 b에 입력
b
              4   f   r
 2seater      0   0   5
 compact     12  35   0
 midsize      3  38   0
 minivan      0  11   0
 pickup      33   0   0
 subcompact   4  22   9
 suv         51   0  11

# class별로 drv의 비율 구하기. class별로 비율이 1이 되어야 함
round(prop.table(b,1)*100, 1) # 100을 곱하고, round() 함수로 소수점 한자리까지 구함
              4     f     r
 2seater    0.0   0.0 100.0
 compact   25.5  74.5   0.0
 midsize    7.3  92.7   0.0
 minivan    0.0 100.0   0.0
 pickup   100.0   0.0   0.0
 subcompact 11.4 62.9  25.7
 suv       82.3   0.0  17.7
```

6장 연습문제 1

1번 풀이

```
install.packages("hflights") # hflights 패키지를 설치
library(hflights)  # hflights 패키지를 구동
hflights <- hflights::hflights # hflights 패키지의 데이터세트를 객체 hflights에 입력

# 4개 변수를 추출해서 hflights1에 입력
hflights1 <- hflights %>% select(Month, FlightNum, Dest, Distance)

# 앞의 3개 행 출력
head(hflights1, 3)
     Month  FlightNum  Dest  Distance
5424     1        428   DFW       224
5425     1        428   DFW       224
5426     1        428   DFW       224
```

2번 풀이

```
# 변수이름 변경
hflights1 <- hflights1 %>%
 rename(month=Month,
        flight_no=FlightNum,
        dest=Dest,
        distance=Distance)

# 앞의 2개 행 출력
head(hflights1, 2)
     month  flight_no  dest  distance
5424     1        428   DFW       224
5425     1        428   DFW       224
```

3번 풀이

```
# 변수의 순서를 변경
hflights1 <- hflights1 %>% select(dest, month, flight_no, distance)

# 앞의 2개 행 출력
head(hflights1, 2)
      dest   month  flight_no  distance
5424   DFW       1        428       224
5425   DFW       1        428       224
```

6장 연습문제 2

1번 풀이

```
# 4개 변수 추출
hflights2 <- hflights %>% select(Month, FlightNum, Dest, Distance)

# slice() 함수로 특정한 행을 추출하기
slice(hflights2, 22:23, 91:92)
  Month  FlightNum  Dest  Distance
1     1        428   DFW       224
2     1        428   DFW       224
3     1       1121   DFW       224
4     1       1121   DFW       224
```

2번 풀이

```
# 평균 구하기
mean(hflights2$Distance)
[1] 787.7832

# 최솟값 구하기
min(hflights2$Distance)
[1] 79
```

3번 풀이

```
BPT이며, 3개의 데이터가 있습니다.
# Distance가 최소인 데이터 구하기
hflights2 %>% filter(Distance==79)
  Month  FlightNum  Dest  Distance
1     2       2204   BPT        79
2     3       2204   BPT        79
3     3       2204   BPT        79
```

➡ hflights2 %>% filter(Distance==min(Distance))로 해도 됩니다.

4번 풀이

```
11만 5731개의 행이 있습니다.
# Distance가 평균 이상인 hflights2_1 만들기
hflights2_1 <- hflights2 %>% filter(Distance >= 787.7832)

# 행의 수 알아보기
dim(hflights2_1)

[1] 115731    4
```

6장 연습문제 3

1번 풀이

```
# 4개 변수를 추출해서 새 객체 hflights3에 입력
hflights3 <-hflights %>% select(Month, FlightNum, Dest, Distance)

# Dest별 빈도를 구해서 hflights3_1에 입력
hflights3_1 <- hflights3 %>% count(Dest)
```

```
#hflights3_1의 앞에서 2개 행 출력
head(hflights3_1, 2)
  Dest     n
1  ABQ  2812
2  AEX   724
```

2번 풀이

목적지는 DAL이며 빈도는 9820회입니다.

```
#hflights3_1에서 빈도 최댓값 구하기
max(hflights3_1$n)
9820

#빈도가 최댓값인 데이터 구하기
hflights3_1 %>% filter(n==9820)
 Dest     n
1 DAL  9820
```

➡ hflights3_1 %>% filter(n==max(n))로 해도 됩니다.

3번 풀이

8954개의 행이 있습니다.

```
#중앙값 구하기
median(hflights3$Distance)
[1] 809

#1월에 비행하고, Distance가 중앙값 이상인 데이터를 추출해서 hflights3_2에 입력
hflights3_2<-hflights3 %>% filter(Month==1 & Distance>=809)
```

➡ hflights3_2 <-hflights3 %>% filter(Month==1 & Distance>=median(Distance))로 해도 됩니다.

```
#hflights3_2의 행의 수 출력
dim(hflights3_2)
[1] 8954   4
```

4번 풀이

```
5만 7235개가 있습니다.
#Month 변수에서 합집합 개념으로 3월, 4월, 5월에 비행한 항공기를 '|' 또는 '%in%'로 추출합니다.
hflights3_3 <- hflights3 %>% filter(Month==3| Month==4|Month==5)

➡ hflights3_3 <- hflights3 %>% filter(Month %in% c(3,4,5))로 해도 됩니다.

#행의 수 출력:
dim(hflights3_3)
[1] 57235    4
```

5번 풀이

```
2만 1856개가 있습니다.
# Distance, Month, FlightNum 변수의 조건을 모두 충족시켜야 하므로 교집합(&)으로 추출합니다. 가을은 Month 변수에서 9~11을 합집합(| 또는 %in%)으로 추출합니다.
hflights3_4 <- hflights3 %>% filter(Distance<=1000 & Month %in%c(9,10,11) & FlightNum>=2000)

#행의 수 출력
dim(hflights3_4)
[1] 21856    4
```

6장 연습문제 4

1번 풀이

```
#ggplot2의 diamonds 데이터세트를 객체 diamonds에 입력
library(ggplot2)
diamonds <- ggplot2::diamonds

#cut 변수의 범주별 평균가격 구하기
diamonds %>%
  group_by(cut) %>% #cut 변수의 범주로 분류
  summarise(m=mean(price)) #cut 범주별 평균 price 구하기
```

```
        cut       m
      <ord>   <dbl>
1      Fair   4359.
2      Good   3929.
3 Very Good   3982.
4   Premium   4584.
5     Ideal   3458.
```

2번 풀이

```
diamonds %>%
  group_by(cut) %>% # cut 변수의 범주별로 분류
  summarise(n=n()) %>% # cut 변수의 범주별 빈도 구하기
  mutate(total=sum(n),  # cut 범주의 빈도 총계 구하기
         pct=n/total*100) # cut 변수의 범주별 비율(백분율) 구하기

        cut     n  total   pct
      <ord> <int>  <int> <dbl>
1      Fair  1610  53940  2.98
2      Good  4906  53940  9.10
3 Very Good 12082  53940  22.4
4   Premium 13791  53940  25.6
5     Ideal 21551  53940  40.0
```

3번 풀이

```
diamonds %>%
  filter(cut%in%c("Premium","Ideal") & color%in%c("D","F")) %>% # 변수에서 범주 추출
  group_by(cut, color) %>% # 집단 분류
  summarise(n=n(),  # 분류 집단별 빈도 구하기
            m=mean(price)) # 집단별 평균 price 구하기
```

```
     cut  color     n      m
   <ord>  <ord> <int>  <dbl>
1 Premium     D  1603  3631.
2 Premium     F  2331  4325.
3   Ideal     D  2834  2629.
4   Ideal     F  3826  3375.
```

6장 연습문제 5

1번 풀이

```
# hflights의 hflights 데이터세트를 객체 hflights에 입력
hflights <- hflights::hflights

# 3개 변수 추출
hflights5 <- hflights %>% select(Month, Dest, Distance)

# Distance의 범위 구하기
range(hflights5$Distance)
[1]  79 3904

# Distance 등급 변수인 d_grade 만들기
hflights5$d_grade <-ifelse(hflights5$Distance<1000, "short",
                           ifelse(hflights5$Distance<2000,"middle","long"))
# d_grade의 빈도구하기
count(hflights5, d_grade)
  d_grade      n
1    long    918
2  middle  64471
3   short 162107
```

2번 풀이

```
hflights5 %>%
 group_by(d_grade) %>% # d_grade 변수의 범주로 분류
 summarise(n=n(), # d_grade 변수의 범주별 빈도 구하기
            m=mean(Distance)) # d_grade 변수의 범주별 평균 구하기

  d_grade       n      m
    <chr>   <int>  <dbl>
1    long     918  3009.
2  middle   64471  1312.
3   short  162107   567.
```

3번 풀이

```
# season 변수 만들기
hflights5$season<- ifelse(hflights5$Month%in%c(3,4,5),"spring",
                          ifelse(hflights5$Month%in%c(6,7,8),"summer",
                                 ifelse(hflights5$Month%in%c(9,10,11),"autumn","winter")))
# 계절별 비행빈도와 비율 구하기
hflights5 %>%
 group_by(season) %>% # season 변수의 범주별 분류
 summarise(n=n()) %>% # season 변수의 범주별 빈도 구하기
 mutate(total=sum(n), # season 변수의 빈도 총계 구하기
         pct=n/total*100) # season 변수의 범주별 비율 구하기

  season      n   total   pct
   <chr>  <int>   <int> <dbl>
1 autumn  54782  227496  24.1
2 spring  57235  227496  25.2
3 summer  60324  227496  26.5
4 winter  55155  227496  24.2
```

표 만들기

	봄	여름	가을	겨울
비행 빈도	57,235	60,324	54,782	55,155
비율(%)	25.2	26.5	24.1	24.2

4번 풀이

```
# 계절별 비행거리 등급 빈도와 비율변수가 있는 객체 hflights5_1 만들기
hflights5_1 <- hflights5 %>%
 group_by(season, d_grade) %>% # season, d_grade 범주별로 교차 분류
 summarise(n=n()) %>% # 집단별 빈도 구하기
 mutate(total=sum(n), # season 범주의 총계 구하기
         pct=round(n/total*100,1)) # season 범주에서 집단별 비율 구하기

# hflights5_1의 3개 행 보기
head(hflights5_1,3)
  season        n  total   pct
   <chr>    <chr>  <int>  <int>  <dbl>
1 autumn     long     195  54782    0.4
2 autumn   middle   15834  54782   28.9
3 autumn    short   38753  54782   70.7
```

6장 연습문제 6

1번 풀이

```
# ggplot2의 diamonds 데이터세트를 객체 diamonds에 입력한 후 3개 열을 추출한 객체
diamonds1 만들기
library(diamonds)
diamonds <-ggplot2::diamonds
diamonds1 <- diamonds %>% select(cut, color, price)
```

```
# price가 낮은 3개 데이터 구하기
diamonds1 %>%
  arrange(price) %>% # price를 기준으로 오름차순 정렬
  head(3)  # 앞의 3개 행 출력

      cut  color  price
     <ord>  <ord>  <int>
1   Ideal      E    326
2 Premium      E    326
3    Good      E    327
```

2번 풀이

```
diamonds1 %>%
 arrange(desc(price)) %>% # price를 기준으로 내림차순 정렬
 head(3)  # 앞의 3개 행 출력

         cut  color  price
       <ord>  <ord>  <int>
1   Premium      I   18823
2 Very Good      G   18818
3     Ideal      G   18806
```

3번 풀이

```
diamonds1 %>%
 group_by(cut, color) %>% # cut 범주별로 color 범주 분류
 summarise(m=mean(price)) %>% # 집단별 price 평균 구하기
 arrange(desc(m)) %>% # 집단별 price 평균을 기준으로 내림차순 정렬
 head(3) # 앞의 3개 행 출력

        cut  color      m
      <ord>  <ord>  <dbl>
1   Premium      J  6295.
2   Premium      I  5946.
3 Very Good      I  5256.
```

6장 연습문제 7

1번 풀이

```
# ggplot2의 diamonds 데이터세트를 diamonds에 입력한 후 carat_grade1 변수 만들기
diamonds <- ggplot2::diamonds
diamonds$carat_grade1 <-
   cut(diamonds$carat, breaks =3, labels = c("small", "middle", "big"))

# carat_grade1의 빈도 구하기
table(diamonds$carat_grade1)

small  middle  big
 51666    2264   10
```

2번 풀이

```
# carat의 범위 구하기
range(diamonds$carat)
[1] 0.20 5.01

# carat_grade2 만들기
diamonds$carat_grade2<-
 cut(diamonds$carat, breaks =c(0.2,1,5.01),
     labels = c("small","big"), include.lowest=T)

# carat_grade2의 빈도 구하기
table(diamonds$carat_grade2)

 small   big
 36438 17502
```

3번 풀이

```
diamonds %>%
 group_by(carat_grade2) %>% # carat_grade2 변수의 범주로 분류
 summarise(n=n(),  # 분류 범주별 빈도 구하기
             m=mean(price)) %>% # 분류 범주별 평균 price 구하기
 mutate(total1=sum(n), # 범주의 빈도 총계 구하기
        total2=sum(m),  # 범주별 평균 price 총계 구하기
        pct1=n/total1*100,  # 범주별 빈도 비율 구하기
        pct2=m/total2*100)  # 범주별 평균 price가 평균 합에서 차지하는 비율

  carat_grade2     n      m  total1  total2  pct1  pct2
         <fct>  <int>  <dbl>   <int>   <dbl> <dbl> <dbl>
1        small  36438  1787.   53940  10187.  67.6  17.5
2          big  17502  8400.   53940  10187.  32.4  82.5
```

1캐럿 이상은 빈도에서는 전체의 32.4%이지만, 평균가격에서는 전체 가격의 82.5%입니다. 1캐럿 이상과 이하의 다이아몬드 가격 차이가 매우 큽니다.

6장 연습문제 8

1번 풀이

```
# midwest1에 입력하고 구조 보기
midwest1 <- read.csv("midwest1.csv", stringsAsFactors = F)
str(midwest1)
'data.frame':  437 obs. of 4 variables:
 $ state     : int 1 1 1 1 1 1 1 1 1 1 ...
 $ county    : chr "ADAMS" "ALEXANDER" "BOND" "BOONE" ...
 $ poptotal : int  66090 10626 14991 30806 5836 35688 5322 16805 ...
 $ popasian: int  249 48 16 150 5 195 15 61 23 8033 ...

# state 번호와 이름으로 새 객체 만들기
name <- data.frame(state=c(1,2,3,4,5),
                   state_name=c("일리노이", "인디애나","미시간","오하이오","위스콘신"))

# midwest1에 name을 결합하기
midwest1 <- left_join(midwest1, name, id="state")
```

2번 풀이

```
# popasian이 최대인 county 구하기
midwest1 %>%
 filter(popasian==max(popasian)) %>% # popasian이 최대인 행 추출
 mutate(asian_pct=round(popasian/poptotal*100,1)) %>% # popasian 비율 구하기
 select(state_name, county,poptotal,popasian, asian_pct) # 출력 순서 지정

  state_name  county poptotal popasian asian_pct
1      일리노이    COOK   5105067    188565         3.7

# popasian 최소인 county 구하기
midwest1 %>%
 filter(popasian==min(popasian)) %>% # popasian이 최소인 행 추출
 mutate(asian_pct=round(popasian/poptotal*100,1)) %>% # popasian 비율 구하기
 select(state_name, county,poptotal,popasian, asian_pct) # 출력 순서 지정

  state_name    county poptotal popasian asian_pct
1     위스콘신 MENOM2EE        3890          0           0
```

일리노이주 COOK 카운티에 가장 많은 18만 8565명이 살고, 위스콘신주 MENOM2EE에는 1명도 살고 있지 않습니다.

3번 풀이

```
midwest1 %>%
 group_by(state_name) %>% # state 이름으로 분류
 summarise(n=n(),    # state별 county 수 구하기
           s=sum(popasian), # state별 popasian 전체 인구 구하기
           m=mean(popasian)) %>% # state별 county의 popasian 평균 구하기
 arrange(desc(m)) # state별 county의 popasian 평균 기준 내림차순 정렬
  state_name     n      s     m
       <fct> <int>  <int> <dbl>
1     일리노이   102 285311 2797.
2       미시간    83 104983 1265.
3     오하이오    88  91179 1036.
4     위스콘신    72  53583  744.
5     인디애나    92  37617  409.
```

4번 풀이

```
midwest1 %>%
 group_by(state_name) %>% # state별로 분류
 summarise(asian=sum(popasian), # state별 popasian 총계 구하기
              pop_all=sum(poptotal)) %>% # state별 poptotal 총계 구하기
 mutate(asian_pct=round(asian/pop_all*100,1)) %>% # state별 popasian 비율 구하기
 arrange(desc(asian_pct)) %>% # popasian 비율 기준으로 내림차순 정렬
 select(state_name, asian, pop_all, asian_pct) # 출력 변수 순서 지정

  state_name   asian   pop_all  asian_pct
       <fct>   <int>     <int>      <dbl>
1     일리노이  285311  11430602        2.5
2       미시간  104983   9295297        1.1
3     위스콘신   53583   4891769        1.1
4     오하이오   91179  10847115        0.8
5     인디애나   37617   5544159        0.7
```

7장

1번 풀이

```
# ozone 파일을 df에 저장
df <- read.csv("ozone.csv")

# ozone 변수의 결측치 확인
table(is.na(df$ozone))
FALSE TRUE   # 10개가 있음
  143   10

# 결측치를 제외한 ozone의 평균 구하기
mean(df$ozone, na.rm=T)
[1] 39.73427
```

2번 풀이

```
# 결측치를 제외한 ozone의 중앙값 구하기
median(df$ozone, na.rm = T)
[1] 31.5

# ozone의 결측치에 중앙값 넣기
df$ozone<-ifelse(is.na(df$ozone), 31.5, df$ozone)

# 중앙값을 넣은 ozone 변수의 평균 구하기
mean(df$ozone)
[1] 39.19608
```

3번 풀이

```
# ozone 파일을 df에 저장
df <- read.csv("ozone.csv")

# df의 극단치 경계값 구하기
boxplot(df$ozone)$stats
     [,1]
[1,]  1.0
[2,] 20.5
[3,] 31.5
[4,] 46.5
[5,] 85.0

# 결측치와 1 미만, 85 초과 데이터를 제외하고 df1에 입력하기
df1 <- df %>%
  filter(!is.na(ozone) & ozone>=1 & ozone<=85)

# df1의 평균 구하기
mean(df1$ozone)
[1] 33.09924
```

4번 풀이

```
# ggplot2의 diamonds 데이터세트를 객체 diamonds에 입력
  library(ggplot2)
diamonds <- ggplot2::diamonds

# price의 극단치 경계 알아보기
boxplot(diamonds$price)$stats

[1,]   326.0
[2,]   950.0
[3,]  2401.0
[4,]  5324.5
[5,] 11886.0

# 극단치를 결측치로 변환하기
diamonds$price<-ifelse(diamonds$price<326 | diamonds$price> 11886, NA,
diamonds$price)

# 결측치 숫자 확인
table(is.na(diamonds$price))
FALSE TRUE
 50402  3538

# 결측치를 제외하고 cut 변수의 범주별 price 평균 구하기
diamonds %>%
  filter(!is.na(price)) %>%  # price 변수에서 결측치 제거
  group_by(cut) %>% # cut 변수를 범주별로 분류
  summarise(m=mean(price))  # 범주별 price의 평균 구하기

        cut       m
      <ord>   <dbl>
1      Fair   3666.
2      Good   3293.
3 Very Good   3246.
4   Premium   3542.
5     Ideal   2809.
```

8장

1번 풀이

```
# Species에서 setosa와 versicolor 종류 데이터만 추출해서 iris1에 입력하기
iris1<-iris %>%
 filter(Species%in%c("setosa","versicolor"))

# iris1에서 setosa와 versicolor의 Sepal.Length 평균 차이 검정
t.test(data=iris1, Sepal.Length~Species)

       Welch Two Sample t-test
data:  Sepal.Length by Species
t = -10.521, df = 86.538, p-value < 2.2e-16  ①
alternative hypothesis: true difference in means is not equal to 0
95 percent confidence interval:
 -1.1057074 -0.7542926
sample estimates:  ②
  mean in group setosa  mean in group versicolor
                 5.006                     5.936
```

독립표본 t검정을 했습니다. ①을 보면 유의수준이 $p < .001$이므로 평균 차이는 통계적으로 유의미합니다. ②를 보면 setosa의 평균은 5.006이며, versicolor의 평균은 5.936입니다. versicolor의 평균이 setosa의 평균보다 0.93 깁니다.

2번 풀이

```
# ggplot2의 diamonds 데이터세트를 객체 diamonds에 입력
  library(ggplot2)
diamonds <- ggplot::diamonds

# cut 범주별로 color 범주의 비율 차이 분석 (교차분석)
chisq.test(diamonds$cut, diamonds$color)

             Pearson's Chi-squared test
data:  diamonds$cut and diamonds$color
X-squared = 310.32, df = 24, p-value < 2.2e-16  ①
```

①을 보면 유의수준이 2.2e-16보다 작아 p < .001입니다. 따라서 cut별로 color의 비율은 차이가 있습니다.

```
# cut 범주별로 color 범주의 비율 구하기
1은 행별로 100%를 기준으로 분석하라는 의미, 2는 소수점 두자리까지 구하라는 의미

round(prop.table(table(diamonds$cut, diamonds$color),1)*100, 2)
               D     E     F     G     H     I     J
 Fair      10.12 13.91 19.38 19.50 18.82 10.87  7.39
 Good      13.49 19.02 18.53 17.75 14.31 10.64  6.26
 Very Good 12.52 19.86 17.91 19.03 15.10  9.97  5.61
 Premium   11.62 16.95 16.90 21.20 17.11 10.35  5.86
 Ideal     13.15 18.11 17.75 22.66 14.45  9.71  4.16
```

비율 차이가 두드러진 부분을 찾아서 해석하면 됩니다. 전반적으로 J색상이 가장 적은 공통점이 있습니다. Fair에서는 F와 G색상, Good에서는 E색상, Very Good에서는 E색상, Premium에서는 G색상, Ideal에서는 G색상의 비율이 가장 높습니다. cut 상태가 높으면 G색상이 많고, cut 상태가 낮으면 E나 F색상이 많은 것 같습니다.

3번 풀이

```
cor.test(diamonds$carat, diamonds$price)

Pearson's product-moment correlation
data: diamonds$carat and diamonds$price
t = 551.41, df = 53938, p-value < 2.2e-16 ①
alternative hypothesis: true correlation is not equal to 0
95 percent confidence interval:
 0.9203098 0.9228530
sample estimates: ②
      cor
0.9215913
```

①을 보면 유의수준은 p < .001이어서 통계적으로 의미가 있고, ②를 보면 상관계수(r)는 0.92입니다. carat과 price는 정적인 상관관계가 매우 높습니다.

4번 풀이

```
RA <- lm(data=cars, dist~speed) # 회귀분석을 해서 RA에 입력

summary(RA) # 상세한 분석 결과 출력
Call:
lm(formula = dist ~ speed, data = cars)

Residuals:
    Min      1Q  Median      3Q     Max
-29.069  -9.525  -2.272   9.215  43.201
Coefficients:
            Estimate Std. Error t value  Pr(>|t|)  ②
(Intercept) -17.5791     6.7584  -2.601    0.0123  *
speed         3.9324     0.4155   9.464  1.49e-12  ***
---
Signif. codes: 0 '***' 0.001 '**' 0.01 '*' 0.05 '.' 0.1 ' ' 1

Residual standard error: 15.38 on 48 degrees of freedom
Multiple R-squared: 0.6511,    Adjusted R-squared: 0.6438  ③
F-statistic: 89.57 on 1 and 48 DF, p-value: 1.49e-12  ①
```

①을 보면 유의수준(p-value)이 1.49e-12로 $p < .001$이므로 회귀모형이 적합합니다. ②에서 speed의 회귀계수(β)는 3.9324이며, 유의수준은 $p < .001$이어서 회귀계수는 통계적으로 유의미합니다. 속도는 제동거리에 정적인 영향을 줍니다. ③을 보면 수정된 결정계수(Adjusted R^2)는 0.6438로 회귀식의 설명력이 비교적 높습니다.

5번 풀이

```
RA <- lm(data=diamonds, price~carat+depth)
summary(RA)

Call:
lm(formula = price ~ carat + depth, data = diamonds)
Residuals:
    Min       1Q   Median      3Q     Max
-11596.6   -541.6    -55.7   332.6   6769.7

Coefficients:  ②
             Estimate  Std. Error  t value   Pr(>|t|)
(Intercept)  2966.159    212.593    13.95    <2e-16 ***
carat        6611.030     12.843   514.74    <2e-16 ***
depth         -74.337      3.445   -21.58    <2e-16 ***
---
Signif. codes: 0 '***' 0.001 '**' 0.01 '*' 0.05 '.' 0.1 ' ' 1

Residual standard error: 1105 on 50399 degrees of freedom
  (3538 observations deleted due to missingness)
Multiple R-squared: 0.8402,    Adjusted R-squared: 0.8402  ③
F-statistic: 1.325e+05 on 2 and 50399 DF, p-value: < 2.2e-16  ①
```

다중회귀분석입니다. ①을 보면 유의수준이 $p < .001$이므로 회귀모형이 적합합니다. ②를 보면 carat의 회귀계수는 6611.030, depth의 회귀계수는 -74.337입니다. 유의수준은 모두 $p < .001$이어서 회귀계수는 통계적으로 유의미합니다. ③을 보면 수정된 결정계수(Adjusted R^2)는 0.8402로 회귀식의 설명력은 높습니다.

결과는 다음과 같이 적습니다.

"carat이 price에 미치는 영향력(β)은 유의수준 $p < .001$에서 6611.0이고, depth의 영향력(β)은 유의수준 $p < .001$에서 -74.3이다. 회귀모형은 적합하며($p < .001$), 수정된 결정계수(R^2)는 .84로 회귀식의 설명력이 높다."

10장 사례분석 1: 서울 미세먼지 분석

1번 풀이

24.9㎍/㎥으로 '보통' 수준입니다.

```
mean(seoulair$pm2.5, na.rm = T)
[1] 24.93096
```

2번 풀이

계절별로 분류한 후에 max( ) 함수를 이용해서 계절별로 pm2.5가 최대인 데이터를 추출합니다.

```
seoulair %>%
 filter(!is.na(pm2.5)) %>% # 결측치가 없는 pm2.5 데이터 추출
 group_by(season) %>% # season 변수로 분류
 filter(pm2.5==max(pm2.5)) %>% # 계절별로 pm2.5가 최대인 데이터 추출
 select(season, date, district, pm2.5) # 4개 변수의 출력 순서 지정

   season       date   district  pm2.5
    <chr>      <chr>      <chr>  <dbl>
1  autumn 2019-11-03      구로구     52
2  autumn 2019-11-02      구로구     52
3  summer 2019-07-17      성동구     69
4  spring 2019-03-05      성동구    153
5  winter 2019-01-14      강남구    148
```

3번 풀이

```
district_pm2.5 <- seoulair %>%
 filter(!is.na(pm2.5)) %>% # 결측치가 없는 pm2.5 데이터 추출
 group_by(district) %>% # district 변수로 분류
 summarise(m=mean(pm2.5)) # district별 평균 구하기

ggplot(data=district_pm2.5, aes(x=reorder(district, m), y=m))+
 geom_col()+
 coord_flip()
```

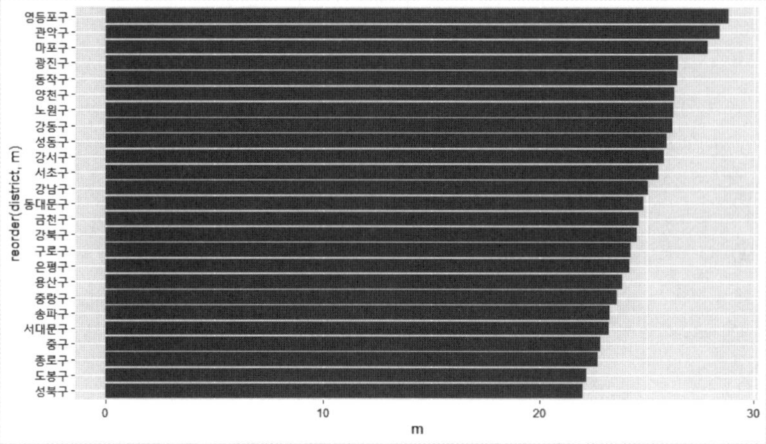

4번 풀이

district_pm2.5에서 초미세먼지 연간 평균이 높은 구와 낮은 구를 알아봅니다. 성북구가 22.0으로 가장 낮고, 영등포구가 28.8로 가장 높습니다. 그리고 seoulair 데이터세트에서 성북구와 영등포구의 데이터를 추출해서 새 객체 district_2에 저장합니다. 다음에는 district_2에 대해 t.test( ) 함수로 독립표본 t검정을 합니다. ①을 보면 유의수준이 $p < .001$이어서 성북구와 영등포구의 평균 차이는 통계적으로 유의미합니다.

```
#최대, 최소 구 알아보기
seoulair %>%
 filter(!is.na(pm2.5)) %>% #결측치가 없는 pm2.5 데이터 추출
 group_by(district) %>% #district 변수로 분류
 summarise(m=mean(pm2.5)) %>% #구별 평균 구하기
 filter(m==max(m)|m==min(m)) #평균이 최대인 구와 최소인 구를 동시에 추출
  district       m
     <chr>   <dbl>
1     성북구     22.0
2   영등포구     28.8

#2개 구의 데이터를 추출해서 별도 객체에 저장
district_2 <-seoulair %>%
 filter(district%in%c("성북구","영등포구"))

#2개 구의 평균 차이
t.test(data=district_2, pm2.5~district)

Welch Two Sample t-test
data: pm2.5 by district
t = -4.9996, df = 694.37, p-value = 7.284e-07  ①
alternative hypothesis: true difference in means is not equal to 0
95 percent confidence interval:
 -9.482526  -4.134825
sample estimates:
 mean in group 성북구  mean in group 영등포구
            21.96667              28.77534
```

10장 사례분석 2: 수도권 지하철 승하차 인원 분석

1번 풀이

filter( ) 함수로 station 변수에서 '혜화'를 선택한 후에 summarise( ) 함수로 on_passenger, off_passenger, total_passenger 변수의 평균을 구하면 됩니다. 승차객수는 평균 2만 5275.29명, 하차승객은 평균 2만 6046.71명이며, 전체승객은 평균 5만 1322명입니다. 하차승객이 승차승객을 초과합니다.

```
subway %>%
 filter(station=="혜화") %>% # station 변수에서 '혜화' 데이터만 추출
 summarise(on_m=mean(on_passenger), # 승차승객, 하차승객, 이용승객 평균 구하기
           off_m=mean(off_passenger),
           total_m=mean(total_passenger))

    on_m   off_m  total_m
1 25275.29 26046.71    51322
```

2번 풀이

filter( ) 함수로 date 변수에서 20200505를, station 변수에서 잠실(송파구청)을 지정합니다. 잠실역에는 8호선, 2호선이 있어서 노선별로 승객수가 출력되었습니다. 2호선 전체승객이 7만 8400명으로 8호선 1만 8656명보다 훨씬 많습니다.

```
subway %>%
 filter(date==20200505 &station=="잠실(송파구청)") %>% # date, station 지정 추출
 select(line, station, on_passenger, off_passenger, total_passenger) # 출력변
수 지정

  line        station  on_passenger  off_passenger  total_passenger
1 2호선  잠실(송파구청)         40446          37954            78400
2 8호선  잠실(송파구청)          8801           9855            18656
```

3번 풀이

subway 데이터세트의 station 변수에서 '서울역'을, line 변수에서 '1호선'과 '4호선'인 데이터를 추출해서 새 객체 seoul_station에 입력합니다. 그리고 seoul_station에서 t.test( ) 함수로 1호선과 4호선 전체승객의 평균 차이 검정을 합니다.

1호선의 하루 평균 전체승객은 6만 7811.87명이고, 4호선의 하루 평균 전체승객은 2만 1023.29명입니다. 유의수준(p값)이 0.001보다 작기 때문에 이 차이는 통계적으로 유의미합니다. 1호선이 4호선보다 훨씬 많습니다.

```
seoul_station <- subway %>% #station에서 서울역, line에서 1호선, 4호선 추출
  filter(station=="서울역" & line%in%c("1호선","4호선"))

t.test(data=seoul_station, total_passenger~line) #평균 차이 검정

	Welch Two Sample t-test
data:  total_passenger by line
t = 12.711, df = 38.818, p-value = 2.056e-15
alternative hypothesis: true difference in means is not equal to 0
95 percent confidence interval:
 39342.28 54234.88
sample estimates:
mean in group 1호선  mean in group 4호선
          67811.87            21023.29
```

4번 풀이

새 변수 period를 만든 후에 3개 범주인 first, second, third별로 데이터를 분류한 후에 범주별 전체승객(total_passenger)의 평균을 구해서 새 객체 period_passenger에 입력합니다. 그리고 period_passenger에서 평균을 내림차순으로 출력합니다.

중순 1만 9493명, 하순 1만 8655명, 초순 1만 5743명 순으로 많습니다. 한달 중 중간 시기에 사람들이 가장 많이 활동하는 것 같습니다.

```
subway$period <- ifelse(subway$day<=10,"first", #period 변수 만들기
                        ifelse(subway$day<=20, "second", "third"))

period_passenger <- subway %>%
 group_by(period) %>%         #period 변수의 범주별로 분류
 summarise(m=mean(total_passenger)) #period 변수의 범주별 전체승객 평균 구하기

arrange(period_passenger, desc(m))  #전체승객 평균 기준 내림차순 정렬
   period       m
    <chr>    <dbl>
1  second   19493.
2   third   18655.
3   first   15743.
```

5번 풀이

조건이 x축의 시기를 초순, 중순, 하순 순으로 출력하는 것입니다.

scale_x_discrete(limits=c("first", "second", "third"))를 추가하면 됩니다.

```
ggplot(data=period_passenger, aes(x=period, y=m))+
 geom_col()+
 scale_x_discrete(limits=c("first", "second", "third"))
```

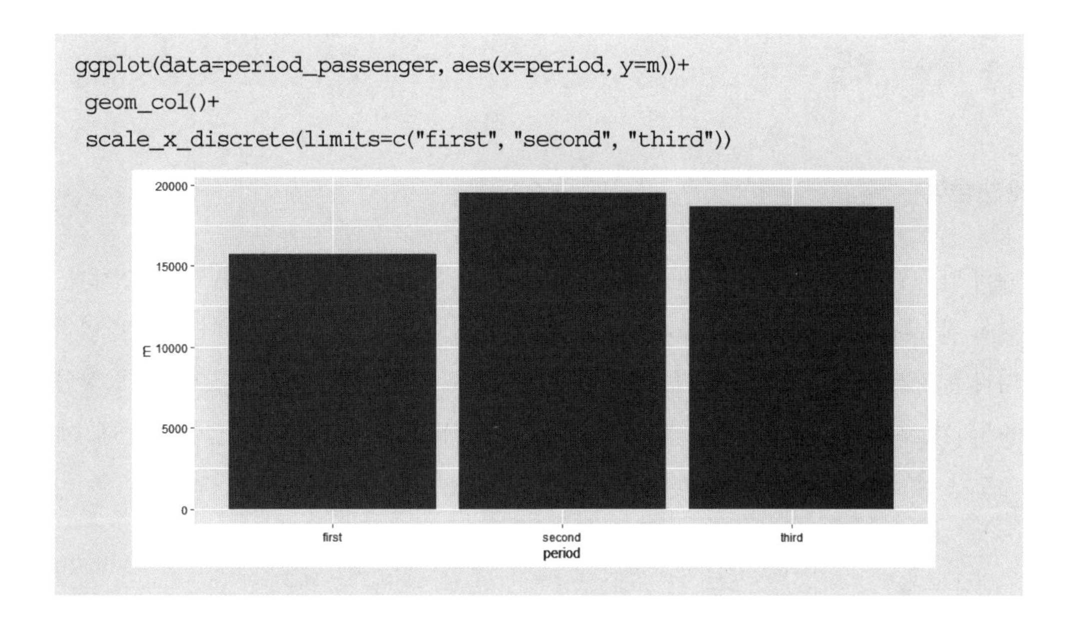

10장 사례분석 3: 한국인의 정신건강 분석

1번 풀이

30대 여성 집단의 만족도가 6.24점으로 가장 높습니다. 다음으로는 50대 여성, 40대 여성, 20대 여성 집단입니다. 남성 집단은 없습니다. 여성이 남성보다 더 삶에 만족하는 것 같습니다.

```
mental %>%
 group_by(age, sex) %>% # age, sex 변수로 교차 분류
 summarise(m=mean(satisfaction)) %>% # 분류된 집단별 평균 구하기
 arrange(desc(m)) %>% # 평균 기준으로 내림차순 정렬
 head(4)  # 상위 4개 데이터 출력

    age   sex      m
  <chr> <chr> <dbl>
1  30대   여성   6.24
2  50대   여성   6.19
3  40대   여성   6.13
4  20대   여성   6.06
```

2번 풀이

삶의 만족도가 가장 높은 집단은 제주의 40대 남성 집단으로 6.94점입니다. 지역별로 분류를 해보니 삶의 만족도 상위 집단에 남성 집단이 등장했습니다. 이같이 분석 방법에 따라 결과가 다양하게 나옵니다. 그래서 여러 방법으로 분석하는 것이 중요합니다. 상위 1~3위를 보면 지역이 모두 제주였습니다. 많은 사람들이 제주도에 가고 싶어 하는데, 제주도가 살기 좋은 곳인 것 같습니다.

```
mental %>%
 group_by(area, age, sex) %>% # area, age, sex 변수로 교차 분류
 summarise(m=mean(satisfaction)) %>% # 분류된 집단별 평균 구하기
 arrange(desc(m)) %>% # 평균 기준으로 내림차순 정렬
```

```
head(5) # 상위 5개 데이터 출력

  area   age   sex     m
 <chr> <chr> <chr> <dbl>
1 제주   40대  남성  6.94
2 제주   30대  여성  6.86
3 제주   50대  남성  6.82
4 충북   30대  여성  6.81
5 세종   30대  여성  6.81
```

3번 풀이

mental의 age 변수에서 30대와 60대 데이터만 추출해서 새 객체 age_30_60에 입력합니다. 그리고 30대와 60대의 삶의 만족도 평균 차이를 독립표본 t검정으로 분석합니다. 유의수준(p-value)이 2.043e-05로 0.001보다 작아서 30대와 60대의 평균은 차이가 있습니다. 30대의 평균은 6.13, 60대의 평균은 5.84입니다.

```
# age_30_60 객체 만들기
age_30_60<- mental %>%
 filter(age%in%c("30대","60대"))

# 30대와 60대의 평균 차이 검정
t.test(data=age_30_60, satisfaction~age)

Welch Two Sample t-test
data: satisfaction by age
t = 4.2675, df = 2811.3, p-value = 2.043e-05
alternative hypothesis: true difference in means is not equal to 0
95 percent confidence interval:
 0.1562378 0.4218640
sample estimates:
mean in group 30대 mean in group 60대
          6.129288          5.840237
```

4번 풀이

가족신뢰도, 경제안정도, 건강상태를 독립변수로 하고, 자살충동을 종속변수로 하는 다중회귀분석을 하면 됩니다.

```
RA <- lm(data=mental, suicide~family_belief+wealth+health) #다중회귀분석
summary(RA) #분석 결과 상세히 보기

Call:
lm(formula = suicide ~ family_belief + wealth + health, data = mental)

Residuals:
    Min       1Q   Median       3Q      Max
-1.5342  -0.3821  -0.2426   0.4095   3.0650

Coefficients: ②
               Estimate  Std. Error  t value  Pr(>|t|)
(Intercept)    2.882060    0.050986    56.53   <2e-16 ***
family_belief -0.238659    0.011839   -20.16   <2e-16 ***
wealth        -0.049597    0.004035   -12.29   <2e-16 ***
health        -0.109209    0.008172   -13.36   <2e-16 ***
---
Signif. codes: 0 '***' 0.001 '**' 0.01 '*' 0.05 '.' 0.1 ' ' 1

Residual standard error: 0.6027 on 7996 degrees of freedom
Multiple R-squared: 0.1037,    Adjusted R-squared: 0.1034 ③
F-statistic: 308.4 on 3 and 7996 DF, p-value: < 2.2e-16 ①
```

①을 보면 이 회귀식의 회귀모델은 $p < .001$로 적합합니다. ②에서 3개 독립변수의 회귀계수(β)를 보면 family_belief는 –0.238659, wealth는 –0.049597, health는 –0.109209입니다. 3개 독립변수의 유의수준(p)은 모두 '***'로 0.001보다 작기 때문에 회귀계수는 모두 통계적으로 유의미합니다. 세 변수 모두 자살충동에 부적인 영향을 주고 있습니다. 세 변수가 좋아질수록 자살충동이 줄어든다는 뜻입니다. 영향력은 family_belief > health > wealth의 순으로 큽니다. 역시 자살충동을 줄이는 데는 가족신뢰도가 가장 중요합니다. ③을 보면 이 회귀식의 수정된 설명력(Adjusted R–squared)은 0.1034입니다.

10장 사례분석 4: 서울의 음식점 현황 분석

1번 풀이

종로구에는 5936개의 음식점이 영업하고 있습니다. 그중 한식이 51.1%로 절반을 차지합니다. 다음으로는 레스토랑 16.8%, 분식 13.0%, 회집 5.0%, 치킨 4.8%입니다.

```
foodshop %>%
 filter(!is.na(open_date) & !is.na(type) &!is.na(district)) %>% # 결측치 제거
 filter(district=="종로구") %>% # 종로구 데이터만 추출
 filter(status=="영업") %>% # 영업중인 데이터만 추출
 group_by(type) %>%     # type 변수의 범주별 분류
 summarise(n=n()) %>%   # type 변수의 범주별 빈도 구하기
 mutate(total=sum(n),      # type 변수의 빈도 총계 구하기
          pct=round(n/total*100,1)) %>% # type 변수의 범주별 비율 구하기
 arrange(desc(n)) %>%  # 빈도 기준으로 내림차순 정렬
 head(5)             # 상위 5개 데이터 출력

      type      n   total    pct
     <chr>  <int>   <int>  <dbl>
1     한식   3032    5936   51.1
2 레스토랑    995    5936   16.8
3     분식    773    5936     13
4     회집    294    5936      5
5     치킨    284    5936    4.8
```

2번 풀이

2020년에 개업한 음식점수는 총 9670개입니다. 94.6%인 9149개는 영업 중이지만 5.4%는 불행히도 일찍 폐업했습니다.

```
foodshop %>%
  filter(!is.na(open_date) & !is.na(district)& !is.na(type)) %>% # 결측치 제외
  filter(open_year==2020) %>%  # 2020년에 개업한 데이터만 추출
  group_by(status) %>% # status 변수로 범주 분류
  summarise(n=n()) %>% # status 변수의 범주별 빈도 구하기
  mutate(total=sum(n), # status 변수의 빈도 총계 구하기
         pct=round(n/total*100,1)) # status 변수의 범주별 비율 구하기

  status      n  total    pct
   <chr>  <int>  <int>  <dbl>
1   영업   9149   9670   94.6
2   폐업    521   9670    5.4
```

3번 풀이

개업한 9670개 가운데 한식이 51.4%를 차지합니다. 역시 한식의 개업이 가장 많습니다. 다음으로는 레스토랑 12.1%, 치킨 10.6%, 분식 7.7%, 회집 7.4%입니다.

```
foodshop %>%
  filter(!is.na(open_date) & !is.na(district) & !is.na(type)) %>% # 결측치 제거
  filter(open_year==2020) %>% # 2020년 개업 데이터만 추출
  group_by(type) %>% # type 범주별 분류
  summarise(n=n()) %>% # type 범주별 빈도 구하기
  mutate(total=sum(n), # type 범주별 빈도의 총계 구하기
         pct=round(n/total*100,1)) %>% # type 범주별 비율 구하기
  arrange(desc(pct)) %>% # 비율 내림차순 정렬
  head(5) # 상위 5개 추출
```

```
     type        n   total    pct
    <chr>    <int>   <int>  <dbl>
1    한식     4967    9670   51.4
2 레스토랑    1168    9670   12.1
3    치킨     1027    9670   10.6
4    분식      744    9670    7.7
5    회집      719    9670    7.4
```

4번 풀이

4, 5, 10, 11, 12월에 개업을 많이 했습니다. 대체로 봄과 가을에 많이 개업하는 것 같습니다.

```
# open_month 변수 만들기
foodshop$open_month<-substr(foodshop$open_date, 5, 6)

table(is.na(foodshop$open_month))# open_month 변수의 결측치 확인
 FALSE  TRUE
458123   140

class(foodshop$open_month) # open_month의 유형 확인
[1] "character" # 문자형

foodshop$open_month<-as.integer(foodshop$open_month) # open_month를 정수형으
로 변경

# monthly_open 만들기
monthly_open <- foodshop %>%
  filter(!is.na(open_month)) %>% # 결측치가 아닌 open_month 추출
  group_by(open_month) %>% # open_month 변수로 월별 분류
  summarise(n=n()) %>% # 월별로 빈도 구하기
  mutate(total=sum(n),  # 월별 빈도 총계 구하기
          pct=round(n/total*100,1)) %>% # 월별 비율 구하기
  arrange((desc(n))) # 월별 빈도 기준 내림차순 정렬
```

```
monthly_open        #데이터 보기
  open_month       n    total     pct
       <int>   <int>    <int>   <dbl>
1         11   43698   458123     9.5
2         10   43283   458123     9.4
3         12   42167   458123     9.2
4          4   41507   458123     9.1
5          5   41050   458123       9
6          6   40656   458123     8.9
7          3   39693   458123     8.7
8          7   38254   458123     8.4
9          9   36407   458123     7.9
10         8   35931   458123     7.8
11         1   27871   458123     6.1
12         2   27606   458123       6
```

5번 풀이

```
ggplot(data=monthly_open, aes(x=open_month, y=n))+
 geom_line()+
 xlab("월")+     #x축 이름 붙이기
 ylab("개업 음식점수")+ #y축 이름 붙이기
 scale_x_continuous(breaks=c(2,4,6,8,10,12)) #x축 좌표를 2,4...으로 표시
```

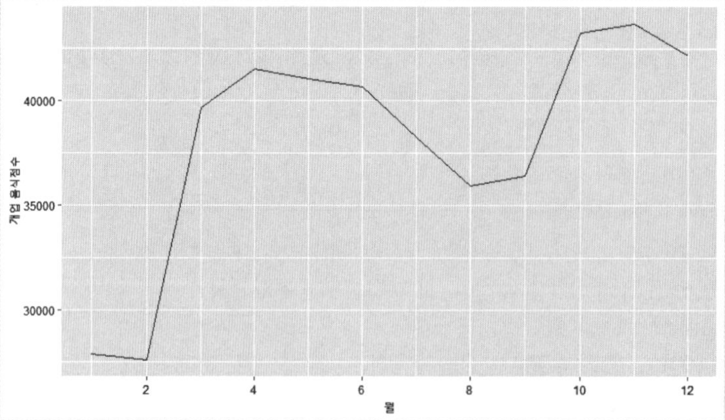

6번 풀이

```
# open_season 변수 만들기
foodshop <- foodshop %>%
 filter(!is.na(open_date) & !is.na(district) & !is.na(type)) %>% # 결측치 제거
 mutate(open_season=ifelse(open_month%in%c(3,4,5),"spring", # 계절 변수 만들기
                        ifelse(open_month%in%c(6,7,8),"summer",
                        ifelse(open_month%in%c(9,10,11),"autumn",'winter'))))


# 객체 seasonal_open 만들기
seasonal_open <-foodshop %>%
 filter(!is.na(open_season) & !is.na(district)  & !is.na(type)) %>% # 결측치 제거
 group_by(open_season) %>% # open_season 변수의 범주별 분류
 summarise(n=n()) # open_season 변수의 범주별 빈도 구하기

# 계절별 개업 음식점수를 내림차순으로 출력
seasonal_open %>%
 arrange(desc(n))

  open_season        n
         <chr>    <int>
1       autumn   115614
2       spring   114655
3       summer   107098
4       winter    91906

# 계절별 개업 음식점수를 내림차순으로 막대그래프 그리기
ggplot(data=seasonal_open, aes(x=reorder(open_season, -n), y=n))+geom_col()
```

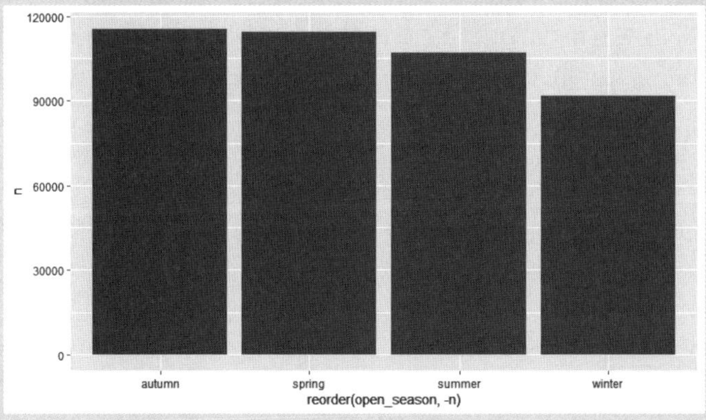

10장 사례분석 5: 한국인의 급여 실태 분석

1번 풀이

상용직에서는 77세 남성이 광역시에서 건설, 전기 분야 관리직에 일하면서 2400만원을 받았습니다. 여성은 시에서 일하는 81세의 조리사로서 1018만원을 받았습니다. 기술이 있는 사람이 오래 일하는 것 같습니다. 일용직에서는 남성 92세, 여성 91세로 모두 90세 이상입니다. 중학 이하 학력으로 단순 서비스 일을 하면서 남성은 270만원, 여성은 156만원을 받았습니다.

```
# 상용직에서 최고령 총급여자 구하기
welfare19 %>%
 filter(!is.na(p_salary)) %>% # 결측치가 아닌 p_salary 데이터 추출
 group_by(sex) %>% # 성별 분류
 filter(age==max(age)) %>% # 성별 최고령자 데이터 추출
 select(sex, age, edu_grade, region1, job, p_salary) # 추출 변수 지정

     sex   age  edu_grade  region1                              job  p_salary
   <chr> <dbl>      <chr>    <fct>                            <chr>     <dbl>
1   male    77   대학 이상   광역시  기타 건설·전기 및 생산 관련 관리자      2400
2 female    81   중학 이하       시                           조리사      1018

# 일용직에서 최고령 총급여자 구하기
welfare19 %>%
 filter(!is.na(t_salary)) %>% # 결측치가 아닌 p_salary 데이터 추출
 group_by(sex) %>% # 성별 분류
 filter(age==max(age)) %>% # 성별 최고령자 데이터 추출
 select(sex, age, edu_grade, region1, job, t_salary) # 추출 변수 지정

     sex   age  edu_grade  region1                     job  t_salary
   <chr> <dbl>      <chr>    <fct>                   <chr>     <dbl>
1 female    92   중학 이하       구  기타 서비스 관련 단순 종사자       270
2   male    91   중학 이하       구  기타 서비스 관련 단순 종사자       156
```

2번 풀이

중년 남성 집단이 5227만원으로 가장 많습니다. 이 집단은 다른 집단에 비해 월등하게 많습니다. 두 번째 많은 집단은 고령의 남성 집단으로 3548만원입니다. 반면 고령의 여성 집단이 2141만원으로 가장 적습니다.

```
# 연령대 성별로 평균 총급여 분류한 객체 age_grade_salary 만들기
age_grade_salary <- welfare19 %>%
 mutate(age_grade=ifelse(age<30,"young",    # 연령대 변수 age_grade 만들기
                         ifelse(age<60, "middle","old"))) %>%
 filter(!is.na(p_salary)) %>% # p_salary가 결측치가 아닌 데이터 추출
 group_by(age_grade,sex) %>% # age_grade, sex 변수로 교차 분류
 summarise(m=mean(p_salary)) %>% # 분류 집단별 p_salary 평균 구하기
 arrange(desc(m))  # 평균을 기준으로 내림차순 정렬

age_grade_salary
  age_grade      sex      m
      <chr>    <chr>  <dbl>
1    middle     male  5227.
2       old     male  3548.
3    middle   female  3208.
4     young     male  2670.
5     young   female  2313.
6       old   female  2141.
```

3번 풀이

```
#막대그래프 그리기
ggplot(data=age_grade_salary, aes(x=age_grade, y=m, fill=sex))+ #성별로 막대 구분
 geom_col(position = "dodge")+ #성별로 나란한 그래프 그리기
 scale_x_discrete(limits=c("young","middle","old")) #x축의 막대 순서 지정
```

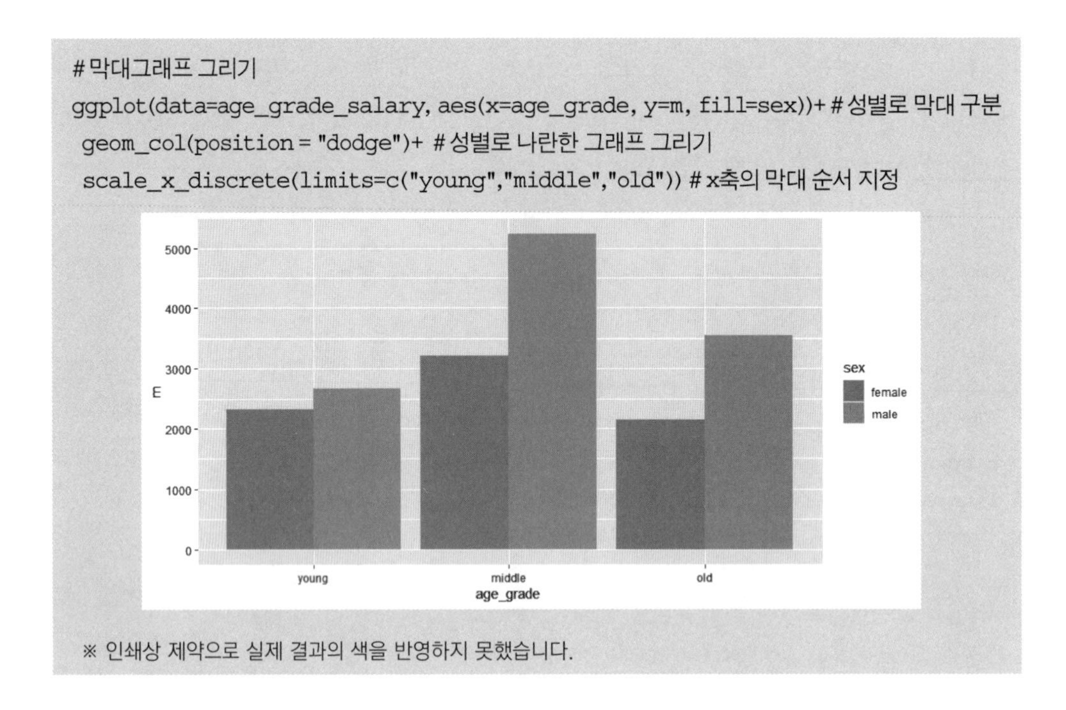

※ 인쇄상 제약으로 실제 결과의 색을 반영하지 못했습니다.

4번 풀이

코크스, 연탄 및 석유정제품 제조업 분야가 9286만원으로 가장 많습니다. 다음은 석탄, 원유 및 천연가스 광업 7096만원, 전기, 가스, 증기 및 공기 조절 공급업 6429만원, 연구개발업 6396만원, 우편 및 통신업 6026만원입니다.

```
#파일을 industry_salary에 입력
industry_salary<- read.spss("koweps_hpwc14_2019_beta1.sav", to.data.frame = T)

#industry_salary에서 2개 변수 추출
industry_salary <- industry_salary %>%
 select(h14_eco8,h14_inc2)

# 2개 변수의 이름 변경
industry_salary <- industry_salary %>%
 rename(industry_code=h14_eco8,
        p_salary=h14_inc2)
```

```
#코드북에서 코드번호와 이름을 불러와서 industry_name에 입력
industry_name <- read_excel("(2019년 14차 한국복지패널조사) 조사설계서-가구용
(beta1).xlsx", sheet=4)

#industry_name을 industry_salary에 결합
industry_salary <-left_join(industry_salary, industry_name, id="industry_
code")

#최종 분석 데이터 확인
str(industry_salary)
data.frame':	14418 obs. of 3 variables:
 $ industry_code: num NA NA 42 30 NA NA NA 87 94 NA ...
 $ p_salary      : num NA NA NA 2304 NA ...
 $ industry      : chr NA NA "전문직별 공사업" "자동차 및 트레일러 제조업" ...

#평균 총급여 상위 10개 업종 입력한 객체 industry_salary_top10 만들기
industry_salary_top10<- industry_salary %>%
 filter(!is.na(p_salary)) %>% #p_salary가 결측치가 아닌 데이터 추출
 group_by(industry) %>% #industry 변수의 범주별 분류
 summarise(m=mean(p_salary)) %>% #industry 변수의 범주별 총급여 평균 구하기
 arrange(desc(m)) %>% #평균 기준 내림차순 정렬
 head(10) #상위 10개 선택

#industry_salary_top10 출력
industry_salary_top10
   industry                          m
   <chr>                         <dbl>
1  코크스, 연탄 및 석유정제품 제조업    9286.
2  석탄, 원유 및 천연가스 광업        7096.
3  전기, 가스, 증기 및 공기 조절 공급업  6429.
4  연구개발업                      6396.
5  우편 및 통신업                   6026.
6  수도업                         5970.
7  1차 금속 제조업                  5627.
8  종합 건설업                     5425.
9  항공 운송업                     5344.
10 펄프, 종이 및 종이제품 제조업      5342.
```

5번 풀이

```
ggplot(data=industry_salary_top10, aes(x=reorder(industry, m),y=m))+
 geom_col()+
 coord_flip() #막대그래프를 90도 회전
```

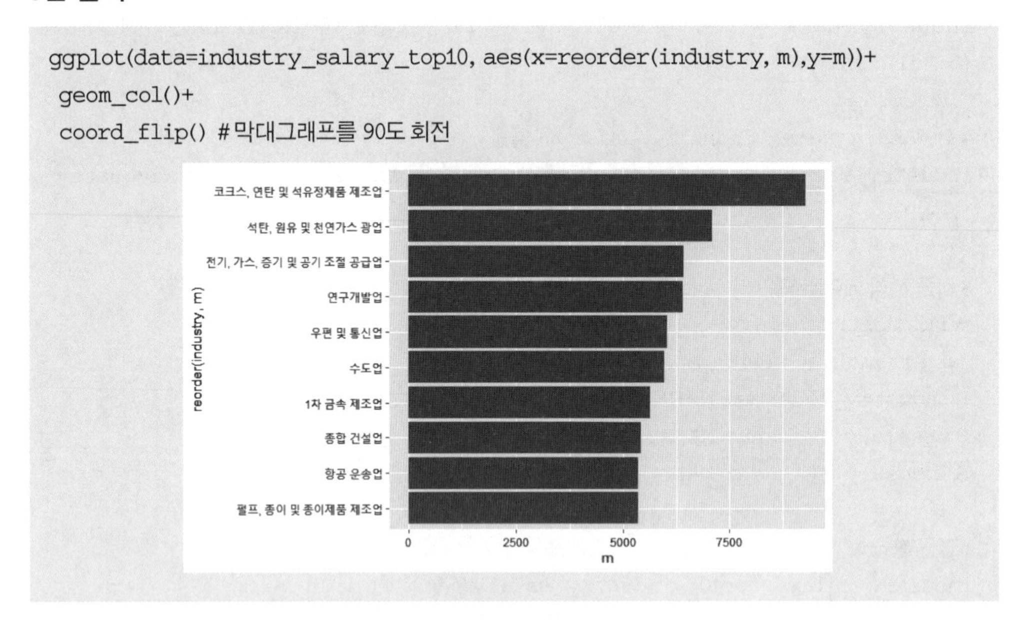

참고문헌

강전희, 엄동란 (2018). 《처음 시작하는 R 데이터 분석》. 서울: 한빛미디어.

김경태, 안정국, 김동현 (2015a). 《빅데이터 활용서 Ⅰ》. 서울: 시대에듀.

김경태, 안정국, 김동현 (2015b). 《빅데이터 활용서 Ⅱ》. 서울: 시대에듀.

김계수 (2015). 《빅데이터 분석과 메타분석》. 서울: 한나래아카데미.

김성태 외 (2016). 《빅데이터 시대의 커뮤니케이션 연구》. 서울: 율곡출판사.

김영우 (2017). 《Do it! 쉽게 배우는 R 데이터 분석》. 서울: 이지스퍼블리싱.

서민구 (2016). 《R을 이용한 데이터 처리 & 분석 실무》. 서울: 길벗.

박순서 (2014). 《빅데이터, 세상을 이해하는 새로운 방법》. 서울: 레디셋고.

박찬성 (2015). 《통계와 R을 함께 배우는 R까기 2》. 서울: 느린생각.

백영민 (2018). 《R 기반 데이터과학: 타이디버스(tidyverse) 접근》. 서울: 한나래아카데미.

송지준 (2013). 《논문작성에 필요한 SPSS/AMOS 통계분석방법》. 경기도 파주: 21세기사.

송효진 (2020). 《누구나 해볼 만한 R 레시피》. 서울: 비제이퍼블릭.

오대영 (2019). 《저널리즘 이론과 현장》. 경기도 파주: 나남.

유성모 (2016). 《논문작성을 위한 R 통계분석 쉽게 배우기》. 서울: 황소걸음아카데미.

이윤환 (2018). 《제대로 알고 쓰는 R 통계분석》. 서울: 한빛아카데미.

이정훈 (2016). 《컴퓨테이션널 저널리즘, 새로운 뉴스 제작 기술》. 서울: 커뮤니케이션북스.

이학식, 임지훈 (2013). 《SPSS 20.0 매뉴얼》. 서울: 집현재.

장용식, 강희구 (2019). 《R로 배우는 코딩》. 경기도 파주: 생능출판.

조민호 (2019). 《데이터 분석 전문가를 위한 R 데이터 분석》. 서울: 정보문화사.

한국데이터산업진흥원 (2017). 《데이터 분석 전문가 가이드》. 서울: 한국데이터산업진흥원.

함형건 (2015). 《데이터분석과 저널리즘》. 서울: 컴원미디어.

Chang, W. (2013). *R Graphics Cookbook*. 이제원 옮김 (2017). 《R Graphics Cookbook》. 서울: 인사이트.

Field, A., Miles, J., & Field, Z. (2012). *Discovering Statistics Using R*. 류광 옮김(2019). 《앤디 필드의 유쾌한 R 통계학》. 경기도 파주: 제이펍.

Gray, J., Bounegru, L., & Chanmbers, L. (2012). *Data Journalism Handbook.* 정동우 옮김 (2015). 《데이터 저널리즘》. 서울: 커뮤니케이션북스.

Howard, A. B. (2014). *The Art and Science of Data-Driven Journalism.* 김익현 옮김 (2015). 《데이터저널리즘 – 스토리텔링의 과학》. 서울: 한국언론진흥재단.

Tattar, P. N. (2013). *R Statistical Application Development by Example Beginner's Guide*. 허석진 옮김 (2014). 《R 통계 프로그래밍 입문》. 경기도 의왕: 에이콘출판.

찾아보기

A

B

C

ㅅ

ㅇ

ㅈ

ㅊ

ㅋ

ㅌ

ㅍ

ㅎ